Instandhaltungsmanagement in neuen Organisationsformen

Springer
Berlin
Heidelberg
New York
Barcelona
Hongkong
London
Mailand
Paris
Singapur
Tokio

E. Westkämper • W. Sihn • S. Stender (Hrsg.)

Instandhaltungsmanagement in neuen Organisationsformen

Springer

Herausgeber:
Professor Dr. -Ing. Dr. h.c. Engelbert Westkämper
Dr. -Ing. Wilfried Sihn
Dr. -Ing. Siegfried Stender
Fraunhofer Institut für Produktionstechnik und Automatisierung
Nobelstraße 12
70569 Stuttgart

ISBN 3-540-63862-8 Springer-Verlag Berlin Heidelberg New York

Die deutsche Bibliothek - CIP-Einheitsaufnahme
Instandhaltungsmanagement in neuen Organisationsformen /
Hrsg.: Engelbert Westkämper... - Berlin; Heidelberg; New York; Barcelona; Hongkong; London; Mailand; Paris; Singapur; Tokio:
Springer, 1999
ISBN 3-540-63862-8

Satz: Reproduktionsreife Vorlage des Autors
Einbandgestaltung: de´blik, Berlin

SPIN: 10654437 7/3020 - 5 4 3 2 1 0 - Gedruckt auf säurefreiem Papier

Vorwort

Unter den heutigen und in der Zukunft zu erwartenden Wettbewerbsbedingungen sind Unternehmen gezwungen, die eingesetzten Ressourcen optimal zu nutzen und flexibel an die sich permanent ändernden Aufgabenstellungen anzupassen. Die optimale Nutzung technischer Investitionsgüter führt zu Konzepten, welche in den Grenzbereichen der Technologien sicher und zuverlässig arbeiten können. Maschinen und Anlagen werden in ihrer Funktionalität zu komplexen, hochintegrierten Systemen. Die notwendige Anpassungsfähigkeit verlangt flexible und schnell umrüstbare Systeme. Die Instandhaltung, deren wichtigste Aufgabe in der Sicherung der technischen und zeitlichen Verfügbarkeit sowie der Prozeßfähigkeit liegt, wird zum Schlüssel des wirtschaftlichen Erfolges.

Die moderne Instandhaltung verlangt eine schnelle Reaktion auf Störungen ebenso wie auf technische Veränderungen und Umstellungen. Die Nähe zu den Maschinen und die sichere Befundung und der sachgerechte Eingriff lassen sich nur durch neue Formen der Organisation und durch die fachliche Qualifikation aller Beteiligten erreichen. Die Betreiber müssen in diese Prozesse direkt eingebunden werden, da sie den Maschinen und Anlagen am nächsten sind. Sie können stärker in die Sicherung der Nutzung eingebunden werden, wenn sie die fachlichen Kenntnisse besitzen und durch eine „dienstleistende" Instandhaltung unterstützt werden. Da die Betreiber der Maschinen und Anlagen heute durchweg über eine gute technische Ausbildung verfügen, liegt es nahe, ihnen auch eine höhere Verantwortung für die Maschinen zu übertragen. Neue Formen der Organisation, welche stärker auf Selbstorganisation, Selbstoptimierung und Eigenverantwortung setzen, können dazu beitragen, eine bessere Nutzung zu erreichen.

Diese Attribute kennzeichnen moderne Organisationsformen. Sie sind sowohl auf die direkten als auch auf die peripheren Bereiche der Wertschöpfung produzierender Unternehmen anwendbar. Wenn Unternehmen stärker auf die Eigenverantwortung ihrer Mitarbeiter setzen, so müssen sie auch bereit sein, den Mitarbeitern mehr Entscheidungsspielräume und Autonomie zu geben. Die Schnittstelle zwischen Betrieb und Instandhaltung wird deshalb fließend. In autonomen Organisationsstrukturen, wie sie z.B. in der „Fraktalen Fabrik" oder in neuen Formen der Gruppen- und Teamarbeit verfolgt werden, muß den direkten Mitarbeitern auch eine durch ihre Fachkenntnisse begrenzte Autonomie gegeben werden.

Maschinen und Anlagen entwickeln sich zu komplexen Systemen, deren Instandhaltung vermehrt auch spezifische systemtechnische Fachkenntnisse voraussetzt. Die Integration von Mechanik, Elektronik und Software ist ein wesentliches Element neuartiger Maschinen und Anlagen. Ihre Instandhaltung oder Instandsetzung kann bei größeren Eingriffen folglich nur von Mitarbeitern vorgenommen werden, welche das Zusammenwirken der einzelnen Komponenten beherrschen. Viele klein- und mittelständische Betriebe verfügen nicht mehr über diese Voraussetzungen und sind verstärkt auf die Hilfe der Hersteller angewiesen.

Eine schnelle Hilfe mit dem technischen Wissen und der Dokumentation der Maschinen im Hintergrund verspricht der Teleservice. Dabei wird die moderne Kommunikationstechnik genutzt, um Hersteller und Betreiber im akuten Fall schnell zusammenzubringen. Mit Hilfe der modernen Kommunikationstechnik lassen sich nicht nur Ferndiagnosen schnell durchführen oder Releasewechsel in der Software ausführen, sondern auch Befundungen wirksam verbessern. Mit vergleichsweise geringem Aufwand können digitale Bilder von schadhaften Komponenten aufgenommmen und übertragen werden. Mit multimedialen Techniken lassen sich Maschinen und Prozesse überwachen oder eine unmittelbare Unterstützung der Techniker vor Ort erreichen. Gerade dann, wenn Qualitätsabweichungen möglicherweise auf Einstellungen der Maschinen zurückzuführen sind, kann das Wissen von Experten auf schnellstem Wege verfügbar gemacht werden. Da moderne Maschinen immer stärker mit Sensoriken versehen sind, gelingt es sogar, von Ferne unmittelbar Zustände zu erfassen und Korrekturen durchzuführen. Eine weitere Option des Teleservice liegt in der Verknüpfung von Instandhaltung und Dokumentation sowie in der Integration des Ersatzteilwesens. Auch diese Abläufe lassen sich zum Vorteil für Hersteller und Betreiber verkürzen.

Das Buch „Instandhaltungsmanagement in neuen Organisationsformen" soll den Unternehmen helfen, die Instandhaltung auf neue dynamische Organisationsformen abzustimmen. Es wird der wachsenden Bedeutung einer Instantdhaltung gerecht, welche die Sicherung der Verfügbarkeit und der Prozeßfähigkeit von Maschinen und Anlagen durch schnelle Reaktion auf Störungen, durch Selbstorganisation und Selbstoptimierung unter Einbeziehung der humanen Ressourcen und neuer Medien verfolgt. Es sei allen Planern, Gestaltern und Managern moderner Unternehmen zur Lektüre empfohlen.

Engelbert Westkämper
Professor Dr.-Ing. Dr. h.c.
Institutsleiter
Fraunhofer Institut für
Produktionstechnik und Automatisierung IPA
Stuttgart, im Sommer 1998

Inhaltsverzeichnis

Dr.-Ing. Wilfried Sihn
1 Instandhaltung im turbulenten Unternehmensumfeld 1
1.1 Strukturveränderung in der Industrie – Zwang von außen 1
1.2 Neue Unternehmensorganisationskonzepte – Druck von innen 3
1.3 Indirekte Bereiche – Prügel von allen 6

Dr.-Ing. Wilfried Sihn
2 Zukünftige Organisationsformen 11
2.1 Inflation der Konzepte 11
2.2 Das „Fraktale Unternehmen" 16
2.3 Aufbruch zu einem anderen Systemverständnis 17
2.4 Merkmale und Prinzipien eines Fraktalen Unternehmens 19
2.5 Strukturen in einem Fraktalen Unternehmen 24
2.6 Fraktale Instandhaltungsorganisation 29

Dr.-Ing. Siegfried Stender
3 Von TPM bis zur DAPV 33
3.1 Neue Anforderungen an die Funktion Instandhaltung im Unternehmen 33
3.1.1 Entwicklung der Instandhaltung im Zeitablauf 33
3.1.2 Aufbruch zu neuen Aufgaben 34
3.1.3 Inflation der Managementansätze 36
3.2 Drei wichtige Entwicklungen für die Instandhaltungsorganisation 38
3.2.1 TPM – Total Productive Maintenance 38
3.2.2 RCM – Reliability Centered Maintenance 43
3.2.3 Informationssysteme in der Instandhaltung 45
3.3 Das DAPV-Konzept 49
3.3.1 Die Notwendigkeit zur Gestaltung der Ablauforganisation 49
3.3.2 Der Unterschied in der Gestaltung der Ablauforganisation bei zentralen und dezentralen Strukturen 51
3.3.3 Probleme in der Ablauforganisation bei zentraler Organisationsstruktur 52
3.3.4 Hohe Komplexität durch „gerichtete" Information 53
3.3.5 Dezentrale Strukturen zur Reduzierung der Komplexität in der Ablauforganisation 56
3.4 Zukünftige Szenarien – Neuausrichtung der Instandhaltung 56

3.4.1 Unterschiede in der Vorgehensweise anhand von zwei Beispielunternehmen ... 56
3.4.2 Nur ein Methodenmix sichert den Erfolg ... 60

Dr.-Ing. Siegfried Stender/Dipl.-Ing. Frank Heeren
4 Wissensmanagement - ein Überblick ... 65
4.1 Einleitung ... 65
4.2 Definition und Abgrenzung von Wissensmanagement ... 66
4.2.1 Begriffszusammenhänge ... 66
4.2.2 Strukturierung des Begriffs Wissen ... 68
4.2.3 Wissensmanagement als Prozeß ... 70
4.3 Wozu läßt sich Wissensmanagement in der Instandhaltung nutzen? ... 71
4.4 Ansätze zum Wissensmanagement in der Instandhaltung ... 72
4.4.1 Vorhandene interne Wissenspotentiale ... 73
4.4.2 Neue interne Wissenspotentiale ... 74
4.4.3 Vorhandene externe Wissenspotentiale ... 76
4.4.4 Neue externe Wissenspotentiale ... 77
4.5 Perspektiven für das Wissensmanagement in der Instandhaltung ... 78

Dipl.-Wirtsch.-lng. Rüdiger Proksch
5 Auftragsplanung und -steuerung der Instandhaltung in dezentralen Produktionsstrukturen ... 81
5.1 Der Auftragsregelkreis ... 81
5.1.1 Klassifikation und Inhalte eines Instandhaltungsauftrags ... 82
5.1.2 Auftragsplanung und Auftragssteuerung in einer zentralen Instandhaltung ... 83
5.1.3 Auftragsplanung und Auftragssteuerung in einer dezentralen Instandhaltung ... 83
5.2 EDV-unterstützte Auftragsplanung und -steuerung durch IPS-Systeme .. 84
5.2.1 Aufbau und Funktionen eines IPS-Systems ... 85
5.2.2 Einführung und Nutzung eines IPS-Systems – Worauf der künftige Anwender unbedingt achten sollte ... 92
5.2.3 Nutzenpotentiale eines IPS-Systems ... 93
5.2.4 Beispiele für ein IPS-System ... 94
5.3 Kosten und Verfügbarkeitsplanung durch strategieorientierte Produktionssicherung (SOP) ... 95
5.3.1 Der klassische Zielkonflikt: Instandhaltungskosten contra Anlagenverfügbarkeit ... 95
5.3.2 Modellierung ... 104
5.3.3 Simulation der Auswirkungen der Strategieplanung auf Kosten und Verfügbarkeit der Produktionsanlagen ... 113

Dipl.-Wirtsch.-Ing. Volker Stoll

6 Technologische Trends für die Überwachung und Diagnose komplexer Systeme 121
6.1 Einleitung 121
6.2 Wirtschaftliche Hintergründe 122
6.2.1 Wirtschaftliche Bedeutung des Service 122
6.2.2 Globalisierung als Treiber des Teleservice 123
6.2.3 Neue Herausforderungen an den Service 123
6.3 Technische Grundlagen 124
6.3.1 Komplexität technischer Anlagen 124
6.3.2 Standardisierung und Verfügbarkeit von Informationssystemen 124
6.3.3 Übertragungswege 126
6.3.4 Verbesserte Daten- und Bildverarbeitung 128
6.3.5 Lösungsansätze 128
6.4 Systemkonzepte 129
6.4.1 Information und Beratung „at your fingertips“ 130
6.4.2 Diagnosesysteme ermöglichen Planbarkeit 132
6.4.3 Informations- und Kommunikationsysteme ermöglichen Transparenz 133
6.4.4 Nutzen des Teleservicesystems 133
6.5 Anwendungsbeispiele 134
6.5.1 Technische Diagnose 134
6.5.2 Online-Dokumentation 136
6.5.3 Ersatzteilidentifikation 137
6.6 Teleservice als Chance 138
6.7 Glossar 138

Dipl.-Ing. Jens Wieland

7 Dezentrale Anlagen- und Prozeßverantwortung in der Praxis 143
7.1 Einleitung 143
7.2 Ziele der DAPV-Einführung 143
7.2.1 Produktionsbetrieb für Großrohre 144
7.2.2 Ist-Situation 144
7.2.3 Zielsetzung 149
7.3 Unternehmensspezifische Ausgestaltung eines Konzeptes zur Dezentralen Anlagen- und Prozeßverantwortung DAPV 149
7.3.1 Konzept der Wertschöpfungskette 149
7.3.2 DAPV-Konzept der Instandhaltung 151
7.4 Umsetzung des DAPV-Konzepts in die betriebliche Praxis 167
7.4.1 Ablauf eines DAPV-Projekts 167
7.4.2 Schwierigkeiten bei der Realisierung 174
7.5 Nutzen der DAPV-Realisierung 177

7.6 Ergebnisse und Ausblick 178

Sachverzeichnis 181

Autorenverzeichnis

Dipl.-Ing. Frank Heeren hat bis 1995 an der Universität Stuttgart Maschinenbau studiert. Seither arbeitet Herr Heeren als Mitarbeiter am Fraunhofer-Institut für Produktionstechnik und Automatisierung (IPA). Schwerpunkte seiner Arbeit sind Organisationsentwicklung auf struktureller und personeller Ebene z.B. über die Einführung fraktaler Organisationskonzepte sowie die Konzeption und Implementierung von EDV-Systemen. Fachlicher Schwerpunkt ist neben der Produktion vor allem die Instandhaltung in verschiedenen Branchen.

Dipl.-Wirtsch.-Ing. Rüdiger Proksch ist Projektleiter in der Abteilung Produktionsmanagement und dort überwiegend im Themenfeld Produktionssicherung tätig. Herr Proksch ist seit 1994 Mitarbeiter am Fraunhofer-Institut für Produktionstechnik und Automatisierung (IPA) und hat in dieser Zeit zahlreiche Projekte in der Kfz-Zulieferindustrie, Elektronikindustrie, ÖPNV- und Energieversorgungsunternehmen durchgeführt. Neben Projekten der Einführung neuer Organisationsmodelle, wie der Dezentralen Anlagen- und Prozeßverantwortung (DAPV) und des „Fraktalen Unternehmens" hat er auch leitend an der Konzeptionierung und Einführung von IPS-Systemen mitgewirkt. Herr Proksch ist daneben im NIN-1 Ausschuß für Instandhaltung des DIN Köln tätig.

Dipl.-Wirtsch.-Ing. Volker Stoll hat bis 1996 an der Technischen Hochschule Darmstadt Wirtschaftsingenieurwesen /Fachrichtung Maschinenbau studiert. Seine Studienschwerpunkte lagen in den Bereichen Forschungs- und Entwicklungsmanagement sowie Controlling und Qualitätsmanagement. Seit Oktober 1997 arbeitet Herr Stoll am Fraunhofer-Institut für Produktionstechnik und Automatisierung in Stuttgart. Seine Arbeitsschwerpunkte liegen in der Instandhaltungsorganisation, EDV-gestützten Instandhaltung durch Teleservice sowie im Bereich von Planspielen.

Dipl.-Ing. Jens Wieland ist seit 1994 für das Fraunhofer-Institut für Produktionstechnik und Automatisierung als Mitarbeiter im Themenfeld Produktionssicherung/ Instandhaltung tätig. Sein fachlicher Schwerpunkt liegt in der Konzeption und Entwicklung von technischen und organisatorischen IK-Lösungen speziell für die Instandhaltung und für den Technischen Service. Herr Wieland hat zahlreiche Konzeptions- und Realisierungsprojekte in unterschiedlichen Branchen bearbeitet und geleitet.

1 Instandhaltung im turbulenten Unternehmensumfeld

1.1 Strukturveränderung in der Industrie – Zwang von außen

Der Standort Deutschland sieht sich heute Marktbedingungen gegenüber, die sich in den letzten Jahren radikal verändert haben und dies in Zukunft noch schneller tun werden. Auf dem europäischen Kontinent im Geschäftsleben zwischen In- und Ausland zu unterscheiden, macht kaum noch Sinn. Mit dem Zusammenwachsen Europas und erst recht mit der weltweiten Verflechtung von Wirtschaftsströmen entstehen jedem deutschen Unternehmen neue, mächtige Wettbewerber, die zu einem tiefgreifenden Wandel der bisherigen industriellen Traditionen zwingen.

Wenn der Konkurrent, der bisher räumlich auf einem anderen Kontinent war, über das Internet nur ein paar Mausklicks weit weg ist und zunehmend genauso innovativ, zuverlässig, kompetent, qualitativ hochstehend und preiswert ist, was müssen deutsche Unternehmen besser oder anders machen?

Die ernste ökonomische Krise, die nur langsam vorüber geht, hat nicht ausschließlich konjunkturelle Ursachen, sondern zeigt ganz deutlich, daß neue Konzepte benötigt werden, die sich an den Problemen von heute und morgen orientieren. Den zu erreichenden Zielen stehen jedoch nicht nur Außenbedingungen, sondern auch interne Restriktionen im Wege. Es gilt, die Schwerfälligkeit von lange gewachsenen Strukturen zu überwinden und verkrustete Organisationen aufzubrechen, um auf wirtschaftliche, konjunkturelle und strukturelle Neuerungen reagieren zu können.

Von den Auswirkungen des beginnenden Wandlungsprozesses sind alle Unternehmensebenen und -bereiche betroffen, gerade auch die Instandhaltung. Alle diese Bereiche haben einen erhöhten Bedarf an Flexibilität, um schnell auf Veränderungen zu reagieren und diese dann dynamisch umsetzen zu können. Ob Industrieunternehmen oder Dienstleister, der Kunde setzt die Anforderungen fest, die der Prüfstand für ein Unternehmen in einem vom Wettbewerb bestimmten Markt sein werden. Der direkte Kontakt zum Kunden und die rasche Umsetzung seiner Wünsche im Leistungserstellungsprozeß muß oberstes strategisches Unternehmensziel sein.

Im Gegensatz zu früher, als sich der Wandel immer auf einen Faktor bezogen hat, bezieht sich der Wandel heute gleichzeitig auf ein ganzes Faktorenbündel (Abb. 1.1). Zu optimieren ist einerseits der angebotene Produktmix hinsichtlich einer Produktdifferenzierung gegenüber dem Wettbewerb. Mehrwertdienstleistungen, Systemanbieter, erhöhter Kundennutzen sind einige der gebräuchlichen Einflußfaktoren auf den Produktmix. Andererseits haben sich die Märkte dramatisch verändert. Neue

Abb. 1.1. Globaler Wandel – lokale Herausforderung.

Märkte mit enormen Ausmaßen sind hinzugekommen, wie die GUS-Staaten, China, Indien und Süd-Ost-Asien. Globalisierung ist deshalb ein häufig vorzufindendes Strategieelement. Produzieren, wo die Wachstumsmärkte sind, bedeutet auch, neue, vernetzte Produktionskonzepte zu entwickeln. Unter Arbeitsplatzgesichtspunkten muß das Ziel sein, die Kernkompetenzen in Deutschland auszubauen.
Große Veränderungen ergeben sich in den Leistungserstellungsprozessen. Wir müssen lernen, genau ab dem Zeitpunkt zu produzieren, an dem der Kunde einen Auftrag erteilt hat (Production on Demand) und nicht, weil es jetzt auf der Stechuhr 7 Uhr

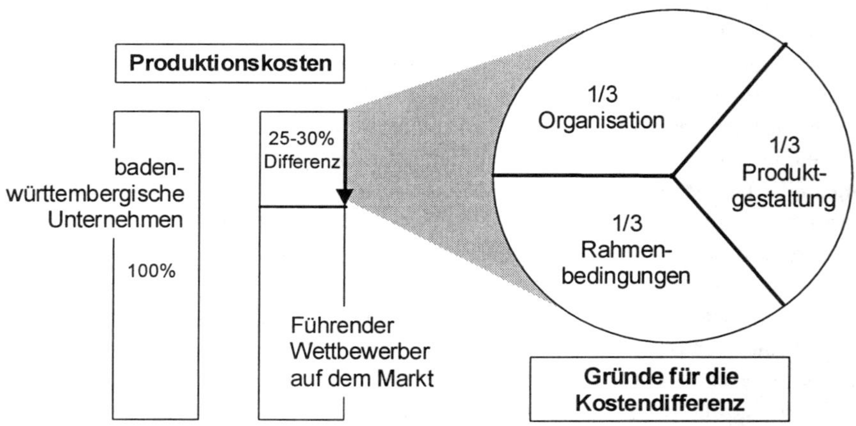

Abb. 1.2. Kostennachteil baden-württembergischer Unternehmen (Quelle: Zukunftkomission Wirtschaft 2000).

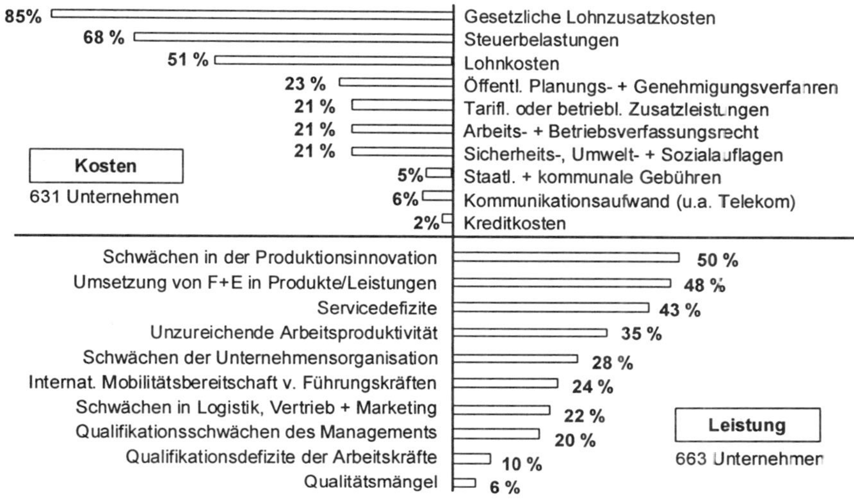

Abb. 1.3. Wettbewerbsnachteile (Quelle: prognos).

morgens ist. Konzentration auf die Kernkompetenzen und Kooperationen sind Strategiefaktoren der Zukunft, um am Markt ein besseres Angebot unterbreiten zu können.

Wir müssen uns darüber im klaren sein, daß wir nach wie vor einen großen Kostennachteil im globalen Wettbewerb aufweisen (Abb. 1.2). Trotz aller Anstrengungen in den letzten Jahren ist es uns nicht gelungen, den Kostennachteil wesentlich zu verringern und man sollte sich nicht von kurzzeitigen Konjunkturspitzen blenden lassen. Die nächste Krise kommt bestimmt, vermutlich früher, als viele erwarten und mit großer Wucht. Es ist deshalb wichtig, so lange noch Zeit ist, die notwendigen Veränderungen einzuleiten. Auf eine wesentliche Veränderung unserer Rahmenbedingungen in Deutschland (Abb. 1.3) zu warten, wird nicht helfen. Da aber zwei Drittel unserer Probleme hausgemacht sind, können wir sie auch selbst beeinflussen.

1.2 Neue Unternehmensorganisationskonzepte – Druck von innen

Die Dynamik der boomenden Wirtschaft der USA zeigt deutlich die bundesrepublikanischen Strukturprobleme auf. Arbeit ist zu ineffizient und damit zu teuer. Aus Subventionstöpfen werden Industriezweige ohne Zukunft und verdeckte Arbeitslosigkeit finanziert, anstatt verstärkt Wachstumsbranchen und modernste Technologien zu fördern, um dort die dringend benötigten Arbeitsplätze für unsere Zukunft zu schaffen. Die Absicht „Erster unter Gleichen“ zu sein, ist nicht zu spüren und dagegen muß angegangen werden. Die vielbeschworenen sogenannten deutschen Tugenden Fleiß, Sauberkeit und Disziplin müssen um Kreativität, Wagemut, Unternehmertum und Unkonventionalität ergänzt werden.

Neben der proaktiven Förderung industrieller Wachstumsbranchen und industrienaher Forschung, dem Abrücken vom reinen Anspruchs- hin zu einem Leistungsdenken, der Globalisierung der Märkte und der partnerschaftlichen Suche internationaler, strategischer Allianzen muß auch im Unternehmen selbst „der angesetzte Speck" abgeschmolzen werden. Überschaubare, flexible und schlagkräftige Einheiten mit kurzen Informations- und Entscheidungswegen sowie schlanken Führungsstrukturen müssen wieder den Mitarbeiter und seine Kreativität in den Mittelpunkt des betrieblichen Ablaufs stellen.

Um auch in Zukunft wettbewerbsfähig zu sein, muß gleichzeitig „auf allen Tasten des Klaviers gespielt werden". Es wird nicht mehr genügen, hier und da ein wenig an einer Stellschraube zu drehen. Vielmehr ist es notwendig, gleichzeitig die Produkt-, Organisations- und Prozeßstruktur (Abb. 1.4) in den Unternehmen gewissenhaft zu überprüfen und ggf. zu optimieren. Was viele Jahre gut und erfolgreich war, interessiert morgen niemand mehr und ist auch kein Garant für Erfolg in der Zukunft.

Der Faktor Zeit wird in Zukunft eine ganz entscheidende Rolle spielen. Die Kunden werden demjenigen einen Auftrag erteilen, der bei vorgegebenem Preis/Qualitätsverhältnis die kürzeste Lieferzeit hat. Dies bedeutet, daß die gesamte Kette von der Produktidee bis zur Auslieferung an den Kunden optimiert werden muß (Abb. 1.5). Es ist bekannt, daß gerade bei uns in Deutschland der Zeitraum von der Produktidee bis zur Markteinführung im internationalen Vergleich viel zu lange ist.

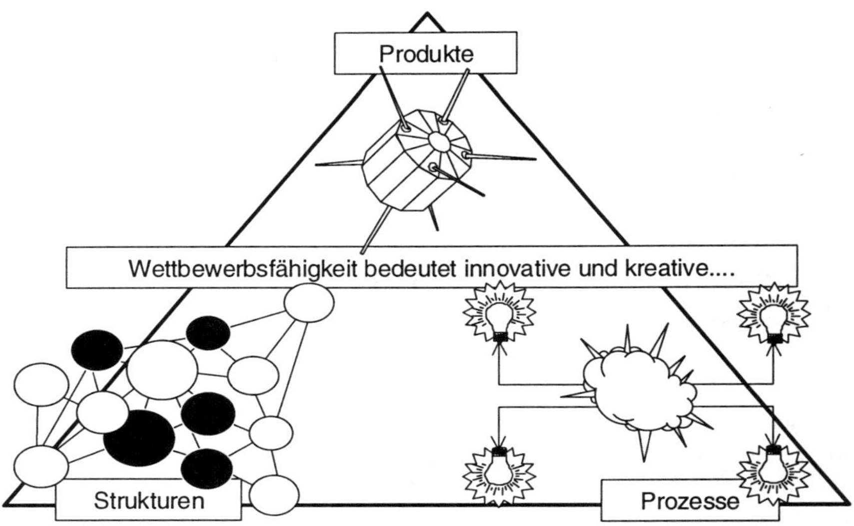

Abb. 1.4. Wettbewerbsfähigkeit.

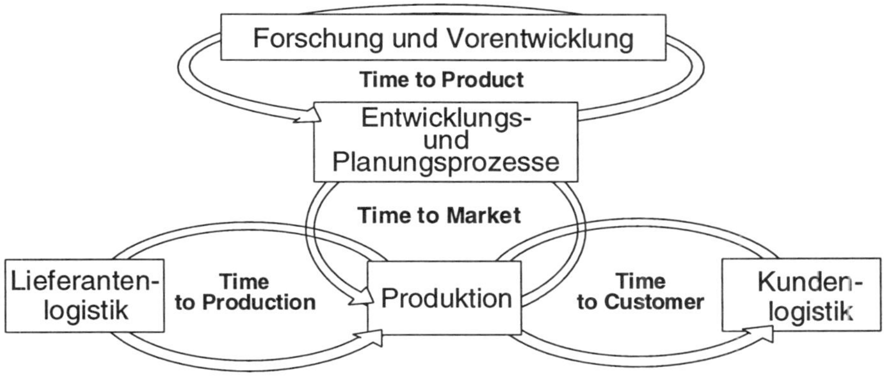

Abb. 1.5. Erfolgsfaktor Zeit.

In vielen Unternehmen weiß man, wo es „hakt" und welche strukturellen Voraussetzungen geschaffen werden müssen, um auch in Zukunft die Kunden zufriedenzustellen. Allein es fehlt an der konsequenten Umsetzung. Vielfach ist festzustellen, daß, bedingt durch zurückliegenden Erfolg, die Bereitschaft zu Veränderungen nicht oder noch nicht da ist (Abb. 1.6). Strukturen, die früher erfolgreich waren, werden jedoch nur in Ausnahmefällen auch den zukünftigen Anforderungen gerecht.

All dies erfordert ein intensives Umdenken und einen Wertewandel in den Köpfen. Besitzstandsdenken, mangelnde Flexibilität der Führungskräfte und die gestörte Kommunikation zwischen undurchlässigen, starren Hierarchieebenen müssen verschwinden (Abb. 1.7).

Die Bemühungen, die in den Unternehmen unter den Stichworten „schneller, schlanker, flexibler und besser" ablaufen, beziehen sich alle mehr oder weniger auf das

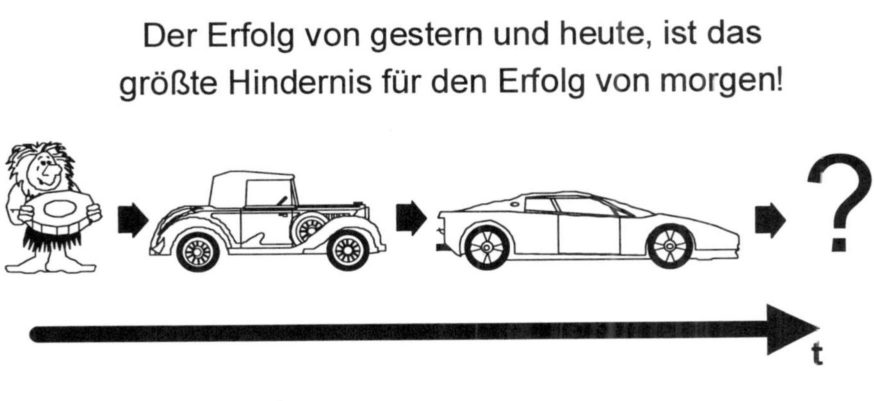

Abb. 1.6. Probleme bei Veränderungsprozessen.

	von	zu
Prozesse	Komplex	Einfach
Arbeitsinhalte	Einfach	Komplex
Führungsstil	Kontrolle	Verantwortung
Organisationsstruktur	Hierarchie	Team
Personalstruktur	Arbeiter/Angestellte	Profis/Unternehmer
Fokus	Chef	Kunde
Ausrichtung	Funktion/Aufgabe	Prozeß
Maßstab	Geschäftiges Treiben	Resultat
Karriere	Beförderung	Entwicklung
Kompensation	Position	Wertanstieg
Manager	Aufseher	Coach
Vorstand	Ergebnisüberwacher	Unternehmensführer
Priorität	Finanzen	Geschäftsoperationen
Wertewelt	Bewahrend	Schöpferisch

Abb. 1.7. Veränderungsprozesse im Unternehmen.

Bewältigen von Krisensituationen. Dieses Vorgehen ist absolut richtig und notwendig. In vielen Unternehmen wird dabei jedoch ignoriert, daß andauernde Rationalisierungsbemühungen zu stetigem Arbeitskräfteabbau und damit zu einem ständigem Know-how-Verlust führen. Diese Auszehrung mündet früher oder später in noch gravierenderen Krisen. Vielfach wird übersehen, die vielen Chancen in Form neuer Produkte oder neuer Märkte zu ergreifen, um dann eine klare Vorwärtsstrategie zu fahren. Zu einem erfolgreichen Krisenmanagement gehört deshalb gleichzeitig ein ausgeprägtes und zielgerichtetes Chancenmanagement.

1.3 Indirekte Bereiche – Prügel von allen

Die Instandhaltung befindet sich im Spannungsfeld zwischen Verfügbarkeit und Kosten, wobei sich die Situation zunehmend verschärft, denn die Instandhaltungskosten in bundesdeutschen Industrieunternehmen haben sich von 1980 bis 1994 verfünffacht (Abb. 1.8). Die Gründe für diese Steigerung sind ebenso vielfältig wie einleuchtend.

Es gibt eine höhere technologische Komplexität des Maschinenparks im Rahmen wachsender Automatisierung und Anlagenverkettung. Zumeist fehlen Steuerungssysteme, die aufzeigen, wie sich Instandhaltungsstrategien auf der Kostenseite auswirken und welche Verfügbarkeiten erreichbar sind. Die Instandhaltungskapazität wird vorwiegend für die Behebung von Störungen eingesetzt und es gibt nur eine geringe Konzentration der Aktivitäten auf eine geplante, vorbeugende Instandhaltung.

Ebenso gibt es nur wenig Unterstützung bei der Wahl objektspezifischer Instandhaltungsintervalle und deren Auswirkung auf die Anlagen- und Prozeßverfügbarkeit. Von den Instandhaltern werden kaum Informationen an die Entwicklungsabteilungen zurückgegeben, um bei neuen Maschinengenerationen konstruktive Verbesserungen

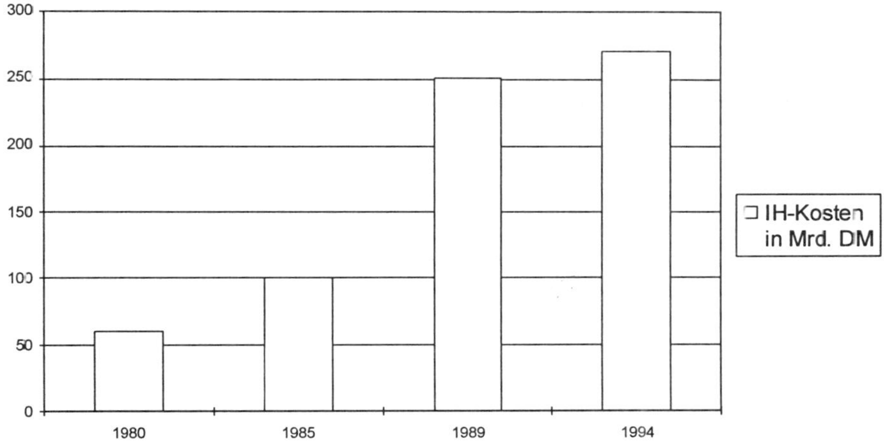

Abb. 1.8. Entwicklung der Instandhaltungskosten in bundesdeutschen Industrieunternehmen. (Bemerkung: Die indirekten IH-Kosten werden jeweils auf das vierfache der direkten Kosten geschätzt.)[1]

einfließen zu lassen. Trotz allem erwartet die Produktion maximale Anlagenverfügbarkeit bei geringsten Ausgaben für Instandhaltungsleistungen.

Ansatzpunkte für neue Formen der IH-Organisation bietet die Erkenntnis, daß ein klassischer Instandhalter zwar die Technologie zur Instandhaltung einer Maschine beherrscht, das eigentliche Wissen über den Zustand der Maschine jedoch beim Maschinenbediener liegt. Der Maschinenbediener, der den täglichen Umgang mit der Maschine gewohnt ist, spürt jede sich anzeigende Veränderung sofort. Da jedoch die Verantwortung für die Maschine nicht bei ihm selbst liegt, sondern bei einer separaten Abteilung Instandhaltung, hat er oft kein unmittelbares Interesse, seine Beobachtung weiterzugeben. Die Instandhaltung wiederum traut dem Anlagenbediener dieses Wissen nicht zu und schon gar nicht das Können, kleinere Störungen selbst zu beheben.

Während bestehende Unternehmensorganisationen von funktionszentralisierten Strukturen ausgehen, bei denen eine klare Trennung der Kompetenzen von direkten und indirekten, dem Wertschöpfungsprozeß zugeordneten Bereichen, besteht, stellen moderne Produktionskonzepte den Prozeß in den Mittelpunkt ihrer Betrachtung. Alle Funktionen, die die Steuerung und Sicherung des Prozesses unmittelbar beeinflussen, müssen an die Linie und damit in den Produktionsprozeß integriert werden.

Eine anschließende Trennung nach Produktionsbereichen oder auf Produktgruppen bezogen, läßt kleine Unternehmen im Unternehmen, sogenannte Fraktale, entstehen, die eigenverantwortlich agieren und kostenbewußt handeln können. Hier werden die drei Strategiefelder der Instandhaltung Personal, Aufbau- und Arbeitsorganisation gleichzeitig angesprochen und in ihrem Zusammenspiel optimiert.

Die Umsetzung einer „Dezentralen Anlagen- und Prozeßverantwortung" (DAPV) beinhaltet nicht allein die Dezentralisierung indirekter Bereiche, wie die Qualitätssicherung, Instandhaltung und Arbeitsvorbereitung/Logistik. Vielmehr müssen, vom Wertschöpfungsprozeß ausgehend, neue Aufgaben- und Verantwortungsstrukturen erarbeitet werden, die die bisherigen Tätigkeiten und Verantwortungen der indirekten Produktionsbereiche weitgehend mit einschließen. Dabei versucht man eine optimale Kombination von Vorteilen dezentraler, selbständig agierender Produktionseinheiten und zentralen Brückenköpfen, den sogenannten „Service-Centern" herzustellen, die ihre Leistungen beziehungsweise ihr Know-how diesen Fraktalen zur Verfügung stellen. Die Vielfalt betrieblicher Organisationen, abhängig von Produkt- und Fertigungsstruktur, Branche und Größe des Unternehmens, zwingt zu einer flexiblen und an das jeweilige Unternehmen angepaßten Umsetzung der DAPV. Ein einmal eingeführtes Konzept ist nicht eins zu eins von einem Unternehmen zum anderen übertragbar, es würde sogar kontraproduktiv wirken.

Die DAPV bildet eine lebendige Keimzelle eines Fraktalen Unternehmens und beinhaltet als solche wesentliche Eigenschaften dieses übergeordneten Systems. Vergleicht man die herkömmliche Sichtweise einer Unternehmensstruktur mit einer fraktalen Betrachtung, so fällt rasch auf, daß die Grenzen zwischen Firmenbereichen sowie zwischen Unternehmen und Umwelt unscharf sind und somit durchlässig für Informationen und gekennzeichnet durch ablauffunktionale Verbindungen.

Anfang der neunziger Jahre zeigte sich, daß sich die Informationsgesellschaft als Nachfolgerin der Industriegesellschaft etablieren würde. Die Geschwindigkeit dieser Entwicklung hat selbst Experten überrascht. Ausgelöst wurde diese Entwicklung durch die vollständige Digitalisierbarkeit aller Informationsformen. Die Verbindung verschiedener Hardwaretechniken und die schnellen Produktzyklen ließen einerseits die Leistung in die Höhe schnellen und andererseits die Preise auch für private Nutzer interessant werden. Die Öffnung der Telekommunikationsmärkte und der daraus resultierende Preisverfall für Übertragungskosten von Informationen taten ein übriges, die neuen Technologien umfassend zu verbreiten.

Die Betriebe werden in den kommenden Jahren einen sprunghaft wachsenden Anteil an jungen Mitarbeitern vorfinden, welche es gewohnt sind, den PC für Spiele, Lernprogramme, Telebanking und Online-Kommunikation über das Internet zu benutzen. Jeder amerikanische Bürger hat 1996 16 Stunden vor einem Online Computer verbracht und für das Jahr 2001 werden 39 Stunden prognostiziert, wobei zu erwarten ist, daß es in Deutschland eine ähnliche Entwicklung geben wird. Während der Fußballweltmeisterschaft 1998 in Frankreich hatte die offizielle Internet-Homepage an einem einzigen Tag 59 Millionen Zugriffe registriert.

Moderne Unternehmen können diese Fähigkeiten ihrer Mitarbeiter für sich nutzen. Jedes Fraktalmitglied muß jederzeit Zugang zu einem Informationssystem haben, das alle, seinen Arbeitsablauf betreffenden, Informationen zur Verfügung stellt, wobei bestimmte Anforderungen an die Leistungsfähigkeit und Struktur der Systeme gestellt werden müssen. Zuerst müssen die technischen Voraussetzungen für ein Wissensmanagementsystem geschaffen werden, danach kann durch gezielte Schulung das Wissenspotential des Mitarbeiters aktiviert werden.

Um das Potential vollständig auszuschöpfen und um „Herrschaftswissen" zu vermeiden, sind Anreizsysteme aufzubauen. Kunden und Lieferanten müssen in den

Wissensaggregationsprozeß integriert werden. Dokumentation, Verteilung und Abruf von Wissen ist zu verwalten und veraltete Informationen müssen ausselektiert werden.

Die hierarchische Struktur in deutschen Unternehmen – und damit auch in der Instandhaltung – verleitet dazu, die Information auch hierarchisch zu nutzen und nicht zuzulassen, daß jeder dasselbe Wissen hat. Kommunikationsfähigkeit ist die Fähigkeit, Rückkopplungsschleifen zu bilden, also auf Veränderungen im Umfeld durch Veränderungen in der Unternehmensorganisation zu reagieren. Der Ökonom und Nobelpreisträger Gary Becker schätzt den Anteil des Humankapitals am Gesamtvermögen der Industrienationen auf gut 75 Prozent. Sachanlagen machen nur 20 Prozent, Rohstoffe weniger als fünf Prozent der Quellen des Wohlstands aus.[2]

Nach Einschätzung deutschsprachiger Unternehmen liegt der Nutzungsgrad des internen Wissens, das die Mitarbeiter über Märkte, Kunden, Ablaufprozesse oder Innovationen besitzen, bei der Hälfte der Unternehmen bei 20 bis 40 Prozent, bei der anderen Hälfte bei 60 bis 80 Prozent. Über drei Viertel dieser Unternehmen rechnen aber dem „Produktionsfaktor Wissen" 60 bis 100 Prozent an der Gesamtwertschöpfung zu.[3] Informationen und das resultierende Handeln sind damit der entscheidende Produktionsfaktor der kommenden Jahre.

Viele Mitarbeiter haben gute Ideen, die zur Verbesserung von Arbeitsabläufen beitragen würden. Die Kanalisierung dieses Potentials in einem betrieblichen Vorschlagswesen wurde speziell in der Autoindustrie in den Jahren der Krise perfektioniert. 1996 wurden je 100 Beschäftigte 78 Vorschläge eingereicht, 1997 waren es 83.[4]

Der Automobilproduzent Porsche hat bei seiner Restrukturierung 10 Prozent der Einsparungen durch Mitarbeiterideen erreicht und beim Umbau von General Motors wurden weit über fünfzig Prozent der Verbesserungsvorschläge der Mitarbeiter vom Management berücksichtigt.

Opel hat 1997 fast 107 Millionen Mark gespart durch die 119.000 Verbesserungsvorschläge seiner Mitarbeiter.[5] Der Konkurrent Daimler-Benz hat 1997 94,2 Millionen Mark durch 55.000 Vorschläge eingespart. Damit haben rund 20% der Mitarbeiter Anregungen für Verbesserungen gegeben. Dafür wurden Prämien im Wert von 26,4 Millionen Mark ausgezahlt, wobei die höchste Prämie in Deutschland von 500.000 DM für einen Verbesserungsvorschlag in der Lackiertechnik bezahlt wurde.[5] Es sind allerdings die kleinen Ideen, die die Masse der Einsparungen bringen.

Mitarbeiter müssen ihren persönlichen, durch Versuch und Irrtum aufgebauten, intuitiven Erfahrungsschatz weitergeben, damit andere Mitarbeiter nicht die gleichen Fehler machen müssen. Implizites Wissen muß in explizites verwandelt werden und als produktive Kraft genutzt werden. Die anfangs diskutierten weltwirtschaftlichen Rahmenbedingungen lassen sonst im verschärften Wettbewerb keine zweite Chance zu.

Es ist offensichtlich, daß das hier beschriebene Konzept Aufbau und Abläufe der bestehenden betrieblichen Organisationsstrukturen in umfassender Weise verändert. Allerdings zeigen die damit erzielten Projekterfolge in vielen Industrieunternehmen und öffentlichen Verwaltungen, daß es in die richtige Richtung geht.

Literatur

1 Xu, C: Flexibilisierung der Instandhaltung durch Taktikoptimierung. Dissertation Universität Dortmund. VDI-Fortschrittsberichte, Reihe 16, Nr. 77 (1994).

2 Wirtschaftswoche, Nr. 12 (1998).

3 Internationales Institut für Lernende Organisation und Innovation (ILOI): Knowledge Management - ein empirisch gestützter Leitfaden zum Management des Produktionsfaktors Wissen. Studienbericht, München (1997).

4 VDI Nachrichten, 20.3.1998

2 Zukünftige Organisationsformen

2.1 Inflation der Konzepte

Die Märkte, auf denen wir uns bewegen, haben sich in den letzten Jahren dramatisch verändert. Die Kunden verhalten sich agiler und dynamischer. Um in diesen immer härter umkämpften, globalen Märkten bestehen zu können, müssen die Unternehmen agieren und reagieren. Die Organisation muß sich dem Markt anpassen und nicht umgekehrt.

Dies hatte zur Folge, daß für die klassische, arbeitsteilige und hierarchisch aufgebaute Struktur von Unternehmen (wie sie immer noch in vielen Unternehmen existiert) neue Konzepte (Abb. 2.1) entwickelt bzw. übernommen wurden (vorrangig aus den USA und Japan). Wir haben eine Inflation von Konzepten. Die Mitarbeiter in vielen Unternehmen wissen nicht mehr, ob sie zuerst Reengineering oder Geschäftsprozeßoptimierung betreiben sollen. Oder ist gar TQM (Total Quality Management),

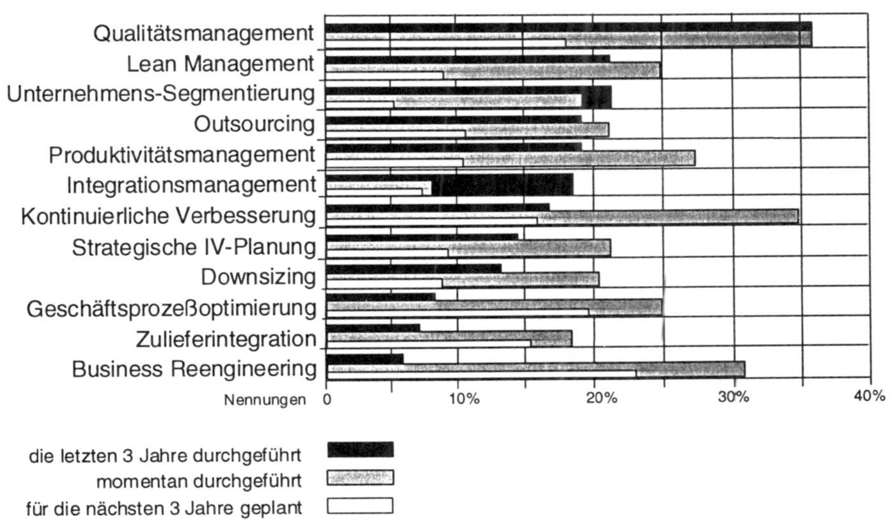

Abb. 2.1. Managementkonzepte in Deutschland.

Lean Management, Segmentierung oder Downsizing der richtige Weg zu einer effektiveren Struktur. Was ist das richtige Konzept?

Diese Frage läßt sich pauschal nicht beantworten. Tatsache ist aber, daß es **das** richtige Konzept nicht gibt. Jedes Unternehmen hat seine eigene Struktur und Kultur und braucht eine individuelle Lösung, aufbauend auf bekannten und erfolgreichen Methoden und Verfahren. Jedes Unternehmen muß seinen eigenen Weg finden.

Das wesentliche Element in unseren Unternehmen, unabhängig von Branche oder Größe, sind die Mitarbeiter. Die Technik und Gebäude eines Unternehmens lassen sich überall auf der Welt aufbauen. Wo heute ein Reisfeld ist, kann in 6 Monaten eine moderne Fabrik aufgebaut sein. Was sich aber nicht transferieren läßt, ist das Wissen und die Erfahrung der Mitarbeiter zum Betreiben des Unternehmens. Neue Organisationskonzepte müssen sich deshalb immer an den bestehenden Strukturen orientieren und trotzdem einem notwendigen Veränderungsprozeß offen gegenüberstehen. Klar ist: Wenn etwas besser werden soll (und das muß unser Bestreben sein), dann muß es anders werden (Abb. 2.2). Wenn man alles beim alten beläßt, wird es auf keinen Fall besser.

Wenn man sich die Vielzahl der entwickelten Konzepte – die alle ihre Berechtigung haben – im Detail betrachtet, dann stellt man sehr schnell fest, daß viele der begonnenen Verbesserungsprojekte – egal unter welcher Überschrift – nicht den erhofften Erfolg gebracht haben oder gar gescheitert sind. Hierfür gibt es zwei Hauptursachen.

Zum einen hat es sich in vielen Beispielen gezeigt, daß grundlegende Veränderungen in der Struktur und Organisation eines Unternehmens nur gemeinsam mit den Mitarbeitern erfolgreich umgesetzt werden können. Überall dort, wo das Management eines Unternehmens – sozusagen Kraft Amtes – neue Strukturen in das Unternehmen gedrückt hat, haben die Mitarbeiter den Vorgesetzten mittelfristig bewiesen, daß das der falsche Weg ist. Zu viele Projektruinen belegen dies, mit der Folge, daß die notwendige Offenheit für Veränderungsprozesse drastisch abnimmt und die gute alte Mißtrauensorganisation wieder Einzug hält.

Andererseits – und da kann sich jeder an die eigene Nase fassen – zeichnen wir uns durch eine unglaubliche Inkonsequenz aus. Wir sind Weltmeister im Dinge an-

Es ist nicht gesagt,
daß es besser wird,
wenn es anders wird.
Wenn es aber besser werden soll,
muß es anders werden!

Abb. 2.2. Zitat: Georg Christoph Lichtenberg (1742 – 1799), deutscher Physiker und Schriftsteller.

fangen, sie aber nicht konsequent zu Ende bringen. Veränderungen bedeuten immer Unsicherheit, Ungewißheit und manchmal Angst (auch um den Arbeitsplatz). Es ist deshalb bequemer und angenehmer nur ein „bißchen“ zu verändern. Ein schönes Beispiel hierzu verbirgt sich hinter dem Begriff „Gruppen-“ oder „Teamarbeit“. In vielen branchenunabhängigen Beispielen wurde bewiesen, daß Gruppenarbeit wesentlich effektiver sein kann, als klassische Arbeitsteilung. In vielen Unternehmen wurde deshalb Gruppenarbeit eingeführt. Dies war sicher eine strategisch richtige Entscheidung. In der Realität sieht das aber ganz anders aus!

In einer Untersuchung der Fraunhofer Gesellschaft wurde festgestellt, daß zwar 36% der Unternehmen (von 1306) Gruppenarbeit eingeführt hatten, aber nur 6% davon flächendeckend. Wenn man sich jetzt die praktizierte Form der Gruppenarbeit einmal etwas näher betrachtet, dann stellt man fest, daß viele Unternehmen den Unterschied zwischen „Gruppenarbeit“ und „Arbeit in Gruppen“ noch nicht begriffen haben. Und es ist ein sehr großer Unterschied. Am Beispiel der Meisterfunktion läßt sich dies erläutern. Wenn eine Gruppe weiterhin in „klassischer“ Art und Weise von einem Meister geführt wird, dann kann man nicht erwarten, daß die Mitarbeiter ganzheitlich und prozeßorientiert denken und handeln, daß sie Verantwortung übernehmen oder, daß sich gar gruppendynamische Prozesse abspielen. Sie haben dann Arbeit in Gruppen mit ähnlichen Ergebnissen wie vorher.

Vorläufiges Fazit: Veränderungsprozesse sind dauerhaft dann erfolgreich, wenn sie mit den Mitarbeitern und konsequent durchgeführt werden.

Trotz hohem Kostendruck, Konjunktur- und Strukturkrise gibt es nach wie vor sehr erfolgreiche Unternehmen. In einer Untersuchung des Fraunhofer Instituts für Produktionstechnik und Automatisierung (IPA) wurden die Erfolgsfaktoren dieser Unternehmen herausgearbeitet und analysiert (Abb. 2.3). Die Innovationskultur eines Unternehmens hat beispielsweise einen großen Einfluß auf dessen dauerhaften Erfolg.

Unter Innovationskultur ist hierbei die Fähigkeit zu verstehen, in immer kürzer werdenden Abständen neue Produkte zu entwickeln, zu produzieren und an den Markt zu bringen. Wenn ich ein Produkt jahrelang herstelle, dann kenne und weiß ich alles, ich kann auf die auftretenden Probleme prompt und sicher reagieren. Ich habe alles im Griff. Wenn ich jetzt in sehr kurzen Abständen neue Produkte mit neuen Maschinen und geänderten Abläufen produzieren muß, dann habe ich eine dauernde Anlaufsituation und dies bedeutet oftmals Chaos. Ich beherrsche den Prozeß noch nicht. Erfolgreiche Unternehmen zeichnen sich u.a. dadurch aus, daß sie diese Situationen in den Griff bekommen. Sie haben die Fähigkeit entwickelt, flexibel auf neue Anforderungen und Strukturen zu reagieren.

Ein weiterer wichtiger Punkt ist die Prozeßorientierung. Wir müssen unser Unternehmen gemäß dem Wertschöpfungsprozeß (nur dort wird Geld verdient) und nicht nach Abteilungen (wörtlich: teilt ab!) strukturieren. Wir müssen den Durchlauf des Kundenauftrages durch das gesamte Unternehmen optimieren und nicht nur in der Technik. Kundenorientierung heißt: Wir müssen die Anforderungen und Wünsche des Kunden kennen, um sie erfüllen zu können. Oftmals ist es auch sinnvoll, sich Gedanken zu machen, wie unsere Kunden mit unseren Produkten/Dienstleistungen

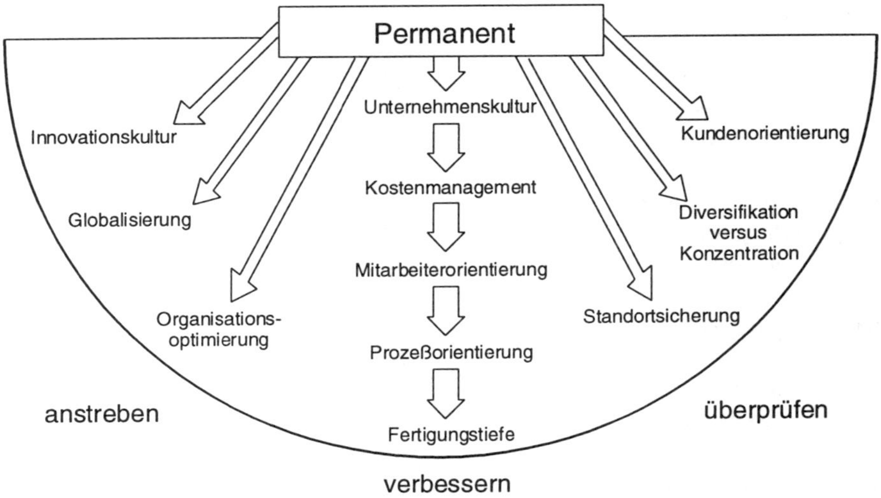

Abb. 2.3. Erfolgreiche Unternehmen – Was trennt Sieger von Verlierern?

ihre Kunden besser bedienen können. Viele Unternehmen schreiben sich Kundenorientierung auf die Fahne und befassen sich kaum mit der Frage, was der Kunde eigentlich will. Wie kann ich meinen Kunden einen Mehrnutzen erbringen?

Zwei Faktoren zeichnen dauerhaft erfolgreiche Unternehmen aus. Alle haben eine sehr ausgeprägte, offene Unternehmenskultur und Mitarbeiterorientierung. Das Thema Unternehmenskultur wurde viele Jahre völlig unterschätzt. Höchstleistungen lassen sich aber nur in einem Klima der Offenheit und des Vertrauens erbringen. Die leider immer noch übliche Mißtrauensorganisation und das Halten des Mitarbeiters am langen Arm (Vertrauen ist gut, Kontrolle ist besser!) sind keine gute Voraussetzungen für Topleistungen. Und in unseren Mitarbeitern steckt viel mehr, als wir glauben! Um das ganze Potential der Mitarbeiter zu erschließen, muß Vertrauen aufgebaut und müssen Freiräume geschaffen werden. Dies bedeutet insbesondere, daß die Führungskräfte auch loslassen müssen. Sie müssen Verantwortung und damit (wie viele immer noch denken) Macht abgeben.

Dauerhafte, erfolgreiche Veränderungsprozesse basieren primär auf einem Kulturwandel in den Unternehmen. Wir müssen zuerst das Denken und Handeln, den Umgang miteinander verändern, bevor wir Prozesse versuchen zu optimieren. Veränderungsprozesse spielen sich hauptsächlich im Kopf der Beteiligten ab. Wenn alle Mitarbeiter eines Unternehmens verstanden haben, weshalb und warum Veränderungen notwendig sind, dann stehen sie dahinter und werden eine unglaubliche Kreativität an den Tag legen, zum Nutzen aller Parteien, die an diesem Prozeß beteiligt sind.

Veränderungsprozesse werden häufig gleichgesetzt mit drastischen Strukturveränderungen. Alles Alte wird über Bord geworfen. Man versucht, alles ganz anders zu machen. Dies mag manchmal ein durchaus notwendiger Schritt sein, in vielen Fällen ist er aber falsch. Nicht alles, was jetzt 50 Jahre gut und erfolgreich war, kann falsch gewesen sein. Wir müssen uns auf unsere Stärken besinnen und unsere Schwächen erkennen und ausmerzen. Dies bedeutet, daß wir unter den Begriffen „schlanker, schneller, besser werden“ (Abb. 2.4) manchmal auch einen Schritt zurück gehen müssen und unsere Prozesse wieder vereinfachen müssen, damit sie überhaupt beherrschbar sind. Auf dieser beherrschbaren Prozeßebene muß man sich dann die Frage stellen, was man wie verändern muß, um auch in Zukunft (wieder) erfolgreich zu sein und zu bleiben. Dauerhaft erfolgreiche Veränderungsprozesse müssen allen Beteiligten nützen. Hierzu zählen nicht nur die Anteilseigner (Shareholder-Value), sonder auch die Mitarbeiter, das Management, Familienangehörige, Kommunen und Pensionäre (Stakeholder-Value).

Wie groß Veränderungen sein müssen, hängt natürlich sehr stark von der Ausgangssituation ab. In vielen Fällen steht jedoch am Anfang eines Veränderungsprozesses ein drastischer Schnitt, wie er beispielsweise in BPR-Projekten (Business-Process-Reengineering) versucht wird. Häufig wird jedoch vergessen, daß Veränderungsprozesse etwas stetiges und dauerhaftes haben müssen. Erfolgreiche Prozesse, wie sie beispielsweise im folgenden am Konzept des Fraktalen Unternehmens aufgezeigt werden, kombinieren deshalb BPR-Ansätze mit einem kontinuierlichen Veränderungsprozeß in kleinen Schritten (Abb. 2.5).

Auf einer 1998 abgehaltenen Konferenz am FhG-IPA über Erfahrungen mit Veränderungsprozessen unterschiedlicher Ausprägung in mittelständischen Unternehmen konnte man die Schlußfolgerung ziehen, daß die eingesetzte Methode (Lean Management, TQM, DAPV, TPM, BPR, Fraktales Unternehmen etc.) nicht entscheidend für den Erfolg ist. Entscheidend für einen dauerhaften Erfolg war vielmehr, daß

- klare Zielvorstellungen erarbeitet wurden,
- alle Mitarbeiter (einschließlich Betriebsrat) über die Ziele informiert wurden,
- die Mehrzahl der Mitarbeiter (alle Mitarbeiter hinter ein solches Konzept zu bekom-

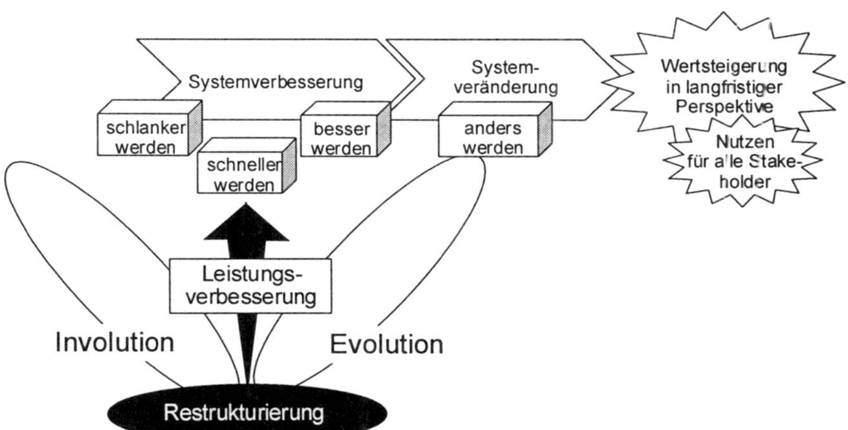

Abb. 2.4. Restrukturierung ist das, wozu wir sie machen.

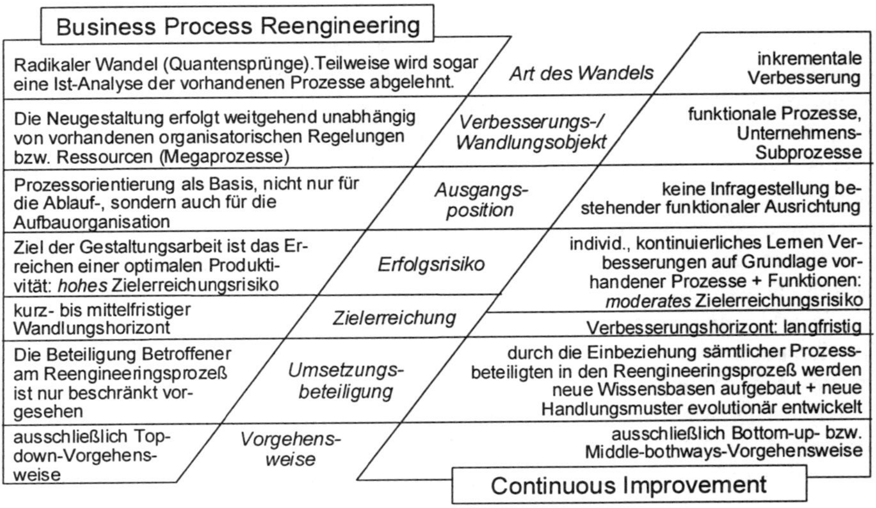

Abb. 2.5. Business Process Reengineering vs. Contiuous Improvement.

men ist nicht möglich) die notwendigen Veränderungen aktiv unterstützt haben,
- die notwendigen organisatorischen, technologischen und strukturellen Veränderungen konsequent durchgeführt wurden,
- einfache, beherrschbare Prozesse definiert wurden,
- eine Vertrauenskultur geschaffen wurde,
- das Management die neue Kultur vorgelebt hat,
- das Management den Mitarbeiter den notwendigen Freiraum gegeben hat
- und die anstehenden Veränderungen ganzheitlich angegangen wurden.

Die zentrale Aussage lautet: Erfolgreich ist man dann, wenn Dinge konsequent und ganzheitlich mit allen Mitarbeitern angegangen werden.

2.2 Das „Fraktale Unternehmen"

In den vorangegangenen Kapiteln wurde bereits mehrfach darauf hingewiesen, daß die derzeitige Situation – viele sprechen von einer Strukturkrise – nur durch die ganzheitliche und konsequente Veränderung vorhandener Strukturen bewältigt werden kann. Ein Umdenkprozeß ist notwendig. Wir müssen uns auf unsere Stärken besinnen und nicht andere Konzepte nachmachen. Unsere Stärken liegen in der Kreativität, Flexibilität und dem Know-how unserer hochqualifizierten Mitarbeiter. Deshalb sind Strukturen zu realisieren, die eine Entfaltung der Mitarbeiterpotentiale ermöglichen. Wir benötigen Freiräume für die Kreativitätsentwicklung des Einzelnen.

> Die Fraktale Fabrik ist ein offenes System, das aus selbständig agierenden und in ihrer Zielausrichtung selbstähnlichen Einheiten
> – den FRAKTALEN –
> besteht und durch dynamische Organisationsstrukturen einen vitalen Organismus bildet.

Abb. 2.6. Definition der Fraktalen Fabrik (nach H. J. Warnecke).

Vor diesem Hintergrund wurde am FhG-IPA das Konzept des „Fraktalen Unternehmens“ entwickelt und erfolgreich in der Praxis umgesetzt. Fraktale werden in der Naturwissenschaft zur Beschreibung natürlicher Mechanismen, Strukturen und Formen herangezogen. Das Fraktale Unternehmen (Abb. 2.6) orientiert sich an der Entwicklung natürlicher Organismen und stellt einen mitarbeiter-, prozess-, kunden- und zielorientierten Ansatz zur Bewältigung von Strukturproblemen dar. Man kann auch sagen, daß das Fraktale Unternehmen unsere Antwort auf „lean production“ ist, bei der unsere bekannten Stärken und die Erfolgsfaktoren der Vergangenheit gepaart werden mit neuen Strukturen und Denkmustern, gestrafften Hierarchien, optimierten Abläufen, Verantwortungsdelegation, Zielorientierung und einer ganzheitlichen Betrachtungsweise. Wir müssen uns wieder auf das Wesentliche konzentrieren: den Wertschöpfungsprozeß. Die gestrafften, indirekten Stellen übernehmen Dienstleistungsfunktionen im wahren Sinne des Wortes.

Nicht wenige Unternehmer und Führungskräfte sind auch heute noch der Ansicht, daß sich die derzeitige Lage ohne strukturelle Veränderungen bewältigen läßt. Es gibt immer Gründe, warum es nicht geht. Die „Ja, aber-Methode“ wird benutzt: „Im Prinzip ist es richtig, aber ...“. Bei dieser Methode wird die gesamte Problemlösungskreativität auf die Gegenargumentation gelegt. Es wird immer Gründe geben, warum es so nicht geht. Dann geht es eben anders! Das „Wie“ ist die richtige Fragestellung. Eine machbare Lösung ist zu finden. Es gilt meistens das alte Sprichwort: „Wo ein Wille ist, ist auch ein Weg!“ Dramatische Verbesserungen in allen Bereichen unserer Unternehmen sind notwendig und möglich! Man muß sie aber wollen und bereit sein, die notwendigen Veränderungen auch mitzutragen.

2.3 Aufbruch zu einem anderen Systemverständnis

Die hohe Dynamik der Märkte, die allerorts verfügbare Technologie, Informationsdichte, Mobilität von produktiven Einsatzfaktoren und ein immer rascher kumulierbares Know-how stellen die Produktionsunternehmen heute vor bislang nicht gekannte

Herausforderungen. Gefragt ist mehr denn je Innovationskraft und Geschwindigkeit in Ablauf und Anpassung. Als Reaktion auf die Dynamik der Umgebung ist eine starke Eigendynamik und die Fähigkeit zur Weiterentwicklung (Evolution) der Unternehmen gefordert. Die Kultur und Strategie eines Unternehmens muß dem gesellschaftlichen Umfeld entsprechen.

Die derzeitige Sichtweise in vielen Produktionsunternehmens jedoch ist statisch (Abb. 2.7). Es sei unterstellt, daß es innerhalb der Unternehmen feststehende, scharf abgegrenzte Aufgabenbereiche und Tätigkeitsfelder gibt, daß es Zuständigkeiten und Weisungsbefugnissen im Rahmen einer nur schwer veränderbaren Aufbauorganisation bedarf. Die hinterlegte statische Denkwelt durchzieht auch alle Instrumentarien, die sich zur Steigerung der Effizienz von Leistungserstellungen entwickelt haben. Die Folgen davon sind Starrheit und mangelnde Flexibilität, die für jeden Einzelnen im Unternehmen zunehmend spürbar werden.

HERKÖMMLICHE SICHT	FRAKTALE SICHT
• Das Unternehmen ist die Summe seiner Aktivitäten und strategischen Geschäftsfelder. • Das Unternehmen entwickelt sich in einer linearen, stabilen und voraussagbaren sowie kontroll- und steuerbaren Art und Weise. • Die Organisationsform ist die (Matrix-) Hierarchie. • Geschäftsbeziehungen mit Lieferanten, Kunden und Konkurrenten sind von der Art des „Nullsummen-Spiels" (Was ich gewinne, verlierst du!). • Es gibt klar definierte Grenzen sowohl zwischen den Firmenbereichen als auch zwischen dem Unternehmen und der Umwelt. • Informationen werden bedingt durch Hierarchie und momentane Notwendigkeit gezielt und arbeitsteilig aufbereitet (Bring-Prinzip). • Gewisse Abweichungen vom Plan werden periodisch durch weitere Planungen nachgefahren/ korrigiert und durch Verhalten von Ressourcenbeständen kompensiert.	• Das Unternehmen ist ein ganzheitliches System mit all seinen Abläufen und Strukturen. • Das Unternehmen entwickelt sich nicht linear, sondern mit nach Wahrscheinlichkeitsgesetzen entstehenden Entwicklungssprüngen und Umwandlungen, die gesteuert, aber nicht vorausbestimmt werden können. • Die Organisationsform ist eine übergeordnete, vernetzte Struktur, die den Rahmen für die Fabrik-Fraktale bildet. • Alle Geschäftsverbindungen sind tatsächlich oder potentiell von der Art des „Kooperativen Spiels" (Gemeinsam gewinnen!). • Grenzen sind unscharf („fuzzy"), durchlässig für Informationen und gekennzeichnet durch ablauffunktionale Verbindungen. • Informationen sind für alle zugänglich und werden unter Nutzen-Gesichtspunkten eigenständig ausgewertet und aufbereitet (Hol-Prinzip). • Die Vorgaben/Ergebniserfüllungen werden nicht bis ins Detail geplant. Sich selbst organisierende und selbständig agierende Einheiten stellen die Zwischenergebnisse dar.

Abb. 2.7. Untersuchungsmerkmale.

Hier schaffen keine zusätzlichen Kraftakte Abhilfe. Korrekturen am Vorhandenen reichen nicht mehr aus und die Suche von Fehlern ist nicht die Lösung. Sie stellen eine gezielte Beschäftigung mit Einzelphänomenen wie Durchlaufzeiten, Entlohnung, Produktivität dar, die nur begrenzte und vorübergehende Wirkung haben kann. Gefordert ist eine Revolution mit neuen Denk- und Sichtweisen. Dies stellt einen Paradigmenwechsel in der Unternehmenskultur dar.

Die neue Sicht ist dadurch gekennzeichnet, daß man nicht mehr vom Unternehmen als Summe seiner Abteilungen und Geschäftsbereiche, die arbeitsteilig und zentral geplant zusammenwirken, ausgehen kann. Vielmehr ist das Unternehmen in seinen Abläufen ganzheitlich zu sehen. Das Gliederungsprinzip ist nicht mehr die Hierarchie, sondern es sind vernetzte Strukturen, die sich rasch und selbsttätig auf veränderte Situationen einstellen. Die Verbindungen mit Kunden, Lieferanten und Partnern innerhalb und außerhalb des Unternehmens sind von Kooperation und Partnerschaft geprägt („Zusammen gewinnen wir“). Die Grenzen zwischen Unternehmensbereichen und zwischen Unternehmen werden unscharf („fuzzy“) und damit durchlässig für Informationen. Vorgaben aus der Planung betreffen nur Eckwerte, Detailergebnisse werden von den ausführenden Einheiten sichergestellt.

Festzuhalten ist, daß die Überlegungen sich wegbewegen müssen von statischen hin zu dynamischen Strukturen, weg von mechanistischen hin zu organischen Erklärungsmodellen, weg von monokausalen hin zu multidimensionalen Erklärungen. Zur Komplexitätsreduzierung ist deshalb nicht eine vertikale Gliederung der Fabrik, sondern eine horizontale Auflösung in Ebenen zu wählen, so daß Teilsysteme, d.h. Flüsse und Gesamtabwicklungen, auf wesentliche Aspekte reduziert werden können.

Das Konzept des Fraktalen Unternehmens erfüllt diese Anforderungen, wie in weit über 100 realisierten Projekten in unterschiedlichsten Branchen bewiesen wurden. Jedoch auch hier gilt, daß man diese Lösung wollen muß, und man muß dann die notwendigen Veränderungen konsequent umsetzen. Dann sind auch am Produktionsstandort Deutschland Quantensprünge möglich.

2.4 Merkmale und Prinzipien eines Fraktalen Unternehmens

Der Begriff des Fraktals wurde aus naturwissenschaftlichen Disziplinen als Denk- und Erklärungsmodell übernommen. Er kennzeichnet eine Einheit, die sich aus sich selbst heraus, unter Einbeziehung der Außenkräfte, weiterentwickelt, optimiert und steuert, also dynamisch ist. Damit lassen sich für das Fraktale Unternehmen folgende Grundprinzipien als die tragenden Säulen zukünftiger Unternehmensstrukturen beschreiben (Abb. 2.8).

Fraktale sind hinsichtlich ihrer Zielsetzung selbstähnlich. In der Realität bedeutet dies, daß – ausgehend von strukturierten und quantifizierten Unternehmenszielen – eine Zielpyramide über alle Unternehmensebenen hinweg erarbeitet wird. Jedes Fraktal kennt die Unternehmensziele und die daraus abgeleiteten Fraktalziele und hat diese akzeptiert. Ziele müssen diskutiert und nicht vorgegeben werden. Selbstähnlichkeit

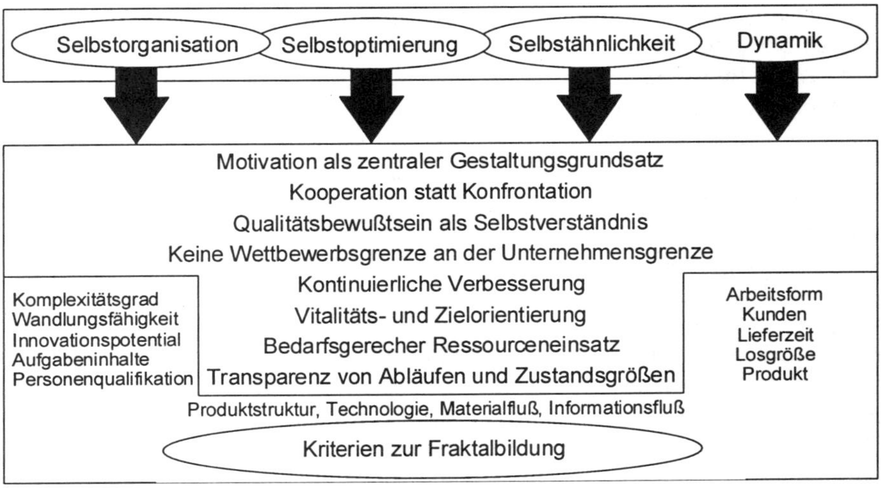

Abb. 2.8. Prinzipien eines fraktalen Unternehmens.

läßt Abweichungen zu. D.h., die operationalisierten Teilziele der Fraktale müssen nicht identisch sein, aber der Erreichung der Unternehmensziele dienen. Selbstähnlichkeit bezieht sich ebenso auf die Art und Weise der Leistungserstellung wie auf die strukturellen Eigenschaften der organisatorischen Gestaltung. Aufgrund der Vielfalt denkbarer Lösungen für Einzelprobleme können sich Fraktale mit identischen Zielen sowie Ein- und Ausgangsgrößen intern doch unterschiedlich strukturieren. Was wir benötigen, ist eine Struktur mit vielen kleinen, schlagkräftigen, flexiblen und dynamischen Einheiten (Fraktalen), die ein eigenes kleines Unternehmen im Unternehmen bilden und sich dennoch am Gesamtziel orientieren. Zwischen den Fraktalen werden Kunden-Lieferanten-Beziehungen aufgebaut. Schnittstellen sind eindeutig definiert. Jeder kennt seinen Beitrag zur Zielerreichung. Wie heißt es oft auf Betriebsversammlungen: Wir müssen alle an einem Strick ziehen! Die Frage ist, in welche Richtung. Nur wer klare Ziele hat, wird mit der notwendigen Kraft in die richtige Richtung ziehen.

Sämtliche, die Organisation betreffenden Hilfsmittel sind für alle Fraktale verfügbar. Insbesondere trifft dies auf die Verfügbarkeit von Informationen zu, die nicht mehr monopolisiert werden. Ein leistungsfähiges Informationssystem vernetzt die Fraktale, die Art und Umfang ihres Zugriffes auf die Daten selbst bestimmen. Einfache Informationssysteme dominieren. Der aktuelle Grad der Zielerreichung der Fraktale wird transparent dargestellt und findet seinen Niederschlag in Motivations- und Anreizsystemen (z.B. erfolgsabhängige Entlohnungsformen).

Statt Kontrolle und Koordination der individuellen Tätigkeiten erfolgt – bezogen auf das Unternehmenszielsystem – nur eine ereignisorientierte Navigation (Selbststeuerung) des Fraktals. Operativ werden die Abläufe mittels angepaßter Methoden optimal organisiert. Strategisch und taktisch erkennen und formulieren die Fraktale ihre Ziele selbst. Als Garant für einen dynamischen Prozeß müssen deshalb in strategischer und taktischer Hinsicht gewisse Handlungs- und Gestaltungsfreiräume geschaffen werden. Im Fraktal selbst erfolgt eine kontinuierliche Verbesserung der Organisation, der Technologien und der betrieblichen Abläufe aus eigener Kraft bzw. Initiative. Die Fraktale passen sich in eigener Regie selbständig an sich ändernde Umweltbedingungen an. Die zentrale Rolle in einem sich selbst organisierenden und optimierenden System spielt der Mensch.

Für den einzelnen Mitarbeiter bedeutet dies als Grundvoraussetzung, daß er die neue Fabrikstruktur, seinen „Fabrikteil" und die Ressourcen seiner Anlagen verstehen und erkennen muß, daß ohne ihn nichts funktioniert. Funktionieren wird das Fraktale Unternehmen ebenfalls nur dann, wenn dem Mitarbeiter bewußt wird, daß alle Vorgänge im Unternehmen – Entscheidungen, Handlungen oder Unterlassungen – einander in permanenter Rückkopplung beeinflussen. Wirkungen werden zur Ursache neuer Wirkungen, zum Ausgangspunkt wieder neuer Entwicklungen werden. Dabei können sich kleinste Störungen zu katastrophalen Ergebnissen aufschaukeln. Wer dann nach der Ursache eines Effektes fragt, mißversteht den gesamten Prozeß. In einem selbstorganisierten System bilden die Mitarbeiter ein weitgehend autonomes Kommunikationsgefüge, das sie steuern und von dem sie gesteuert werden. Das Unternehmen muß Menschen Entfaltungs- und Kommunikationsmöglichkeiten gewähren. Zentrale Gestaltungskriterien sind deshalb:

- Motivation
- Kooperation (gemeinsam sind wir stark!)
- Qualitätsbewußtsein
- Wettbewerb und Dynamik im Unternehmen
- Optimierung als ständiger Prozeß
- Transparenz

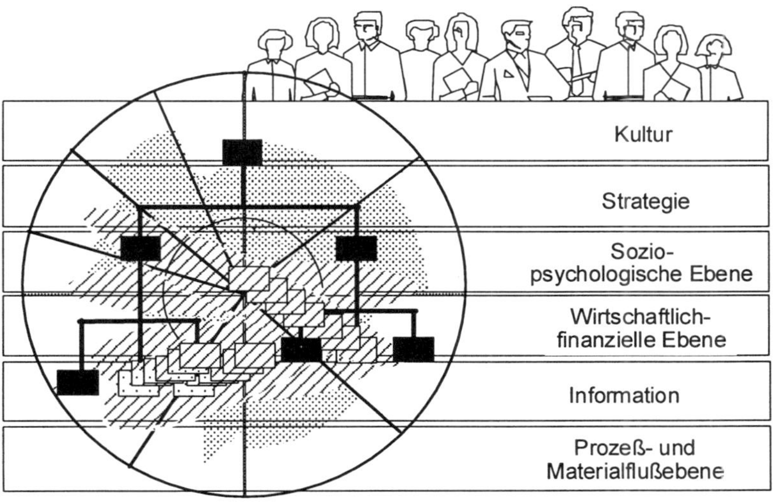

Abb. 2.9. Der ganzheitliche Ansatz des Fraktalen Unternehmens.

Das Konzept des Fraktalen Unternehmens unterscheidet sich in drei Faktoren ganz wesentlich von allen anderen modernen Managementmethoden. Erstens handelt es sich um einen ganzheitlichen Strukturierungsansatz auf Basis des „6-Ebenen-Modells" eines Unternehmens (Abb. 2.9). Hierbei kann man ganz grob unterscheiden zwischen den Ebenen „Kultur", „Strategie" und „Ziele" und „soziale Beziehungen" (Soft-Themen) sowie den eher der Hardware zuzuordnenden Themen der Finanzen, der Informationstechnik und die eigentliche Prozeßebene. Jedes Unternehmen läßt sich auf diesen sechs Ebenen beschreiben. Während die klassischen Methoden direkt bei den Hard-Themen beginnen (Prozeßveränderungen), geht das Fraktalkonzept davon aus, daß zuerst die Denk- und Handlungsmuster in einem Unternehmen verändert werden müssen. Veränderungsprozesse spielen sich hauptsächlich im Kopf aller Beteiligten ab. Nur wenn wir dies erkennen, können wir Strukturen und Prozesse dauerhaft erfolgreich verändern. Im Mittelpunkt steht der Mitarbeiter, den wir aktiv in den Veränderungsprozeß einbinden.

Der zweite wesentliche Unterschied besteht in der Grundorientierung. Neben der bereits angesprochenen Mitarbeiterorientierung enthält das Fraktalkonzept gleichrangig eine Prozeß-, Ziel- und Kunden- bzw. Marktorientierung (Abb. 2.10). Das gleichzeitige und gleichrangige Ausrichten eines Unternehmens nach diesen Faktoren schafft die notwendigen Strukturen für einen dauerhaften Erfolg. Zur anschließenden Veränderung der Strukturen und Prozesse eines Unternehmens gibt es eine Vielzahl von Verfahren und Methoden, wie beispielsweise das DAPV-Konzept (Dezentrale Anlagen- und Prozeß-Verantwortung) für die Grundausrichtung der Funktion Instandhaltung, auf das in den nächsten Kapiteln näher eingegangen wird.

Der dritte wesentliche Unterschied liegt in der Einführungssystematik (Abb. 2.11). Top-down-Konzepte, bei denen das Management ein neues Strukturkonzept von oben

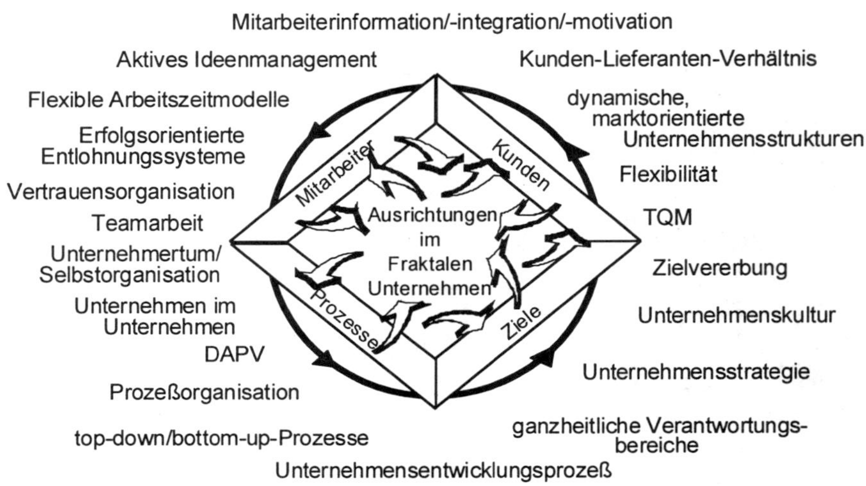

Abb. 2.10. Elemente der fraktalen Struktur.

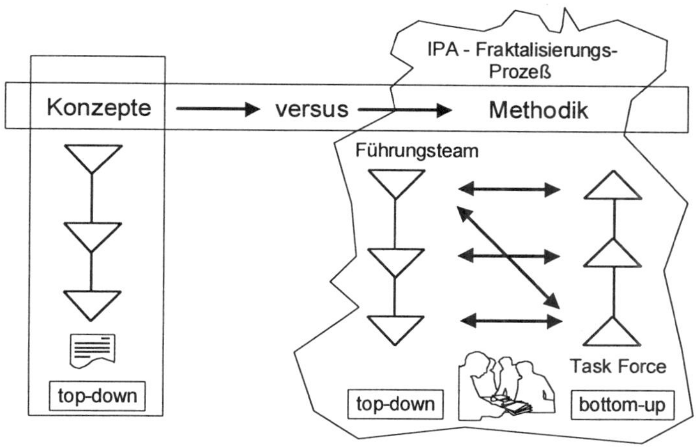

Abb. 2.11. Unterscheidung in der Systematik.

in ein Unternehmen drückt, funktionieren auf Dauer nicht. Wesentlich erfolgversprechender ist der am FhG-IPA entwickelte Fraktalisierungsprozeß, bei dem nur ein grobes Gerüst vom Management erarbeitet und vorgegeben wird (top-down), die Detailplanung und Ausgestaltung aber bottom-up mit den beteiligten Mitarbeitern durchgeführt wird. Dies erzeugt ein Wir-Gefühl und damit die Voraussetzung für dauerhaften Erfolg.

Eine wesentliche Voraussetzung für das Gelingen des Paradigmenwechsels obliegt dem Management auf allen Ebenen. Während sich der typische Manager (und

Abb. 2.12. Management vs. Leadership.

mitwissen

mitdenken

mitorganisieren

mitverantworten

mitentscheiden

Abb. 2.13. Die fünf **m**´s der Mitarbeitermotivation.

auch Meister) heute noch eher als Macher und Problemlöser sieht, muß er sich zukünftig eher als Schaffer notwendiger Rahmenbedingungen und Freiräume, als Motivator und Ideengeber ansehen (Abb. 2.12/2.13). Wir müssen weg vom „Verwalten“ und hin zum „Gestalten“ in Form einer Leadership.

2.5 Strukturen in einem Fraktalen Unternehmen

Im folgenden gilt es die Frage zu beantworten, wie man zu selbständig agierenden Einheiten gelangt. Dies ist eine Strukturierungsaufgabe ganzheitlicher Art. Es sind Strukturen zu schaffen, die diese genannten Fähigkeiten unterstützen und ausprägen. Dabei ist stets dem Gedanken Rechnung zu tragen, daß eine Fabrik in ihrer Gestaltung immer eine Funktion ihrer Umwelt, d.h. Absatz-, Beschaffungs-, Arbeitsmarkt, Infrastruktur etc. sein muß.

Grundlage für eine erfolgreiche Strukturierung mit minimalem Zeit- und Kostenaufwand ist ein zielgerichtetes Vorgehen. Ausgehend von der Unternehmenskultur und der strategischen Orientierung des Unternehmens ist ein Zielsystem zu generieren. In diesem Zielsystem wird festgeschrieben, wie ein Unternehmen auf die Einflüsse der Unternehmensumwelt reagieren muß, um den heutigen Anforderungen erfolgreich zu begegnen. Langfristiges Denken, die Priorität von Marktanteilen vor der Rendite, Engagement und Arbeitsintensität der Mitarbeiter, das sind die elementaren Erfolgsfaktoren.

Bei der Transformation in eine fraktale Struktur wird das Unternehmen in autonom arbeitende Einheiten aufgegliedert, deren Mitarbeiter aufgrund aufeinander abgestimmter Zielvorgaben die Weiterentwicklung selbst in die Hand nehmen, vitalisieren und dynamisieren. Die Bildung von Fraktalen muß so erfolgen, daß die im Unternehmen offenkundig und latent vorhandenen Potentiale im Sinne der Unternehmensziele genutzt werden. Die richtige Kombination der Gestaltungsfelder Mensch, Organisation und Technik ist hierbei von fundamentaler Bedeutung. Zur strukturellen Ausgestaltung können im wesentlichen zwei Ansätze herangezogen werden (Abb. 2.14):

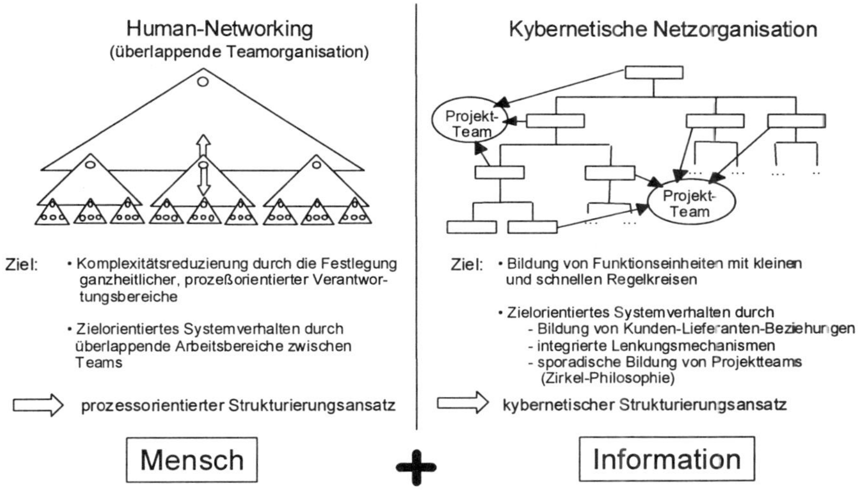

Abb. 2.14. Strukturierungsansätze.

– der prozeßorientierte und
– der kybernetische Strukturierungsansatz.

Beide Strukturierungsansätze führen zu einer Organisationsgestaltung und bieten ein günstiges Umfeld für Innovationen und schnelles Agieren gemäß den Anforderungen einer dynamischen Umwelt. Das Ziel des Fraktalen Unternehmens: Organisationsformen bilden, in denen vitale Elemente, die Fraktale, sich weitgehend selbständig strukturieren und gemeinsam dem Ganzen dienen.

Die prozeßorientierte Strukturierung stellt den Wertschöpfungsprozeß und den Mitarbeiter in den Mittelpunkt. Ziel der prozeßorientierten Strukturierung ist es, einerseits durch die Festlegung ganzheitlicher, prozeßorientierter Verantwortungsbereiche – mit entsprechenden Rechten und Pflichten ausgestattet – eine deutliche Komplexitätsreduzierung im Unternehmen zu erreichen und andererseits durch überlappende Verantwortungsbereiche ein zielorientiertes Verhalten des Gesamtsystems zu gewährleisten. Aufgrund der Erkenntnis, daß die Motivation und Moral der Mitarbeiter eine bestimmende Variable für den langfristigen Unternehmenserfolg ist, steht der Mensch im Vordergrund dieses Ansatzes.

Der Mensch fungiert als Kopplungs-/Integrationselement innerhalb und zwischen den Fraktalen. Er fördert durch seine Person und aufgrund seiner Doppelmitgliedschaft die Kommunikation, die Gruppendynamik sowie den Wissenstransfer und sichert ein zielkonformes Verhalten der Fraktale. Durch prozeßorientierte Strukturierung wird eine Organisation in Form eines „Human-Networking" geschaffen. Die gesamte Organisation wird als Konglomerat von Fraktalen geschaffen, wobei letztlich jedes einzelne Fraktal so betrachtet wird wie das gesamte Unternehmen: Eine bestimmte Lösung ist komplett zu erbringen, eine Aufgabe möglichst eigenständig zu lösen. Dazu gehören Qualität, Menge, sparsamer Einsatz von Ressourcen, Zuverlässigkeit und Geschwindigkeit. Zu erreichen ist dies nur, wenn zum einen die Mitarbeiter vor Ort die Kompetenz bekommen, Entscheidungen zu treffen, zum anderen muß eine Einbeziehung der Mitarbeiter bei der Zielvereinbarung erfolgen, um eine Verinnerlichung der Unternehmensziele und somit eine höhere Motivation zur Zielerreichung zu gewährleisten. Das „Human-Networking" zeichnet sich durch Delegation und hohe Dezentralisation aus. Die Zahl der Hierarchiestufen ist niedrig und damit wird die Konfiguration durch eine Teamstruktur flach. Der Entscheidungsweg von oben nach unten ist kurz, ebenso der Informationsweg von unten nach oben.

Die Projekterfahrung zeigt, daß eine Dezentralisierung sämtlicher Unternehmensfunktionen in der Praxis aus Kostengesichtspunkten, aufgrund mangelnder Synergieeffekte und des nicht mehr nutzbaren fokussierten Spezialwissens wenig zweckmäßig ist. Konkret bedeutet dies, daß auch in einem Fraktalen Unternehmen einige zentrale Funktionseinheiten (z.B. Instandhaltung, Kundenbetreuung oder Qualitätslenkung) existieren, die allerdings auf einem neuen Verständnis gründen (Dienstleister), durch reduzierte Aufgabeninhalte und einem geänderten Verantwortungsbereich gekennzeichnet sind (Abb. 2.15). Die gesamte Verantwortung für einen definierten Prozeßabschnitt muß auch dort liegen. Hier bringt jede Verantwortungsteilung Verlustleistungen, die es zu vermeiden gilt.

Das wichtigste Element des kybernetischen Strukturierungsansatzes ist der Faktor Information. Der Ansatz bezweckt eine Verknüpfung dynamischer Funktionseinheiten mit kleinen und schnellen Regelkreisen, die so miteinander gekoppelt werden, daß der Informationsfluß und damit die Abstimmung im Unternehmen gezielt, komprimiert und schnell erfolgt.

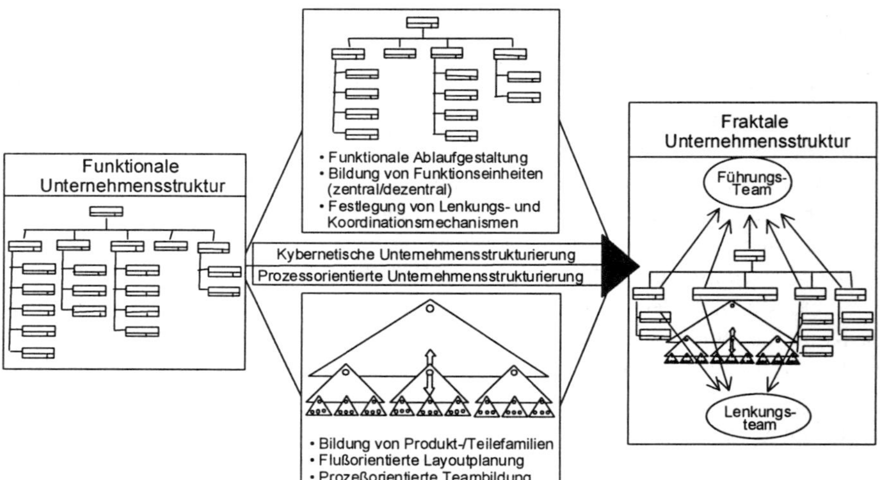

Abb. 2.15. Fraktalisierungsprozeß.

Um ein zielorientiertes Verhalten des Gesamtsystems zu erzielen, werden im Unternehmen:

- Kunden-Lieferanten-Beziehungen gebildet,
- Lenkungs- und Koordinationsmechanismen festgelegt und
- eine kontinuierliche Unternehmensentwicklung (KUE) initiiert.

Um die Vorteile sowohl des Human-Networking als auch die der kybernetischen Netzwerkorganisation zu nutzen, kommt im fraktalen Ansatz eine Synthese zur Anwendung, so daß der Aufbau einer hybriden, modularen und dynamischen Unternehmensorganisation ermöglicht wird. Ergebnis der Synthese sind Fraktale, die direkt im Wertschöpfungsprozeß agieren, sowie Dienstleistungsfraktale zur Navigation und Steuerung des Prozesses.

Der Weg zu einer fraktalen Struktur im Unternehmen ist steinig und hart und beginnt immer mit der Einbeziehung aller Mitarbeiter und des Betriebsrates (von Anfang an!). Erst wenn die Mitarbeiter über das Was, Wie und Warum ausführlich informiert wurden (wozu oftmals nur ein Gespräch nicht ausreicht!), wenn der Kulturveränderungsprozeß erfolgreich eingeleitet wurde und wenn die Unternehmensstrategie definiert, die notwendigen Ziele quantifiziert und auf die einzelnen Fraktale heruntergebrochen wurden, dann können mit den Beteiligten (nicht Betroffenen!) organisatorische und strukturelle Veränderungen angegangen werden. Das Ziel eines Fraktalisierungsprozesses ist das Entstehen eines eigendynamischen, kontinuierlichen Prozesses zur weiteren Unternehmensentwicklung (Abb. 2.16).

Diese Entwicklung setzt sich selbstverständlich fort. Nachdem in der jüngsten Vergangenheit eher die Optimierung eines Unternehmens im Vordergrund stand, gehen die Bestrebungen jetzt zunehmend auf das Bilden von flexiblen Netzwerken

Abb. 2.16. Der Weg zum Fraktalen Unternehmen.

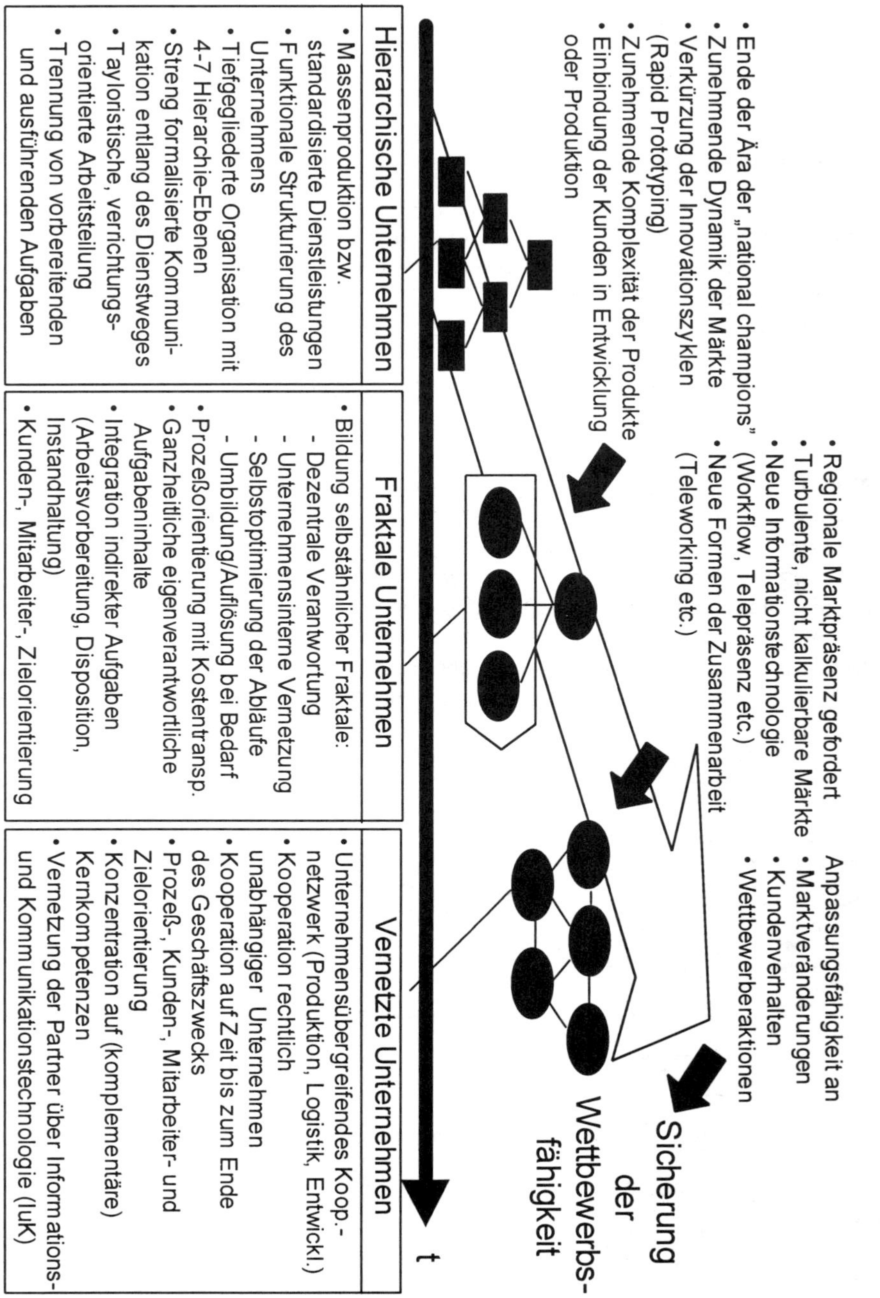

Abb. 2.17. Entwicklung von Fraktalen Unternehmen zu vernetzten Unternehmen.

(Abb. 2.17), wie sie speziell in der Automobil-/Zulieferindustrie und im Maschinenbau schon existieren. Gerade in Netzwerken oder sogenannten „Virtuellen Unternehmen“ gewinnen Faktoren wie Flexibilität, Dynamik und Schnelligkeit weiter an Bedeutung. Umso wichtiger ist es, sein eigenes Haus auf die zukünftigen Entwicklungen vorbereitet zu haben.

Ein Veränderungsprozeß bedeutet auch, daß es immer Mitarbeiter geben wird, die diesen Prozeß nicht unterstützen können oder wollen, aus welchen Gründen auch immer. Ganz grob kann man die Belegschaft eines Unternehmens am Anfang eines solchen Veränderungsprozessen in drei Kategorien einteilen (Abb. 2.18).

Die große Kunst des Steuerns eines Veränderungsprozesses besteht darin, durch die Macher die Mitmacher zu überzeugen, so daß die Miesmacher („Hatten wir doch schon alles...Kennen wir doch...Funktioniert ja doch nicht“...etc.) nicht die Oberhand gewinnen.

2.6 Fraktale Instandhaltungsorganisation

Die in den Unternehmen notwendigen Strukturveränderungen bewirken auch eine Veränderung in den eingefahrenen Instandhaltungsstrukturen. Auch die Instandhaltung muß umdenken. Wir müssen weg von zentralistischen Instandhaltungsstrukturen, in der die Instandhaltungsleitung die volle Verantwortung für die Verfügbarkeit der Maschinen und Anlagen hat. Ein wesentlicher Erfolgsfaktor von Unternehmens liegt in der Konzentration auf den Produktionsprozeß unter vollständiger Nutzung aller vorhandenen Humanressourcen und Mitarbeiterpotentiale. Die Verantwortung für

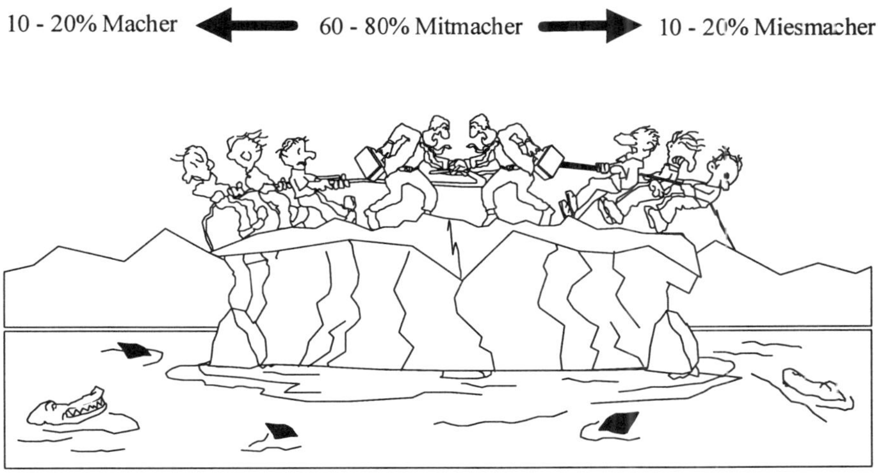

Abb. 2.18. Macherstruktur.

die Instandhaltung muß – soweit als möglich und in kleinen Schritten – an den Wertschöpfungsprozeß abgegeben werden. Es ist nicht mehr akzeptabel, daß die Mitarbeiter an den Maschinen und Anlagen ihre „Instandhaltungspotentiale" nur in ihrer Freizeit nutzen und mit dem Betreten des Unternehmens zu unmündigen Mitarbeitern werden. Viele Beispiele aus der jüngsten Vergangenheit belegen, daß eine Dezentralisierung der Instandhaltung und eine Integration in die Wertschöpfung in fast allen Branchen mit großem Erfolg möglich ist.

Der Leser sollte sich darüber im klaren sein, daß kein Geschäftsführer oder Vorstand daran interessiert ist, zu erfahren, warum es nicht geht. Es gibt tausend Gründe dafür. Vom Instandhaltungsmanagement wird ein schlüssiges Konzept für das „Wie?" gefordert. Es gibt Unternehmen, bei denen sich das Instandhaltungsmanagement nicht zu einer Umorientierung entschließen konnte. Zu groß waren die Vorbehalte und Ängste. Man glaubte, wenn man den sicheren Weg („heute funktioniert es ja") auch weiterhin beschreitet, trifft man die richtige Entscheidung. Vielfältige Gründe konnten angeführt werden, alles beim Alten zu belassen. Außerdem gibt es sicher eine ganze Reihe von Argumenten, die gegen eine Umstrukturierung sprechen, wie z.B.:

- Know-how-Verlust durch einseitige Spezialisierung
- unkoordinierte Weiterbildung
- Bestandserhöhung im Ersatzteilwesen
- fehlende Flexibilität bei Bedarfsspitzen.

Man muß jedoch erkennen, daß auch der Instandhaltungsbereich zu der notwendigen, drastischen Kostenreduzierung beitragen muß. Da durch viele Maßnahmen bereits in der Vergangenheit die Instandhaltungsaktivitäten laufend optimiert wurden, sind jetzt grundsätzliche Strukturveränderungen notwendig, bei denen der Nutzen größer sein muß, als die zweifellos vorhandenen Nachteile. Der Instandhaltungsverantwortliche muß verhindern, daß – wie in den o.a. Unternehmen – Fachfremde ein neues Instandhaltungskonzept entwickeln und umsetzen, wie z.B. die Aufteilung der Instandhaltung in mehrere selbständige Einheiten, die unterschiedlichen Fertigungsbereichen unterstehen. Das Ergebnis sind mehrere kleine zentrale Instandhaltungsbereiche, die nicht in die Fertigung integriert sind. Das Instandhaltungsmanagement hat zumindest einen wesentlich kleineren Verantwortungsbereich (oder gar keinen mehr!).

Der Nutzen derartiger Aktionen ist äußerst zweifelhaft, weil das große Potential der Produktionsmitarbeiter hierdurch nicht erschlossen wird und gleichzeitig die Vorteile einer zentralen Organisation gänzlich verloren gehen.

Für jeden Instandhalter in leitender Funktion ist es deshalb notwendig, den erforderlichen Umstrukturierungsprozeß aktiv mitzugestalten. Wer abwartet („Vieles erledigt sich von allein"), wird mit großer Wahrscheinlichkeit nicht zu den Gewinnern zählen.

Das Konzept einer fraktalen Instandhaltungsorganisation mit „Dezentraler Anlagen- und Prozeßverantwortung (DAPV)" basiert auf folgenden Grundgedanken:

- Abgabe von Instandhaltungsaufgaben und -verantwortung, soweit als möglich und in kleinen Schritten, an die Produktion

- kontinuierliche Schulung und Motivation der Produktionsmitarbeiter
- stufenweise Umsetzung entsprechend der spezifischen Gegebenheiten in einem Bereich
- schrittweise Abgabe von Instandhaltern an die Produktion als Trainer und Motivatoren für die Instandhaltungsaktivitäten
- Übernahme von Produktionsaufgaben durch die integrierten Instandhalter. Die Produktionsmitarbeiter übernehmen schrittweise Instandhaltungsaufgaben
- Reduzierung des Anspruchdenkens in der Produktion
- Erhöhung der Kostentransparenz und des Kostenbewußtseins
- Aufbau eines schlanken Service-Centers „Instandhaltung“ mit Dienstleistungsfunktion und eigener Kostenverantwortung
- Erschließung der Mitarbeiterpotentiale durch den Einsatz von Kreativitätstechniken, wie z.B. der Zirkelarbeit oder Optimierungsteams.

Bei der Einführung einer schlanken Instandhaltungsorganisation ist sehr genau zu prüfen, welche Aufgaben/Verantwortungen zentral verbleiben sollten und welche dezentralisiert werden können. Gerade der Dezentralisierungsgrad wird unterschiedliche Ausprägungen annehmen. Nur in wenigen Ausnahmefällen kann eine umfassende DAPV direkt umgesetzt werden.

Zur erfolgreichen Einführung einer fraktalen, schlanken Instandhaltungsorganisation sind einige Randbedingungen und Voraussetzungen notwendig bzw. wünschenswert:

- individuelle Strukturkonzepte und Einführungsschritte für jeden Abschnitt des Produktionsprozesses.
- Integration der Strukturveränderungen der Instandhaltung in ein Gesamtkonzept zur Reorganisation des Unternehmens; ein Alleingang der Instandhaltung stößt auf große Schwierigkeiten.
- Die Aktivitäten zur Verlagerung von Aufgaben und Verantwortung in den Produktionsprozeß sind eine Gemeinschaftsaufgabe von Instandhaltung und Produktion.
- Die Geschäftsführung muß diese Maßnahmen aktiv unterstützen und mitgestalten.
- Der Erfolg basiert auf einem Umdenkprozeß, der längere Zeit in Anspruch nimmt; trotzdem sind kleine Erfolge kurzfristig erreichbar und notwendig zur weiteren Motivation.
- Das große Nutzenpotential wird mittelfristig erschlossen.
- Dezentralisierung/Integration setzt ein funktionierendes, einfaches Informationssystem voraus, da sonst die Transparenz vollständig verlorengeht.
- Das Hauptaugenmerk während des Umstrukturierungsprozesses ist auf die kontinuierliche Motivation aller Beteiligten zu richten.
- Die ständige Visualisierung der Zielerreichungsgrade, wie z.B. Anzahl und Dauer von Stillständen und Betriebsstörungen oder auch die Entwicklung der Instandhaltungskosten, erleichtern die Einführung.

Ein Patentrezept für die Ausgestaltung bzw. die Einführungsschritte kann nicht gegeben werden. Dazu ist die Problemstellung zu unternehmensspezifisch.

3 Von TPM bis zur DAPV – die Instandhaltungsorganisation im Spannungsfeld sich neu ausrichtender Unternehmen

3.1 Neue Anforderungen an die Funktion Instandhaltung im Unternehmen

3.1.1 Entwicklung der Instandhaltung im Zeitablauf

Für die Funktion Instandhaltung im Unternehmen sind die Anforderungen in der Vergangenheit sehr stark gestiegen und die Aufgaben haben sich deutlich gewandelt. Man kann aus der Vergangenheit heraus drei wesentliche Phasen unterscheiden. So lagen die Anforderungen in den frühen 50er Jahren bei der rein reaktiven Instandhaltung, d.h. es wurden erst Aktivitäten initiiert, wenn eine Anlage ausgefallen war. Die Reparatur von Störungen war in dieser Zeit die wesentliche Aufgabe der Reparaturabteilungen (Abb. 3.1).

In der zweiten Phase rückte der Aspekt der Vorbeugung ins Blickfeld der Diskussion, der Aufgabenumfang umfasste nun auch Wartung, Inspektionen und vorbeugende Tätigkeiten. Ab diesem Zeitpunkt kann von Instandhaltung (im Sinne der DIN[1]) gesprochen werden. Höhere Verfügbarkeiten, längere Anlagenlebensdauer und ins-

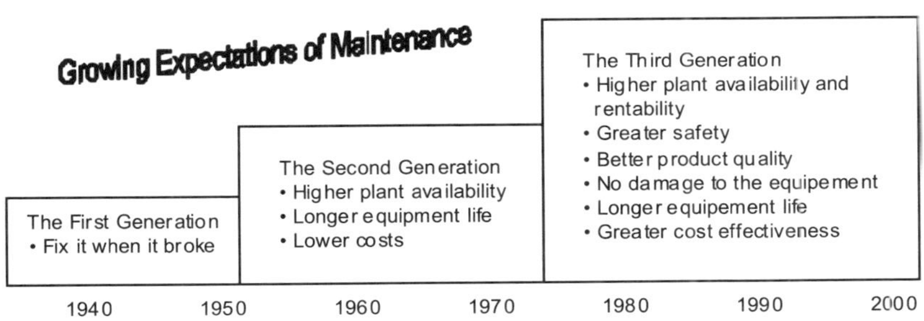

Abb. 3.1. Wachsende Anforderungen an die Instandhaltung. (Quelle: A. Katchmar, Reliability Centered Maintenance[2]).

besondere der Fokus auf Kosten waren der Ausgangspunkt der Aufgabenverlagerung von der Reparatur zur Instandhaltung.

In der dritten Phase, in der wir uns heute befinden, sind die Anforderungen an die Instandhaltung wegen noch höherer Verfügbarkeits- und Zuverlässigkeitsanforderungen weiter gestiegen. Zudem sind Aspekte der Sicherheit, des Umweltschutzes sowie höchste Qualitätsanforderungen an das Produkt weitere wesentliche Einflußgrößen. Die Kostendiskussion wird mittlerweile noch intensiver geführt, wobei im intelligenten Management nicht die reine Kostenreduzierung sondern höchste Kosteneffizienz im Vordergrund steht.

Nun geht es nicht mehr nur um die reine Anlageninstandhaltung, sondern um eine umfassende Anlagenbetreuung (Abb. 3.2). Die Integration von Bedienung und Instandhaltung, die frühe Mitwirkung von „Instandhaltern" bei der Spezifikation von Anlagen und die genaue Erfassung des Anlagenzustandes zur zielgerichteten Instandhaltung sind die strategischen Überlegungen, die in einigen Unternehmen mittlerweile erfolgreich umgesetzt wurden. Dies sind einige wesentliche Merkmale der Ansätze zur Instandhaltungsorganisation, die im folgenden weiter vertieft werden sollen.

3.1.2 Aufbruch zu neuen Aufgaben

Diese Situation ist insbesondere durch die Veränderungen in der Zeit von ca. 1990 bis heute geprägt. Hier liegen außerdem die Gründe für die Notwendigkeit weiterer

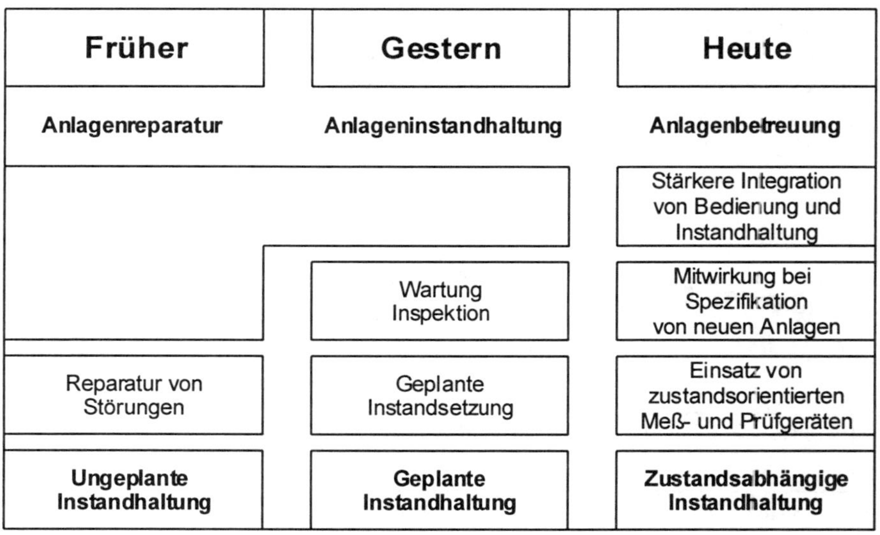

Abb. 3.2. Nach der ungeplanten und der geplanten Instandhaltung steht heute die zustandsabhängige Instandhaltung im Mittelpunkt der Strategie. (Quelle: Mannesmann Sachs AG, Techn. Dienste[3])

Anpassungen für die Zukunft. Bezeichnend für die jetzige Situation ist beispielsweise die Entwicklung der Auftragseingänge.

Waren die Zeiten bis in die späten 80er Jahre geprägt durch relativ stabiles Auftragswachstum, das zwar auch Schwankungen unterlag, aber doch vorhersehbar und gut beherrschbar war, so hat sich diese Situation seit Anfang der 90er Jahre dramatisch verändert: es gibt einen Trend hin zu turbulenten Märkten. Da spielt u.a. die Aufhebung der politischen Ost-West-Konfrontation eine Rolle, die Entwicklungen hin zur Globalisierung aber auch die zeitlich auf die Jahre zwischen 1992 und 1997 begrenzte konjunkturelle Flaute in Deutschland.

Betrachtet man beispielsweise das Verhalten der Auftragseingänge für die Jahre 1993–1995 in einem mittelständischen Unternehmen der Kraftfahrzeugzulieferindustrie (Abb. 3.3), so liegen Schwankungen der durch die Auftragseingänge beanspruchten Kapazitäten zwischen 60% und 120% der Normalkapazität vor. Damit muß das Unternehmen in der Lage sein, seine Kapazitäten kurzfristig um mehr als 50% hochzufahren bzw. kurze Zeit später wieder zu drosseln. Die Anforderungen an die „Atmungsfähigkeit"des Unternehmens und damit an die Flexibilität aller direkt am Produktionsprozeß Beteiligten ist enorm.

Hierin liegt der entscheidende Unterschied zu der Situation vor 1990. Damals lagen zwar ebenfalls Schwankungen vor. Aber daß über ganze Branchen hinweg eine derartige Flexibilität gefordert ist, wie in diesem Beispiel, das ist neu.

Interessant ist, daß in diesem Zusammenhang ein Paradigmenwechsel stattgefunden hat bzw. noch stattfindet: Weg von dem absoluten technischen Perfektionismus,

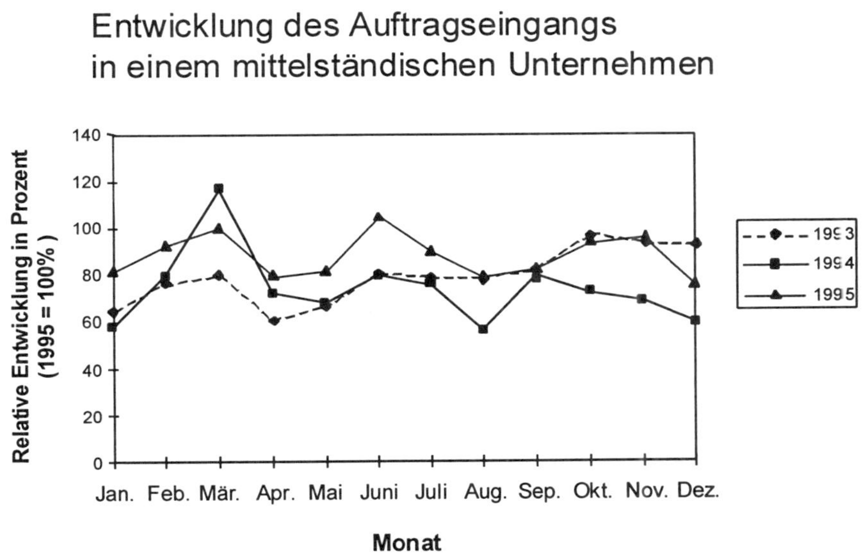

Abb. 3.3. Auftragseingänge in einem mittelständischen Unternehmen in der Kraftfahrzeugzulieferindustrie.

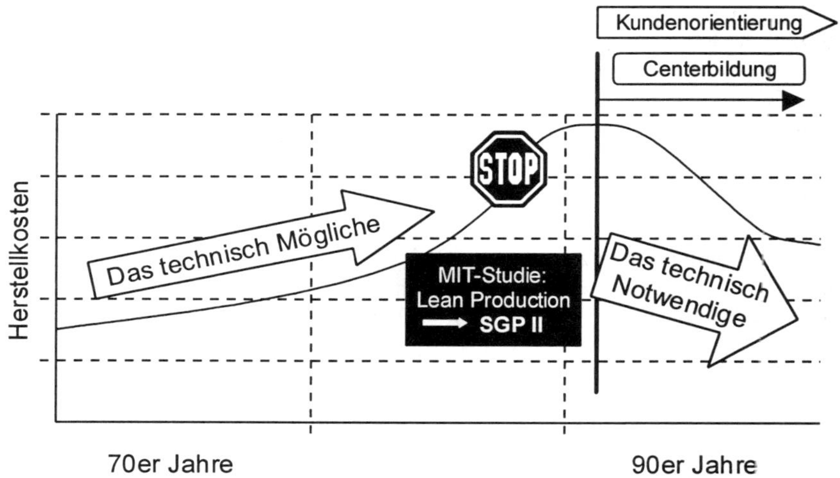

Abb. 3.4. Paradigmenwechsel. (Quelle: G. Schlaich: Strategische und operative Führung von Profit Centern durch Kennzahlen[4]).

weg von dem „das technisch Machbare" in den Vordergrund stellende Denken (Abb. 3.4). Heute geht es um das technisch Notwendige, um das ökonomisch Sinnvolle. Begriffe wie „target costing" und „Komplexitätsreduzierung" sind aufgekommen. Nicht zuletzt ausgelöst durch die viel zitierte Studie des MIT über die Nachteile der amerikanischen und europäischen Automobilindustrie gegenüber der japanischen.

Dieses neue Denken zieht sich durch viele Bereiche innerhalb und außerhalb der Unternehmen. Neue Strukturen wurden dadurch möglich. Das Aufbrechen alter, verkrusteter Abläufe und das Auflösen sowie Umstrukturieren ganzer Abteilungen konnte angegangen werden. Auch die Funktionen zur Instandhaltung und die Aufgaben der Abteilung Instandhaltung konnten neu überdacht werden. Beispielsweise das Heranführen von Produktionsmitarbeitern an Instandhaltungsaufgaben, die womöglich sogar gesetzlichen Auflagen unterlagen, wurde diskutabel und konnte übernommen werden.

3.1.3 Inflation der Managementansätze

Um diese neue Situation aufzunehmen, sind sehr viele Ansätze diskutiert und auch publiziert worden. Mittlerweile kann getrost von einer Flut von Managementkonzepten gesprochen werden (Abb. 3.5). Diese Schwemme hat jedoch eher zur Verunsicherung, denn zur Beruhigung im Umgang mit der Situation turbulenter Märkte im Umfeld der Globalisierung beigetragen.

Welches ist die richtige Position der Aufgabe Instandhaltung und wie sieht deren zukunftssichere Gestaltung aus? Das ist die Frage, die sich zwangsläufig stellt und für die eine Antwort gefunden werden muß.

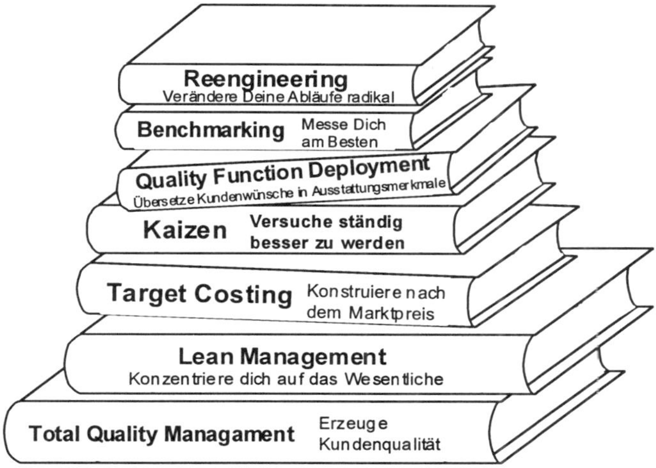

Abb. 3.5. Flut von Managementansätzen (Quelle: VDI Nachrichten, Nr. 32[5]).

Einige Antworten wurden schon gegeben, wie das Beispiel eines Automobilzulieferers in Abbildung 3.6 zeigt. Interessant an diesem Beispiel ist, daß in den 80er Jahren der Fokus auf Maßnahmen zur Qualitätsverbesserung lag, während jetzt Maßnahmen zur Erhöhung der Anlageneffektivität (hier der TPM-Ansatz) angegangen werden.

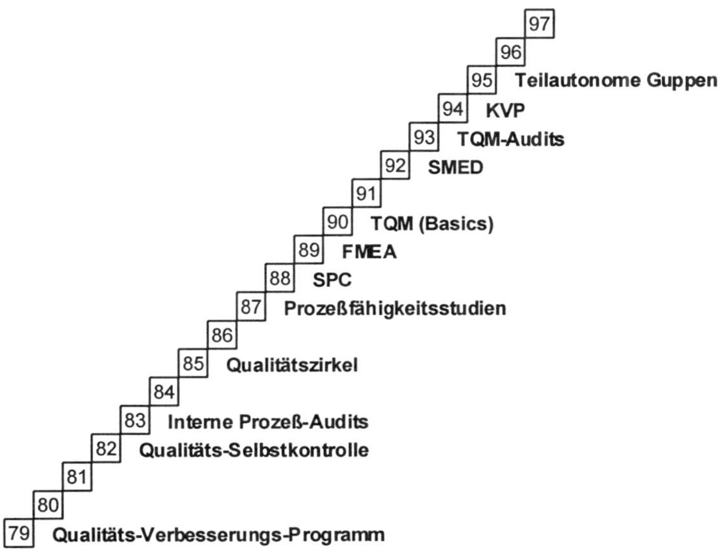

Abb. 3.6. Optimierungsprozeß Automobilzulieferer Geschäftsbereich Erstausrüstung PKW-Reifen. (Quelle: H.Momberg: TPM-Einführung in einem deutschen Unternehmen[6]).

3.2 Drei wichtige Entwicklungen für die Instandhaltungsorganisation im Überblick

Im folgenden sollen nun drei aktuell diskutierte Ansätze einer verbesserten Instandhaltungsorganisation näher beleuchtet werden. Dabei steht der TPM-Ansatz als Beispiel für den japanischen Weg. RCM stammt aus den USA und die Diskussion um den Einsatz von EDV wird im folgenden aus deutschem Blickwinkel vorgenommen.

3.2.1 TPM – Total Productive Maintenance

Der Ansatz des „Total Productive Maintenance“ (TPM) stammt ursprünglich aus Japan und wird dort schon seit über 20 Jahren erfolgreich praktiziert[7]. TPM umschreibt im wesentlichen einen Prozeß, durch den die Produktion zuverlässiger gestaltet werden soll (Abb. 3.7). Ein wichtiges Merkmal hierbei ist, daß dieser Gestaltungsprozeß Mitarbeiter-orientiert ist und Mitarbeiter-gesteuert ablaufen soll.

Ein Schlüsselgedanke des TPM-Konzeptes ist, daß jegliche Form von Verschwendung durch unnütze Tätigkeiten, falsch und/oder zuviel eingesetzten Ressourcen vermieden werden soll. Damit sollen natürlich Kosten reduziert und Abläufe reibungsloser

TPM - Was ist das?
TPM ist ein Prozeß, ⇒ der die Produktion zuverlässig macht ⇒ an dem alle teilnehmen
TPM - Was sind die Ziele?
⇒ Vermeidung jeglicher Form von Verschwendung ⇒ Erhöhung der Mitarbeitermoral
TPM - Wie erfolgt die Einführung?
⇒ 7 Stufen zur autonomen Instandhaltung ⇒ Trainieren / Motivieren / Unterstützen

Abb. 3.7. TPM. (Quelle: Seiji Tsuchiya: Quality maintenance[8]).

gestaltet werden. Der Mitarbeiter, insbesondere der aus der Produktion, spielt in diesem Ansatz eine wesentliche Rolle, indem er aktiv in den Gestaltungsprozeß einbezogen wird, was schlußendlich zur Erhöhung der Mitarbeitermoral beitragen soll.

Die Umsetzung erfolgt in deutschen Unternehmen häufig in einer angepaßten Form. Wichtig ist jedoch, daß alle Umsetzungsprojekte im wesentlichen auf den gleichen Bausteinen beruhen (Abb. 3.8 und Abb. 3.9). Sieben Stufen sind zu durchlaufen, um die höchste Stufe des TPM – die autonome Instandhaltung – zu erreichen. Das Motto dabei ist: Trainieren, motivieren und unterstützen.

Sehr bestimmend im TPM-Konzept ist das Element des „Total" (Abb. 3.10). Diejenigen, die Gelegenheit hatten, Japan selber kennenzulernen, werden bestätigen, daß die Enge – bestimmt durch die Insellage und die Konzentration der Bevölkerung auf einige wenige Küstenstreifen – Disziplin und Ordnung im Kleinen und Kleinsten verlangt. Und dieses Moment aus dem japanischen Umfeld – Ordnung, strenge Disziplin und Selbstkontrolle – findet sich im „Total" des TPM-Ansatz wieder: totale Effektivität, das totale maintenance system und die totale Beteiligung der Mitarbeiter. Dabei ist das „Total" nicht hohle Phrase, sondern gelebte Konsequenz – bestimmt aus der Disziplin, die man in allen Lebensbereichen Japans findet. Das beginnt mit

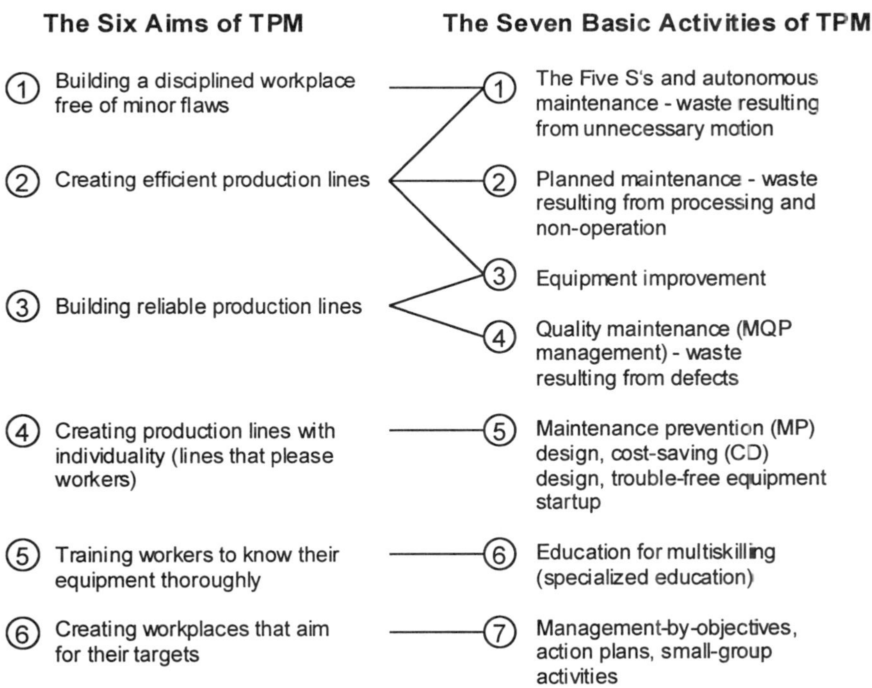

Abb. 3.8. TPM. (Quelle: R. Kauven: Total Productive Maintenance[9]).

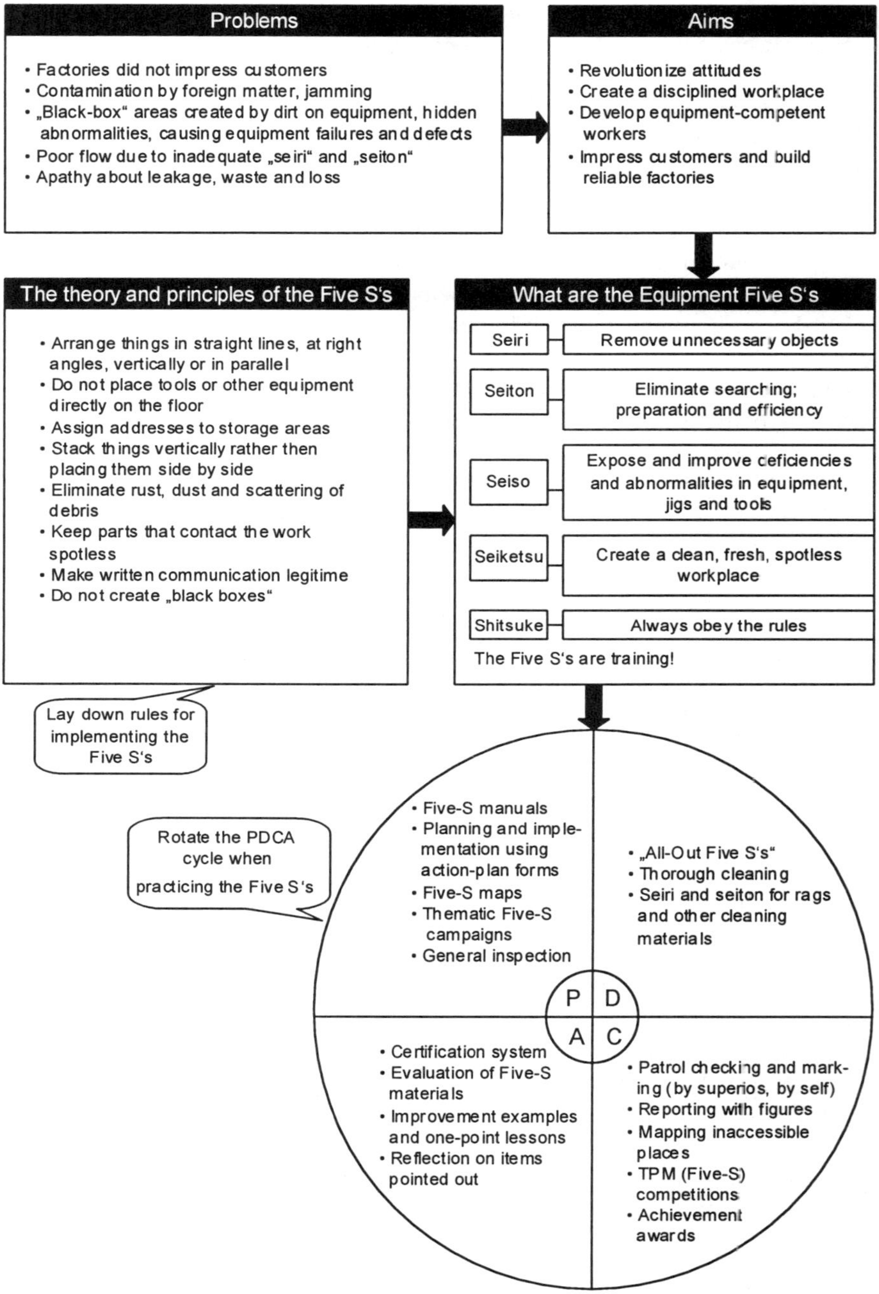

Abb. 3.9. Developing the five S´s. (Quelle: Seiji Tsuchiya: Quality maintenance[10]).

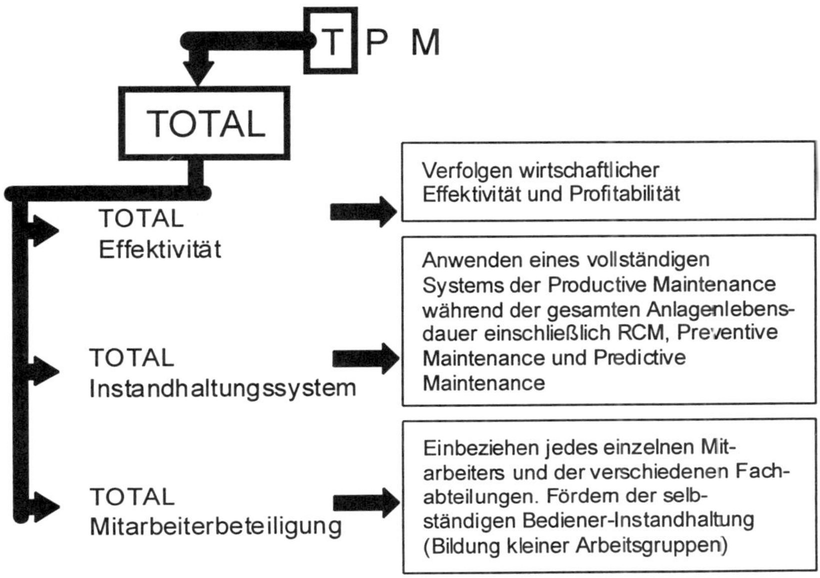

Abb. 3.10. Das „Total" in TPM. (Quelle: R. Kauven: Total Productive Maintenance[11]).

peinlichster Sauberkeit, die zum Leben auf engstem Raum unbedingt notwendig ist – genau dies wird auch im TPM-Konzept umgesetzt.

Ausdruck und Ergebnis des TPM-Ansatzes ist die Erhöhung der Anlageneffizienz in Gestalt der Kennzahl OEE (objective equipment effectiveness, d.h. Reduzierung des Abnutzungsvorrates zur Erhöhung der Anlageneffektivität). Mit dieser Kennzahl (Abb. 3.11) ist ein Wandel in der strategischen Ausrichtung verbunden: Von der engeren Betrachtung des Abnutzungsvorrates mit dem Ziel der Erhöhung der Anlagenverfügbarkeit, hin zur Ausweitung des Betrachtungshorizontes, ausgedrückt durch die Anlageneffektivität. Damit wird der ausschließliche Fokus der Instandhaltung auf die technische Verfügbarkeit der Anlage aufgehoben und die Betrachtung ausgeweitet auf alle Einflüsse im Produktionsprozeß. Die Produktionsgeschwindigkeit und die Qualität sind die beiden Größen, die, mit der technischen Verfügbarkeit multipliziert, die Anlageneffektivität ergeben. Eine Erhöhung der Anlageneffektivität kann somit erreicht werden durch eine Erhöhung der Verfügbarkeit (Reduzierung der Anlagenstörungen und Rüstaufwendungen), Erhöhung des Taktzeitverhältnisses bzw. der Produktionsgeschwindigkeit (Vermeidung von Anlagenstillständen und Geschwindigkeitsverlusten) und Reduzierung der Ausschußrate durch verbesserte und sichere Qualität (Reduzierung der Ausschußrate).

Die OEE läßt sich erweitern zur TEEP (Totale effektive Anlagenproduktivität), damit wird der gesamte Zeithorizont einer Anlage erfaßt (Abb. 3.12). Die geplanten Stillstände und Planungsunsicherheiten, die sich insbesondere in logistischen Problemen (Fehlteile, Fehlmengen) ausdrücken, sind weitere Ansätze zur Optimierung.

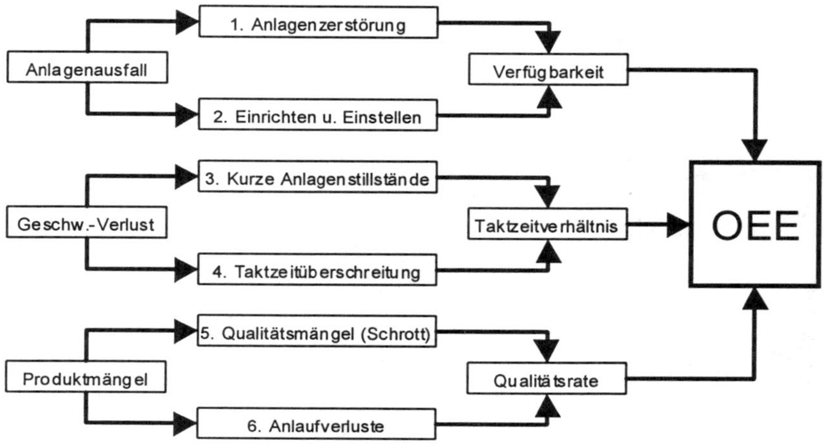

$$OEE = A * S * Y$$

1. Verfügbarkeit A (Availability)

Anlagenausfälle, verursacht durch Störungen und Reparaturen als auch durch Einricht- und Einstellarbeiten, reduzieren die Verfügabrkeit.

$$A = \frac{MTBF}{MTBF + MTTR}$$

MTBF = Mean Time Between Failures (Maß für Zuverlässigkeit) Mittlerer Ausfallabstand

MTTR = Mean Time To Repair (Maß für Instandhaltbarkeit) Mittlere Reparaturdauer

2. Taktzeitverhältnis S (Speed Ratio)

Geschwindigkeitsverluste, verursacht durch kurze Anlagenstops und Taktzeitüberschreitungen, werden durch das Taktzeitverhältnis wiedergegeben.

$$S = \frac{\text{Geplante Taktzeit}}{\text{Tatsächliche Taktzeit}} = \frac{tc_{soll}}{tc_{ist}}$$

3. Qualitätsrate Y (Yield)

Anlagenbedingte als auch prozeßbedingte Produktion von N.I.O.-Teilen beeinträchtigen die Qualitätsrate. Die Qualitätsrate ist das Verhältnis von I.O.-Teilen zur Gesamtproduktion.

$$Y = \frac{\text{Anzahl I.O.-Produkte}}{\text{Anz. I.O.-Produkte + Anz. N.I.O.-Produkte}}$$

Abb. 3.11. Paradigmenwechsel: Von der Reduzierung des Abnutzungsvorrates zur Erhöhung der Anlageneffektivität (OEE). (Quelle: R. Kauven: Total Productive Maintenance[12]).

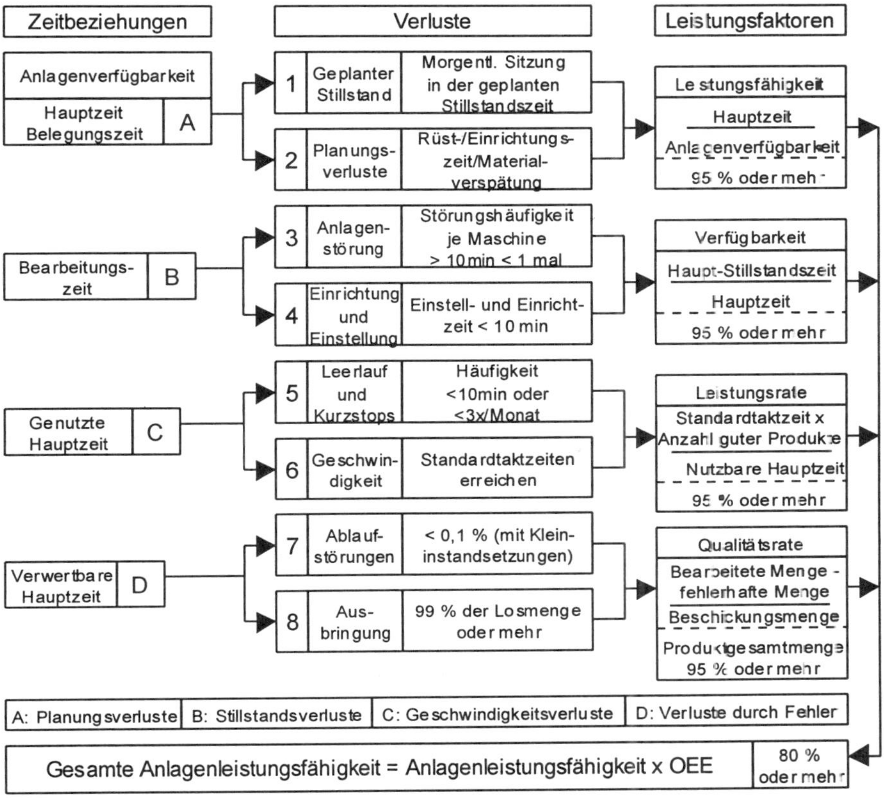

Abb. 3.12. Gesamte Anlagenleistungsfähigkeit (TEEP) und 8 Verlustquellen (Quelle: H. Biedermann: TPM, KVP und Gruppenarbeit[13]).

3.2.2 RCM – Reliability Centered Maintenance

Der Ansatz des RCM (Reliability Centered Maintenance) ist geprägt durch die Überlegung, daß vorbeugende Maßnahmen zur Vermeidung von Anlagenausfällen sehr kostenintensiv sein können. Es ist zu ermitteln, ob die vorbeugenden Maßnahmen nicht teurer sind als der Anlagenausfall und die auftretenden Folgekosten (Abb. 3.13). Insbesondere wenn redundante (bypass) oder mehrfach redundante Systeme vorhanden sind, stellt sich die Frage, ob vorbeugende Maßnahmen sinnvoll sind. Denn der bypass soll ja wirken, wenn die Komponente ausfällt. Wozu also noch vorbeugen, wenn eine Sicherung eingebaut ist? Bei Anlagen mit hoher Redundanz, bestimmt durch die Technologie oder durch gesetzliche Auflagen, wie z.B. bei kerntechnischen Anlagen, ist dies besonders zu berücksichtigen.

Idealerweise sollten vorbeugende Maßnahmen nur dann durchgeführt werden, wenn sie preiswerter als die Kosten eines Ausfalls und dessen Folgen sind. Die richtige

Abb. 3.13. Die Motivation zu RCM. (Quelle: RCM-Seminar, Fraunhofer-Institut für Produktionstechnik und Automatisierung IPA[14]).

Kalkulation der Folgekosten und deren Bewertung ist selbstverständlich eine der Hürden in diesem Konzept, die genommen werden müssen.

Das unterschiedliche Ausfallverhalten von nicht baugleichen Komponententypen ist ein neuer Aspekt, der durch RCM in die Diskussion gebracht wird. Waren in den Jahren der reaktiven Instandhaltungsphilosophie die Überlegungen ausschließlich von einer Ausfallkurve geprägt, die eine höhere Ausfallrate am Ende der Lebensdauer eines Anlagenelementes zur Grundlage hatte, so wechselte die Philosophie in der Phase der vorbeugenden Instandhaltung zur „Badewannenkurve" mit erhöhtem Ausfallrisiko zu Beginn und gegen Ende der Anlagenlebenszeit. Das RCM-Konzept berücksichtigt darüberhinaus ein wesentlich differenzierteres Ausfallverhalten mit 8 unterschiedlichen Ausfallkurven (Abb. 3.14). Diese differenzierte Betrachtung ist notwendig, wenn das Verhalten einer Anlage bzw. deren Elemente zur Analyse des Anlagenausfallrisikos herangezogen werden soll.

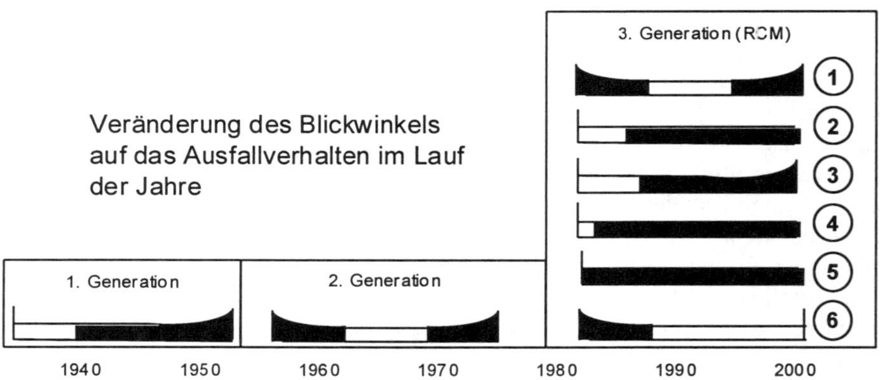

Abb. 3.14. Differenzierte Betrachtung des Ausfallverhaltens von Anlagen/-elementen im RCM. (Quelle: A. Katchmar: Reliability Centered Maintenance[15]).

- What are the functions and the associated performance standards of the asset?
- In what ways does it fail to fulfill this fuctions?
- What causes each functional failure?
- What happens when each failure occurs?
- In what way does each failure matter?
- What can be done to prevent each failure?
- What should be done if a suitable preventive task cannot be found?

Abb. 3.15. Motivation RCM : Sieben wesentliche Fragen. (Quelle: A. Katchmar: Reliability Centered Maintenance[16]).

Das RCM-Konzept beschäftigt sich mit den Funktionen einer Anlage, wie Ausfälle sich andeuten und eintreten, was die Folgen eines Ausfalles sind und wie sie verhindert werden können (Abb. 3.15). Ebenfalls wird untersucht, was getan werden kann, wenn es keine geeignete Maßnahme zur Vorbeugung gibt. Hierbei spielen insbesondere Kostengesichtspunkte eine Rolle. Es wird hinterfragt, ob die Kosten der Maßnahmen zur Vorbeugung oder Verhinderung von Ausfällen geringer sind als die Kosten des Ausfalles und evtl. entstehender Folgekosten.

Alle diese Fragen werden systematisch gestellt, ein möglicher Vorgehensplan für ein RCM-Projekt findet sich in Abbildung 3.16. Nach Vorarbeiten wird eine systematische Identifikation der Systemfunktionen und der hierfür bedeutsamen Bauteile vorgenommen. Aus der Risikoanalyse und -bewertung ergeben sich Maßnahmen zur Vorbeugung von Ausfällen an kritischen Bauteilen, die einer Wirtschaftlichkeitsbewertung unterzogen werden.

3.2.3 Informationssysteme in der Instandhaltung

Die Diskussion des EDV-Einsatzes in der Instandhaltung läuft seit über 10 Jahren in den Unternehmen. Schwung kam in die Debatte, als mit dem Siegeszug des PC's im industriellen Umfeld auch in den Instandhaltungsabteilungen vermehrt Computer auftauchten. Damit war es möglich, sehr preiswert große Rechnerleistung auf einem individuellen Arbeitsplatz im Büro des Instandhalters zu installieren. So konnten, oft unabhängig von den DV-Abteilungen, Programme und Lösungen installiert werden, die den Instandhalter bei seiner Arbeit unterstützen.

Dieses hohe individuelle kreative Potential mußte dann, mit dem Aufkommen von PC-Netzwerken und Vernetzungen zu den vorhandenen übrigen DV-Anwendungen, gebündelt und kanalisiert werden. Der Gedanke der IT-Integration, also des

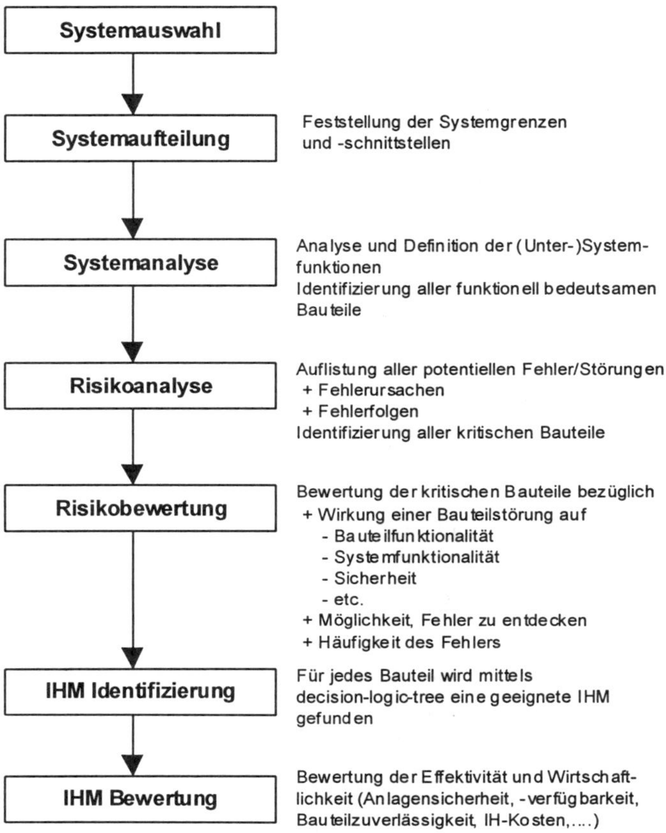

Abb. 3.16. Ablauf der RCM-Methode. (Quelle: Fraunhofer-Institut für Produktionstechnik und Automatisierung IPA[17]).

Durchgriffes auf unternehmensweite Information, dem einmaligen Hinterlegen einer Information und Vermeidung von Datenredundanz, war die nächste Entwicklung, die sich abzeichnete. Mit dem Aufheben der lokalen Gebundenheit einer Information – jede Information kann an jedem Ort im Unternehmen eingesehen und bearbeitet werden – ergeben sich neue Möglichkeiten, Abläufe und Prozesse im Unternehmen zu gestalten. Der Gedanke des Reengineering findet hier seine Wurzeln.

Die verbreitetesten Funktionen, die mit DV-Unterstützung durchgeführt werden, sind die Dokumentation von IH-Aktivitäten sowie ET-Wirtschaft, IH-Planung, Maschinendatenerfassung und Anlagenstammdaten. Hier zeigt sich eine Durchdringung des DV-Einsatzes im 50% Bereich, was bedeutet, daß viele Unternehmen schon begonnen haben, DV in der Instandhaltung einzusetzen. Andererseits verhalten sich viele Unternehmen noch abwartend (Abb. 3.17).

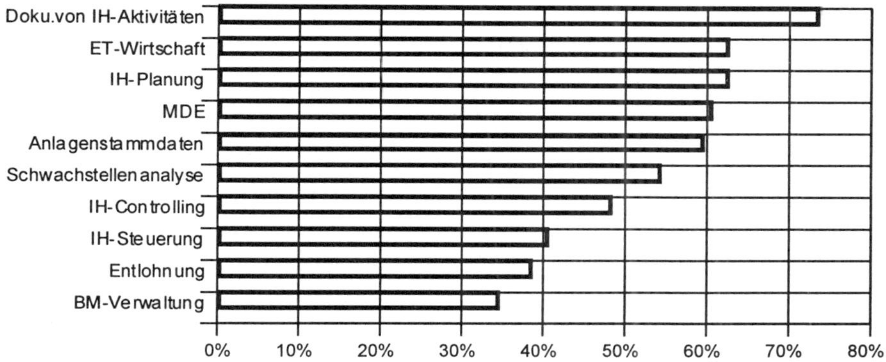

Abb. 3.17. DV-Einsatz in der Instandhaltung (Quelle: IQS[18]).

Was wird durch Instandhaltungsplanungs-Systeme (IPS-Systeme) erreicht? Primär geht es darum, den Auftragsprozeß zur Instandhaltung im System abbilden zu können. Beispielhaft ist der Instandhaltungsauftragsprozeß[19] in Abbildung 3.18 dargestellt.

Von der Meldung einer Störung, über die technische Klärung zur Ausführungsplanung, -veranlassung und -durchführung, wird der Auftragsprozeß durch das System unterstützt, bis nach Auftragsabschluß die angefallenen Informationen in der Historie abgelegt werden, wo sie ausgewertet und für Verbesserungen genutzt werden können. Die Abbildung dieses Auftragsprozesses findet sich in den Funktionen und Modulen eines IPS-Systemes[20] wieder.

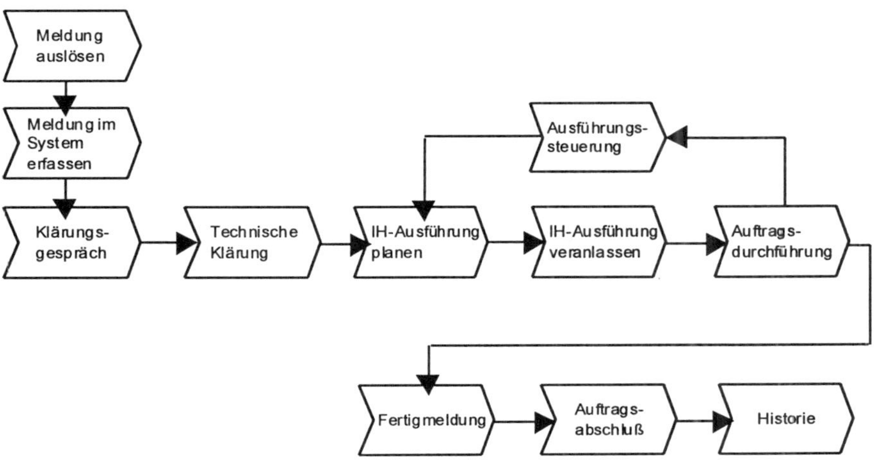

Abb. 3.18. Ablauforganisatorische Szenarien Instandhaltung.

Neben der systematischen Unterstützung des Auftragsprozesses spielen IPS-Systeme bei der Planung und Arbeitsvorbereitung eine Rolle, da aus den historischen Daten Rückschlüsse auf Vorplanungen getroffen werden können, die in Arbeitsplänen abgelegt werden. Zudem sind Materialwirtschaft und Bestellwesen wichtige Funktionen, die durch ein IPS unterstützt werden können. Dabei spielt insbesondere die Integration dieser Funktionen in die Unternehmensaufgaben Logistik und Einkauf eine wichtige Rolle, da hierdurch eine vollständige Durchgängigkeit der Prozesse erreicht werden kann.

Auch die Kostenrechnung profitiert von der Datendurchgängigkeit. Einerseits werden insbesondere Personalkosten, die instandhaltungsseitig entstehen, zeitnah an das Kostencontrolling weitergegeben. Andererseits können Budgets, Materialkosten und Kostenaggregationen aus der Kostenrechnung für die Instandhaltungsverantwortlichen zugänglich gemacht werden.

Bisherige Praxiserfahrungen im Einsatz von IPS-Systemen weisen jedoch auf die Problematik hin, daß das gesammelte Wissen, welches nach mehrjährigem Einsatz von IPS-Systemen vorliegt, gar nicht richtig genutzt wird. So sind zwar die Planungsfunktionen von IPS-Systemen im Einsatz, die dadurch erzielte Planungstiefe und damit verbundene Planungsgüte ist meist jedoch von geringer Qualität. So werden oft keine geeigneten Verschlüsselungen benutzt und die immer größeren Datenmengen können nicht sinnvoll genutzt werden. Oft sind es aber auch ganz triviale Gründe, beispielweise, daß zur qualitativ hochwertigen Planung und intensiven Auseinandersetzung mit Historiendaten einfach nicht mehr genügend Zeit vorhanden ist. Manchmal fehlt auch die richtige Vorgehensweise zum Auswerten und insbesondere zum Ableiten richtiger und wirtschaftlicher Maßnahmen.

Die Frage des Nutzens vorhandenen Wissens und der geeigneten Wissensverarbeitung ist mit dem Einsatz von IPS-Systemen noch nicht angegangen worden (Abb. 3.19). Mit diesen wird bisher nur der Instandhaltungsauftragsprozeß abgebildet und

Abb. 3.19. Die Problematik der Wissensnutzung. Umfrageergebnis: 50% der befragten Firmen gaben an, nur 20 - 40% des vorhandenen Wissens tatsächlich zu nutzen.

unterstützt. Wissen transparenter und damit zugänglicher zu machen, ist ein bisher völlig ungenutztes Potential. Umfragen zeigen, daß Unternehmen bisher vielleicht 20 - 40% ihres vorhandenen Wissens tatsächlich auch nutzen.[21]

3.3 Das DAPV-Konzept

Im folgenden soll nun ein weiteres Konzept vorgestellt und vertieft werden, das sich durch die Bildung dezentraler Strukturen auszeichnet und damit die Übertragung von Verantwortung in Gruppen und Teams unterstützt. Das DAPV-Konzept ist vor etwa vier Jahren vom IPA[22] entwickelt und mittlerweile in mehreren Industrieunternehmen erfolgreich umgesetzt worden. Im Vordergrund des DAPV-Konzeptes steht der aufbauorganisatorische Aspekt, der sich mit einer Neuzuordnung der Instandhaltungsaufgaben und damit einer Neuausrichtung der Instandhaltungsabteilung auseinandersetzt.

3.3.1 Die Notwendigkeit zur Gestaltung der Ablauforganisation

Das grundsätzliche Prinzip für eine Ablauforganisation, unabhängig von der Gestaltung mittels zentraler oder dezentraler Strukturen, kann mit dem technischen Regelkreis beschrieben werden.

Wie bei diesem bekannten Modell wird für eine Regelstrecke von einem Regler ein Sollwert (Stellgröße) als Ziel vorgegeben. Eine Meßeinrichtung (Meßglied) nimmt die Istdaten und Abweichungen vom Sollwert während der Durchführung auf und übermittelt diese Informationen (Regelgrößen) an den Regler, der mit Hilfe eines Rückkopplungsmechanismus verbesserte Sollinformationen vorgibt und Störgrößen berücksichtigen kann. Durch Berücksichtigung des Istzustandes und Anpassen des Regelwertes im Steuerelement wird beim nächsten Zykluslauf eine adaptive Regelung (verbesserte Anpassung) des Ablaufes vorgenommen.

Dieses Regelkreismodell kann ohne weiteres auf die Ablauforganisation zur Instandhaltung übertragen werden. Die Ablauforganisation ist somit charakterisiert durch die im nächsten Abschnitt beschriebene Ablauffolge.

3.3.1.1 Planung, Steuerung, Durchführung und Kontrolle

Damit wird der Ablauf aller Instandhaltungsaktivitäten untereinander koordiniert. Der Ausführungsprozeß erfolgt mehrdimensional, d.h. mehrere Werker eines Instandhaltungsgewerkes, einer Fertigungsgruppe oder eines Teams können einerseits an mehreren verschiedenen Aktivitäten beschäftigt sein, andererseits können sie aber auch an einer Aktivität verschiedener Instandhaltungsgewerke zusammen mit der Fertigungsgruppe/den Teams beteiligt sein. Die Arbeit aller Gewerke, Fraktale und

Teams greift ablauftechnisch und/oder zeitlich ineinander und bestimmt den Ausführungsprozeß zur Instandhaltung.

Mit diesem einfachen Modell zur Ablauforganisation wird die Folge von Planung, Steuerung und Durchführung dargestellt. Als Regelinstrument wirkt die Überwachung jeweils rückwirkend auf die vorhergehende Funktion. Das zentrale Überwachungsinstrument ist die Budgetierung, die sich auf einen definierten Zeitraum von beispielsweise einem Geschäfts- oder Kalenderjahr bezieht. Die in dem Modell idealisierten Positionen der Funktionen Planung, Steuerung und Durchführung zeigen die Überlappung des Zyklus an. In Form von Berichten und Auswertungen ergeben sich aus den laufenden Steuerungs- und Durchführungsprozessen Regelinformationen für den neuerlichen Planungsprozeß der nächsten Budgetierungsperiode. Dabei ist die Budgetsituation die zentrale Größe für die Gestaltung der nächsten Periode.

Sämtliche Aktivitäten innerhalb eines Jahres beziehen sich auf das vorgegebene Budget. Die Entscheidung, welche Aktivitäten durchgeführt werden, steht unter dem Blickwinkel des vorgegebenen Budgetrahmens. Insbesondere die planbaren und vorbeugenden Maßnahmen der Instandhaltung stehen im Zielkonflikt der Budgeteinhaltung. Die Störungen als unabdingbare Ad-hoc-Maßnahmen sind weniger betroffen, da sie aufgrund ihres zumeist unmittelbar verfügbarkeitserhaltenden Charakters eine sehr hohe Durchführungspriorität haben. Bei knappen Budgetmitteln werden geplante Maßnahmen aufgrund von Störungen auf einen späteren Budgetierungszeitraum verschoben.

Planung. Zur Planung im Ausführungsprozeß gehört, in Abgrenzung zum Begriff Disposition einer einzelnen Instandhaltungsaktivität, die vorbereitende Koordination aller Instandhaltungsaktivitäten. Sie besteht aus den Funktionen Arbeitsvorbereitung (für planbare Tätigkeiten und zur Unterstützung bei Störungen), Reihenfolgeplanung, Kapazitätsabgleich und Optimierung.

Steuerung. Die Steuerung beinhaltet die kurzfristige Koordination der Aktivitäten, wozu ebenfalls die Funktionen Reihenfolgeplanung, Kapazitätsabgleich und Optimierung gehören. Diese Funktionen können jedoch nicht in der gleichen Detailliertheit wie in der Planung durchgeführt werden, hier geht es nur um die Abweichungen. Wichtig zur Steuerung ist eine möglichst zeitnahe Rückmeldung der Aktivitäten, so daß steuernd eingegriffen werden kann.

Durchführung. Die Durchführung bezieht sich auf die eigentliche Ausführung der Aktivitäten.

Kontrolle. Die Kontrolle ist ein wesentliches Moment, um auf den Ausführungsprozeß einwirken zu können. Sie besteht aus dem Aufnehmen der Situation bei der Durchführung aktueller sowie abgeschlossener Aktivitäten. Auf diesen Informationen basiert die Planung (abgeschlossene Aktivitäten) und Steuerung (aktuelle Aktivitäten).

Diesen, auf den ersten Blick kompliziert erscheinenden, Prozeß zur Ablauforganisation der Instandhaltung gibt es in kleinen und in großen Unternehmen mit rein zentraler

Organisation oder mit hohem Dezentralisationsgrad. Der Unterschied liegt nicht im Prozeß an sich, sondern in seiner Gestaltung bzw. konkreter, von wem welche Aufgaben (Elemente des Ablaufprozesses) in welcher Form wahrgenommen werden. Das bedeutet, daß für das oben schon erwähnte Unternehmen mit 200 Mitarbeitern und 10 Instandhaltern dieser Ablaufprozeß im wesentlichen von einem Instandhaltungsmeister wahrgenommen wird, der als Mittel seinen Verstand, sein Wissen und seine große Erfahrung anwendet. Neben einem recht einfachen Stundenverrechnungssystem und einer einfachen Wartungssystematik gibt es in so einem Unternehmen vielleicht keine weiteren Organisationsmittel.

Im Gegensatz dazu wird in einem Unternehmen mit 200 zentralen Instandhaltern eine Arbeitsvorbereitungsgruppe benötigt, ein Instandhaltungsleitstand zur Koordination aller Arbeiten und ein DV-unterstütztes Instandhaltungssystem zur effektiven Gestaltung des Ablaufes und zur Schaffung der notwendigen Transparenz.

3.3.2 Der Unterschied in der Gestaltung der Ablauforganisation bei zentralen und dezentralen Strukturen

Was ist nun der wesentliche Unterschied in der Gestaltung der Ablauforganisation zwischen einer zentralen zu einer dezentralen Struktur?

Bei einer zentralen Organisationsform sind die vier Elemente Planung, Steuerung, Durchführung und Kontrolle personell und organisatorisch voneinander getrennt. Man kann sogar sagen, je ausgeprägter die Trennung dieser Elemente auf Personen und Abteilungen ist, desto höher ist der Grad zur Zentralisation. Umgekehrt zeichnet sich eine dezentrale Organsation dadurch aus, daß diese vier Elemente bzw. diese vier Aufgaben von einer Gruppe oder einem Team (eventuell sogar von einer einzigen Person) wahrgenommen werden. Natürlich gibt es vielfältige Variationen in die eine oder andere Richtung, zudem sind auch Mischformen möglich.

Bei zentral ausgerichteten Strukturen im Unternehmen findet die Funktionstrennung dadurch ihren Ausdruck, daß sämtliche Instandhaltungsaufgaben im Unternehmen von einer zentralen Instandhaltungsabteilung wahrgenommen werden und die Fertigung nicht beteiligt ist. Innerhalb dieser zentralen Instandhaltungsabteilung wird die Funktion Planung von anderen Personen oder Unterabteilungen wahrgenommen als die Funktion Steuerung (Leitstand), Durchführung (Werker) und Kontrolle (Werkstattschreiber).

Bei einer dezentralen Organisation werden dagegen mehrere Instandhaltungsaufgaben selbständig von einem Fertigungsteam/-fraktal übernommen, in dem ebenfalls Mitarbeiter mit Instandhaltungsqualifikationen (ehemalige Mitarbeiter der Abteilung Instandhaltung) integriert sein können. Die Ablauforganisation mit den Elementen Planung, Steuerung, Durchführung und Kontrolle wird von diesem Team gemeinsam und selbsständig wahrgenommen.

Lediglich bei größeren und komplizierteren Aufgabenumfängen wird eine externe Instandhaltung hinzugezogen, die entweder aus dem gleichen Unternehmen stammt (Sevicecenter Instandhaltung) oder eine Fremdfirma ist. Das Servicecenter Instandhaltung kann nun beispielsweise nach wie vor zentral organisiert sein – mit deutlicher Funktionstrennung. In diesem Fall liegt eine Mischform mit dezentralen und zentralen Elementen vor.

Bei dezentralen Organisationsformen findet somit eine weitreichende Funktionsverdichtung statt, die einerseits die Aufgaben Planung, Steuerung, Durchführung, Überwachung zusammenfaßt, die andererseits aber auch bisher im Unternehmen strikt getrennte Bereiche wie beispielsweise Fertigung, Qualität und Instandhaltung zu prozessorientierten Fraktalen oder Teams vereint.

3.3.3 Probleme in der Ablauforganisation bei zentraler Organisationsstruktur

Die Regelkreissystematik kann meistens in der Praxis nicht so realisiert werden, wie dies ideal bisher dargestellt wurde. Denn, wenn man dies so wie beschrieben durchführen wollte, müßten alle notwendigen Informationen zu dieser Regelkreissystematik unmittelbar und permanent bereitgestellt sein. Eine zeitnahe Planung, die die aktuellen Geschehnisse in der Instandhaltungsdurchführung berücksichtigen soll – beispielsweise bedeutet das Auftreten einer zusätzlichen Instandsetzung, nachdem ein Getriebe geöffnet wurde, Mehrarbeit und wirkt sich auf die Kapazitätsplanung aus –, kann nur erfolgen, wenn ein direkter Informationsfluß zwischen Instandhaltungsdurchführung und Planung vorhanden ist. Das bedeutet, daß alle in diesem Prozeß involvierten Mitarbeiter (sowie die automatisierten Systeme) möglichst zeitnah ihre jeweils notwendigen Informationen erhalten. Dies ist in der Regel jedoch nicht der Fall. Es gibt erhebliche Aktualitäts- und Informationsprobleme. Von einer durchgängigen Transparenz kann nicht die Rede sein. Man versucht, diesen Prozeß dadurch zu optimieren, indem durch DV-Unterstützung die Basis für eine größere Transparenz und für kürzere Abstimmungszyklen geschaffen wird.

Durch die Trennung der zur Ablauforganisation gehörenden Elemente Planung, Steuerung, Durchführung und Kontrolle bei zentralen Organisationsstrukturen in eigenständige Bereiche, tritt diese Problematik der Aktualitäts- und Informationsdiskrepanz insbesondere zwischen den Schnittstellen auf, beispielsweise zwischen der Planung und der Steuerung. Innerhalb eines Bereiches (beispielsweise Planung) stehen alle Informationen zur Verfügung, die physisch (in der Planungsabteilung) vorliegen. Dort sind die Unterlagen zu den Anlagen zusammengefaßt, es kann direkt auf die jeweiligen Arbeitspläne zu den Anlagen oder auf die Ersatzteillisten zugegriffen werden. Hier werden auch alle zur Ausführung notwendigen Informationen bereitgestellt.

Dann jedoch ergibt sich ein „Bruch" zu den nächsten Ausführungsschritten. Von der Planung zur Steuerung, von der Steuerung zur Ausführung, von der Ausführung zur Kontrolle und von der Kontrolle zurück zur Planung. Denn in diesem „Bruch" in den Schnittstellen zwischen diesen eigenständigen Funktionen liegen Wegezeiten, müssen Erläuterungen gegeben werden, sind Abstimmungen notwendig und treten immer wieder Wartezeiten auf. Man versucht zwar, Arbeiten zu bündeln, um diese Schnittstellenverluste zu reduzieren und die Abstimmungszeiten zu verkürzen, nimmt aber damit eine Erhöhung der Auftragsdurchlaufzeit in Kauf (eine Maßnahme wird erst dann durchgeführt, wenn ihr „Stapel“ dran ist). Die wöchentliche Abstimmung zwischen Instandhaltung und Fertigung ist ein Beispiel für diese Bündelung. Alle aufgetretenen Probleme werden für dieses Gespräch gesammelt, um dort geklärt zu werden. Sie können aber erst nach dieser Abstimmung – im Extrem nach einer Woche ihres Auftretens – behandelt werden. Im Prinzip ergibt sich ein ähnliches Problem wie in der Fertigung. Man versucht, Losgrößen zu bilden und erhält die damit verbundene Losgrößenproblematik. Mit dem Unterschied jedoch, daß die Lose nicht technologieabhängig sind (Maschinenumrüstungen), sondern aufgrund von Schnittstellen mit zu geringer Informationstransparenz vorliegen.

3.3.4 Hohe Komplexität durch „gerichtete“ Information

In traditionellen Organisationsformen wird von funktionsorientierten, mehrstufigen Organisationen (Hierarchien) ausgegangen, die jedoch den Nachteil gerichteter Information mit sich bringen.

Abstrakt ausgedrückt bedeutet „gerichtete Information“ die Übermittlungen von Anweisungen, Informationen und Berichten jeweils nur von unten nach oben bzw. von oben nach unten entsprechend der hierarchischen Organisationsstruktur im Unternehmen. Ein Vorgesetzter gibt Anweisungen an die Mitarbeiter seiner Abteilung/seines Bereiches weiter, umgekehrt berichtet der Mitarbeiter seinem Vorgesetzten (Abb. 3.20).

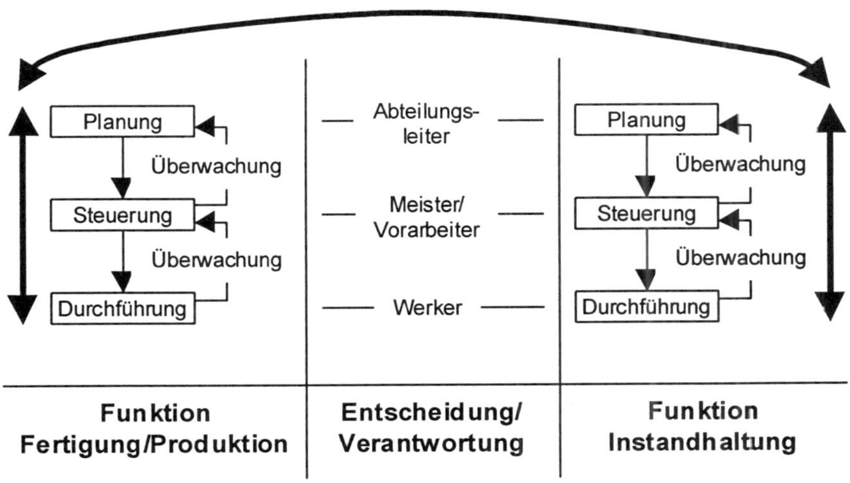

Abb. 3.20. Informationsverlauf bei hierarchischer Organisationsstruktur.

Die Querverbindung zum Informationsaustausch, der direkte Kontakt eines Instandhaltungswerkers mit einem Produktionswerker ist nicht möglich. Die Information fließt über den Instandhaltungsvorgesetzten oder einer dafür zuständigen Leitungsstelle zum Produktionsvorgesetzten (Produktionsdisponenten) und von ihm zum Produktionswerker. Durch die Funktionstrennung Planung, Steuerung, Durchführung, Kontrolle kann der „Durchführende" keine Planungs- und Steuerungsfunktionen übernehmen und somit ad-hoc keine Arbeit beginnen. Es müssen erst alle Stufen durchlaufen werden, bevor die „Durchführung" beginnen kann.

Viele Leser werden an dieser Stelle nun einwenden, daß diese Situation trotz hierarchischer Strukturen in ihrem Unternehmen so nicht vorliegt, daß in ihrem Unternehmen selbstverständlich der Produktionsmitarbeiter mit dem Instandhaltungswerker spricht, Informationen austauscht und kleinere Probleme ad-hoc löst. Wenn man jedoch genau analysiert, was dort an Informationen fließt, dann sind dies in der Regel Dinge, die keine größeren Entscheidungen nach sich ziehen und die keine größere Verantwortung bedeuten.

Steht beispielweise die Entscheidung an, eine Anlage wegen einer dringend notwendigen Reparatur abzuschalten, obwohl auf ihr gerade ein Auftrag mit hoher Priorität gefertigt wird, dann wird sehr wohl der beschriebene „gerichtete" Weg über die Hierarchien gegangen. Dies ist der springende Punkt, der hier gemeint ist. Die wichtigen Informationen, sobald verantwortliche Entscheidungen notwendig sind, fließen den gerichteten Weg und führen zu einer erheblichen Starrheit des Systemes. Facetten und Variationen liegen natürlich in den Unternehmen vielfältig vor, machen jedoch häufig den Informationsfluß und das Kompetenzgefüge noch komplizierter.

Warum ist nun ein direkter Kontakt, eine direkte Informationsverbindung gerade bei größeren, verantwortlichen Entscheidungen nicht möglich ? Bei gerichteten, hierarchischen Informationsstrukturen fließen relevante Informationen bei Leitungsstellen, beim Vorgesetzten zusammen. Weitergegeben werden nur isolierte Detailinformationen. Deswegen kann oder – im Sinne dieser Struktur deutlicher ausgedrückt – soll der Instandhaltungswerker nicht direkt mit dem Produktionswerker kommunizieren. Der Instandhaltungswerker weiß nicht, ob er ein Problem an einer Maschine sofort beheben kann, da er einerseits nicht weiß, ob er Zeit dafür hat (seine Prioritäten und seine Zeiteinteilung werden von seinem Vorgesetzten oder einem Disponenten vorgenommen) und er andererseits nicht weiß, ob die Maschine zur Reparatur abgeschaltet und aus der Produktion genommen werden kann. Zu diesen Entscheidungen ist er nicht befugt (disziplinarisch, aber auch arbeitsrechtlich), hat häufig nicht den notwendigen Ausbildungsstand und zudem wird es ihm auch nicht zugetraut.

Ein möglicher direkter Kontakt zum Produktionswerker hilft dem Instandhalter auch nicht weiter, denn der Produktionswerker weiß ebenfalls nicht, wie seine Auslastung im Zusammenspiel des gesamten Fertigungsgeschehens ist. Dafür ist sein Disponent zuständig, der die Fertigungsauftragseinteilung, die Prioritätsvergabe und die Kapazitätsauslastung vornimmt.

Nun wird deutlich, daß bei gerichteten hierarchischen Strukturen die Information vom Produktionswerker über den Produktionsdisponenten zum Instandhaltungsdisponenten läuft, ja laufen muß, um von dort den Instandhaltungswerker zu erreichen.

Damit wird ein klar geregeltes Vorgehen erreicht, in dem die Verantwortlichkeiten sauber abgegrenzt sind. Von dieser Seite her ist gegen dieses Prinzip auch nicht unbedingt etwas einzuwenden. Die zunehmend notwendige Flexibilität kann sich bei dieser Struktur allerdings nicht entwickeln.

Warum sind nun diese gerichteten Informationsstrukturen gerade in der Vergangenheit sehr sinnvoll gewesen und können auch heute in der Diskussion um mehr dezentrale Strukturen nicht einfach „über den Haufen geworfen werden“, solange nicht notwendige Voraussetzungen für dezentrale Strukturen geschaffen sind?

Der wesentliche Vorteil ist das Zusammenlaufen der Informationen an einem zentralen Knoten. In diesen zentralen Stellen kann der Überblick gehalten werden und der gesamte Abstimmungsprozeß wird dadurch überschaubar. Die ausschließliche Kommunikation über zentrale Stellen erlaubt eine geordnete Verknüpfung von Informationen, weil alle zur Abstimmung notwendigen weiteren Informationen an dieser Stelle ebenfalls vorhanden sind. Das wesentliche Argument für gerichtete zentrale Strukturen ist demnach, daß ein sehr vielfältiger und komplexer Ablauf in der Fertigung und Instandhaltung auf diesem Wege steuerbar ist, und daß damit in der Vergangenheit recht gute Erfahrungen gemacht wurden. Eine Abstimmung auf unteren Ebenen ist nach diesem Prinzip nicht sinnvoll (oder wird bewußt untersagt), da dort nicht alle notwendigen Informationen vorliegen.

Zudem ist es auf den ersten Blick auch einfacher, Informationen zusammenzufassen und in zentralen Stellen zu koordinieren. Alle unteren Ebenen mehr oder weniger zeitgleich mit den benötigten Informationen zu versorgen, ist ein erheblicher Aufwand, der nur durch entsprechende Informationsunterstützung und -technik realisierbar ist.

Festzuhalten bleibt, je mehr Stufen in dem Abstimmungsprozeß vom Auftreten eines Problemes bis zu seiner Behebung vorhanden sind, desto schwerfälliger wird der gesamte Ausführungsprozeß. Denn in zentralen, hierarchischen Strukturen muß zwischen jeder Ebene ein Abstimmungsprozeß stattfinden und oftmals ist diese Kommunikation selbst Quelle von Problemen. Häufig sind dies Kleinigkeiten, die die Probleme ausmachen: Einer der beteiligten Mitarbeiter ist gerade nicht am Schreibtisch oder im Urlaub oder krank oder er muß zu einer Schulung.

Damit entstehen unflexible Organisationsformen mit erheblicher Komplexität, die, je größer sie sind, je mehr Zeit und Energie zur Bewältigung der Abstimmung zwischen den einzelnen Funktionsbereichen aufwenden müssen. Die fehlende Flexibilität zeigt, daß dieses Konzept, trotz seiner Vorteile und seines Funktionierens in der Vergangenheit, für heutige Verhältnisse überholungsbedürftig geworden ist. Denn heute sind die Unternehmen einem enormen Konkurrenzdruck ausgesetzt, den sie auch durch einen Zeitvorteil ausgleichen können, indem sie nämlich einfach schneller sind als ihre Wettbewerber. Dazu ist jedoch eine hochflexible Organisation im Unternehmen erforderlich, in der Abstimmungen sehr schnell laufen können.

3.3.5 Dezentrale Strukturen zur Reduzierung der Komplexität in der Ablauforganisation

Durch dezentrale Organisationsstrukturen kann eine erhebliche Reduzierung in der Komplexität der Abstimmungsprozesse herbeigeführt werden, denn die mehrstufige Koordination entfällt. Damit läuft der Abstimmungsprozeß schneller, das Unternehmen wird flexibler und kann sich sofort auf neue Marktverhältnisse einstellen.

Somit ist es naheliegend, durch eine Aufhebung von funktionsorientierten Abteilungen wie beispielsweise Produktion (Menge), Instandhaltung (Anlage), Logistik (Zeit) und Qualität zu prozessorientierten Abteilungen (Fraktalen) zu gelangen, in denen neben der Produktion Teilaufgaben der ursprünglichen Funktionen Logistik, Instandhaltung und Qualität geleistet werden (siehe Abb. 3.20). Die bisherigen Abteilungen Logistik, Instandhaltung und Qualität bleiben in den Fällen bestehen, wenn spezielle Aufgaben mit hohem funktionsspezifischem Know-how durchzuführen sind.

Sie geben jedoch Personal ab, wenn sie bestehen bleiben, da ihr Gesamtaufgabenumfang reduziert wird. Zudem werden die Verantwortlichkeiten verändert, indem sie nur noch als Dienstleister von den Produktionsfraktalen beauftragt werden, in einem klar definierten Kunden-Lieferanten-Verhältnis. Die mit diesem Ansatz gebildeten Fraktale helfen, die bisherige Komplexität der Organisation des Produktionsprozesses zu reduzieren und ihn flexibler werden zu lassen.

3.4 Zukünftige Szenarien – Neuausrichtung der Instandhaltung

Aus der Darstellung aktuell diskutierter Ansätze zur Instandhaltungsorganisation und dem vertieften Auseinandersetzen mit dem DAPV-Ansatz ergibt sich nun die Frage, was die richtige Handlungsanleitung für das jeweilige Unternehmen ist. Hier muß allerdings vorweg noch ein Einschub gemacht werden, der deutlich macht, daß jedes Unternehmen anders ist und Methoden und Konzepte individuell auf Unternehmen und auf die jeweilige Situation ausgerichtet werden müssen.

3.4.1 Unterschiede in der Vorgehensweise anhand von zwei Beispielunternehmen

Anhand von einigen Beispielen soll diese Problematik erläutert werden. Wichtig ist die Frage der Ausgangssituation von Unternehmen. Hier ist einerseits zu trennen nach den verschiedenen Produkten, dem Produktionsprozeß und der dafür notwendigen und geeigneten Instandhaltungsfunktion. Andererseits ist zu unterscheiden zwischen den sehr verschiedenen Fortschritten bei der Organisationsentwicklung.

Wird schon seit längerer Zeit ein IPS-System im Unternehmen eingesetzt, so ist damit ein DV-unterstützter Auftragsablauf vorhanden. Dieser kann zwar durch das Definieren von Aufträgen und Ausfüllen von Formularen unflexibel und aufwendig gestaltet sein, ist aber in der Regel sehr systematisch gehalten. Wichtig ist, daß diesem Unternehmen ein großer Datenpool zur Verfügung steht, aus dem Wissen abgeleitet werden kann. Demgegenüber hat ein Unternehmen ohne DV-Einsatz in der Instandhaltung dieses Wissen nicht vorliegen. Ihm fehlt die Transparenz, ein Ableiten von sinnvollen Maßnahmen gestaltet sich viel schwieriger und aufwendiger. Damit ist letzteres Unternehmen einen Schritt zurück, wenn es feststellt, daß diese Datentransparenz für die Diskussion einzuleitender Maßnahmen wichtig ist.

Vergleicht man nun vorliegende Daten beispielhaft aus zwei Unternehmen, so lassen sich interessante Zusammenhänge herausarbeiten. Anhand der Statistik des Ausfallverhaltens von Anlagen in Abbildung 3.21 kann gezeigt werden, daß ein erheblicher Anteil der Störungen im Unternehmen A kurzfristigen Charakter hat. Über 50% der aufgetretenen Störungen dauern weniger als 15 Minuten. Damit ergibt sich ein Hinweis darauf, daß eine Vielzahl der Störungen eine bestimmte Kompetenz vor Ort an der Anlage verlangen.

Organisatorisch läßt sich daraus ableiten, daß entweder Instandhaltungsmitarbeiter vor Ort sein müssen, die ohne administrativen Aufwand direkt eingreifen können. Oder es ist die Möglichkeit zu prüfen, inwieweit Produktionsmitarbeiter diese Störungen eigenständig beheben können. Hierzu ist es nun notwendig, die vorliegenden Störungen genauer zu beleuchten. Im vorliegenden Beispiel waren dies insbesondere Störungen in der Elektrik bzw. Elektronik. Aufgrund von Sicherheitsvorschriften und

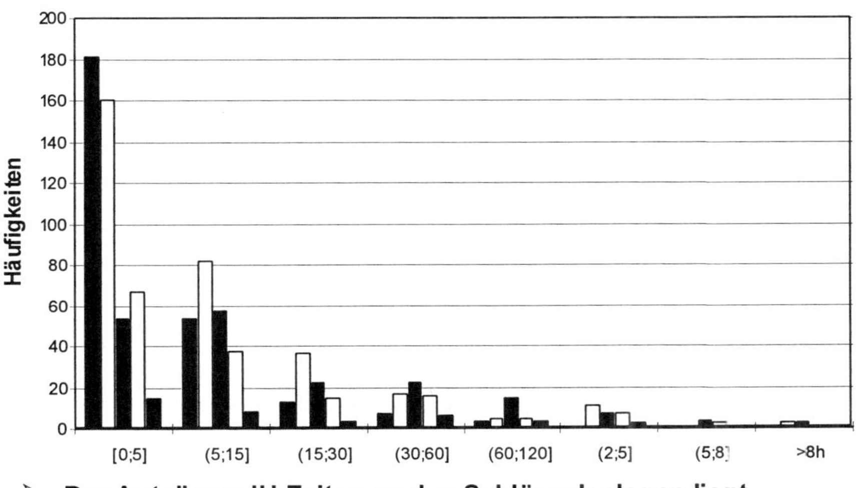

➢ **Der Anteil von IH-Zeiten an den Schlüsselanlagen liegt je nach Anlage zwischen 50-85% unter 15 min.**

Abb. 3.21. Unternehmen A: Kurzfristige Störungen.

dem benötigten Know-how wurde in diesem Fall die Vor-Ort-Bereitschaft von Instandhaltungsmitarbeitern, die ohne administrative Zwänge selbst entscheiden können, weiter verfolgt.

Das zweite Beispiel von Unternehmen B zeigt alle Gründe für Produktionsunterbrechungen, summiert nach den in drei Monaten angefallenen Stunden (Abb. 3.22). Hier werden neben den durch Instandhaltung verursachten Unterbrechungen auch die übrigen Gründe für Produktionsstillstände aufgezeigt. Neben den Instandhaltungsgründen „Schlosser- und Elektriker-Einsätze“ waren dies insbesondere Logistikprobleme (Material nicht verfügbar bzw. fehlerhaft) sowie Probleme im Werkzeugbereich. In diesem Fall wurden Produktionsteams (Fraktale) vorgeschlagen, die neben Produktions-Know-how auch Kenntnisse und Fähigkeiten für Instandhaltungsaufgaben, Logistik und Werkzeugverwaltung und -pflege mitbrachten. Das zugrundegelegte Qualifikationsprofil[23] – bezogen auf die einsetzbaren Mitarbeiter und dem sich daraus ableitenden Schulungsbedarf – zeigt Abbildung 3.23.

Abschließend sei noch darauf hingewiesen, daß diese Untersuchungen und Vorschläge in zwei sehr unterschiedlichen Unternehmen vorgenommen wurden, was die Spannbreite der Probleme und der notwendigen Lösungen zeigt (Abb. 3.24). Unternehmen A hat sehr kapitalintensive Anlagen im 3-Schichtbetrieb mit hoher Erfahrungsanforderung in der Produktion.

Demgegenüber sind in Unternehmen B die Anlagen weniger kapitalintensiv, teilweise redundant und erfordern kaum spezifische Qualifikationen im Produktionsprozeß. Damit bieten sich mehrfunktionale Produktionsteams und ein DAPV-Konzept mit Integration von Instandhaltungspersonal an, während im Falle von Unternehmen A die Integration von IH-Mitarbeitern nicht vorgeschlagen wurde. Hier spricht der Know-how-Verlust für den Instandhalter bei Ausübung der anspruchsvollen

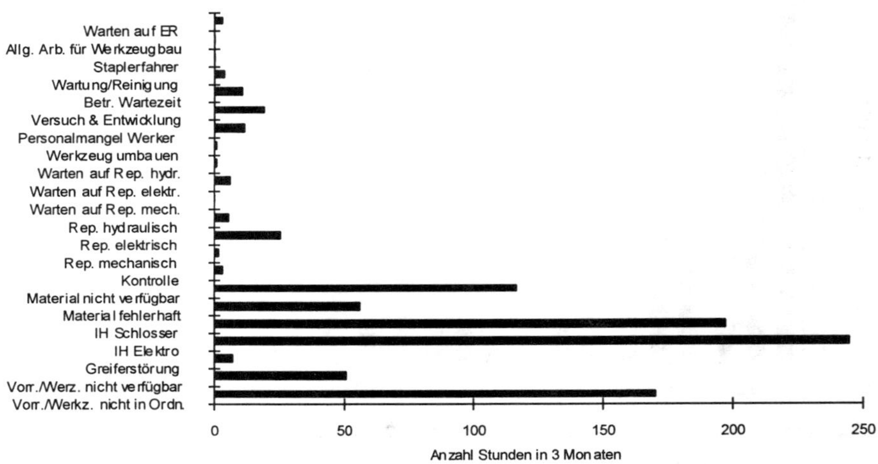

Abb. 3.22. Unternehmen B : Ausgangssituation IH, Aufschlüsselung der Unterbrechungsgründe nach Stunden.

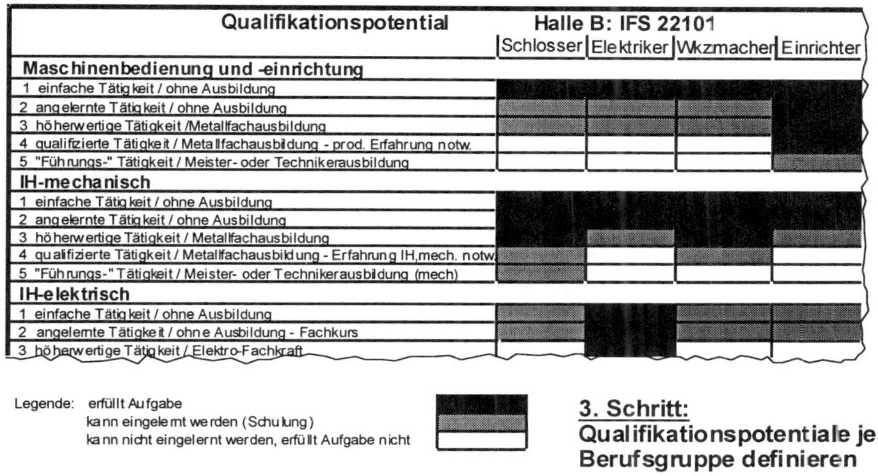

Abb. 3.23. Unternehmen B: Aufgabenverteilung, Qualifikationszuordnung.

Produktionstätigkeit und die lange Einlernzeit gegen eine Integration. Instandhaltungs-Know-how vor Ort durch rasch einsetzbare Instandhalter und das Hinführen der Produktionsmitarbeiter an Instandhaltungsprobleme sind die angepaßte Form des DAPV-Konzeptes.

	Unternehmen A	Unternehmen B
Anlagen	kapitalintensiv teilweise verkettet spezifisch ausgelegte Anlagen hoher Inbetriebnahme-Aufwand	wenig kapitalintensiv nicht verkettet teilweise redundant Standard-Anlagen
Produktion	3 - Schicht teilweise Konti-Betrieb	2 - 3 Schicht
Instandhaltung	ca. 60 MA	ca. 35 MA
Qualifikations-anforderung Produktion	Einlernzeit 1/4 - 1 Jahr hohe Erfahrung	hoher Anteil angelernter Tätigkeiten Einrichter

Abb. 3.24. Zwei Unternehmen vor der Einführung von DAPV.

3.4.2
Nur ein Methodenmix sichert den Erfolg

Für die Zukunft ergeben sich sicherlich weitere Anforderungen an die Funktion Instandhaltung, die mit den Stichworten Konzentrationsprozeß (die Fusion Daimler-Benz und Chrysler ist ein spektakuläres Beispiel), virtuelles Unternehmen und virtuelle Instandhalter (realisiert durch Teleservice) nur angedeutet werden sollen. Damit zeigt sich jedoch noch deutlicher, daß sich eine zunehmende Aufteilung der Aufgaben aus der ehemaligen Abteilung Instandhaltung ergibt (Abb. 3.25). Damit gehen prozeßorientiert die Aufgaben an denjenigen, der sie am besten und im Sinne des Prozeßgedankens am sinnvollsten erfüllt:

- An den Hersteller der Anlagen, durch Teleservice.
- An den Betreiber der Anlagen, durch Aufgabenübertragung in die Produktion.
- An einen dritten Fremddienstleister oder eine IH-Kooperation, durch Mengeneffekte können hier günstigere Preise erwartet werden.
- An einen Koordinator, der im Unternehmen die Fäden zusammenhält, die Aufgabenverteilung vornimmt und die aus strategischen Gründen verbleibenden IH-Aufgaben zentral steuert.

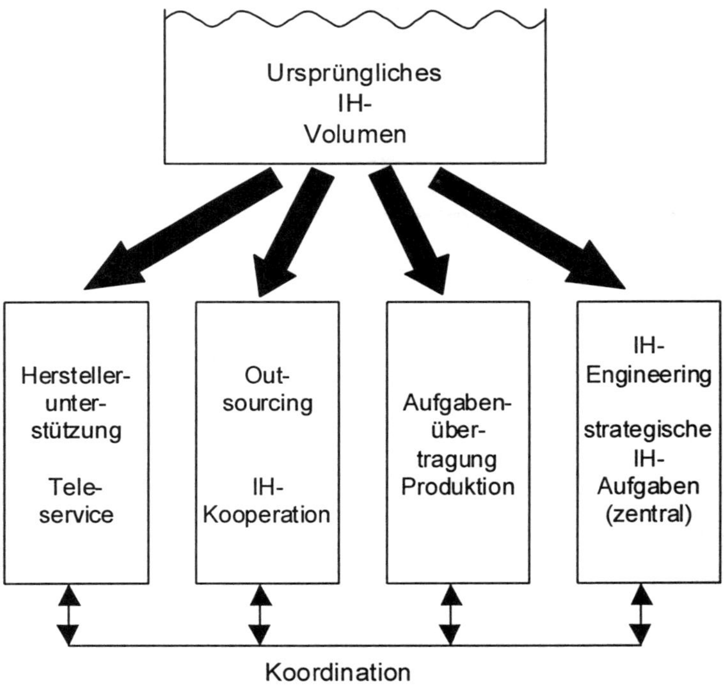

Abb. 3.25. Neue Rolle der Instandhaltung.

- **jour fixe** Produktion - Instandhaltung
- **Hybrid - Mechaniker**
- **räumlich-dezentrale Instandhaltungs-abteilung** (Service-Center)
- **Outsourcing - Insourcing**
- **DV-Systeme** PPS, IPS/IHS, Diagnose, Wissensmanagement
- **Humanzentrierte Ansätze** Gruppenarbeit, Teamkonzepte, BVW - Kaizen
- **TPM** von der Reinigung - zur autonomen Instandhaltung
- **DAPV** Integration von IH-Know-how und Verantwortung in die Produktion
- **Simulation SOP** - zSMEA
- **die Engineering-Aufgabe der Instandhaltung**

Abb. 3.26. Gestaltungsansätze für eine Instandhaltungsorganisation.

Dieses Szenario ist, wie oben schon erläutert, an das jeweilige Unternehmen anzupassen und abzuwandeln. Hieraus läßt sich auch die klassische Instandhaltung wieder ableiten. Wichtig ist, daß die Anforderungen im Unternehmen erkannt und spezifisch umgesetzt werden. Dazu sind alle in Abbildung 3.26 aufgezeigten Methoden auf ihre Tauglichkeit hin zu prüfen. Die Aufzählung hat keinen Anspruch auf Vollständigkeit, zudem haben die Unternehmen sicherlich verschiedene Einstiegspfade, abhängig von der jeweiligen Ausgangssituation. Wichtig bleibt, das in Abbildung 3.27 formulierte Ziel aller Instandhaltungsaktivitäten nicht aus den Augen zu verlieren und Verschwendung jeglicher Art zu vermeiden.

The definition of World Class Maintenance

Maitenance without waste !!!

Waste is defined here as the gap between the way things are and the way things could be.

Abb. 3.27. The definition of World Class Maintenance. (Quelle: C. Idhammer: Results Oriented Maintenance[24]).

Anmerkungen

[1] DIN 31051: Instandhaltung, Deutsche Normen (1985). Nach DIN 31051 definiert sich Instandhaltung als „Maßnahmen zur Bewahrung und Wiederherstellung des Sollzustandes sowie zur Feststellung und Beurteilung des Istzustandes von technischen Mitteln eines Systems".
Die Maßnahmen beinhalten:
- Wartung (..)
- Inspektion (..)
- Instandsetzung (..) etc.

[2] Katchmar, A., Reliability Centered Maintenance; in: AISE, Evolving Maintenance Strategies, Hamilton (1997).

[3] Mannesmann Sachs AG, Technische Dienste.

[4] Schlaich, G., Strategische und operative Führung von Profit Centern durch Kennzahlen; in: Profit Center in der Produktion, Tagung IIR, Offenbach (1998).

[5] VDI Nachrichten, Nr. 32, Düsseldorf (8/1994).

[6] Momberg, H., TPM-Einführung in einem deutschen Unternehmen - ein Anwenderbericht; in: Instandhaltung ohne Zukunft oder keine Zukunft ohne Instandhaltung, Fachtagung REFA, Weinheim (1998).

[7] Tsuchiya, Seiji, Quality maintenance, Portland (1996). „Total productive maintenance (TPM)", or „PM by everybody", was defined in 1971 by the Japan Institute of Plant Engineers (JIPE) (forerunner of the Japan Institute for Plant Maintenance) as follows:
„TPM is designed to maximize equipment effectiveness (improving overall efficiency) by establishing a comprehensive productive maintenance system covering the entire life of the equipment, spanning all equipment-related fields (planning, use, maintenance, etc.) and, with the participation of all employees from the top management down to shop-floor workers, to promote productive maintenance through „motivation management", or voluntary small-group activities."

[8] In Anlehnung an: Kauven, R., Total Productive Maintenance, Ford Werke AG, Köln (1993).

[9] Tsuchiya, Seiji, Quality maintenance, Portland (1996).

[10] In Anlehnung an: Tsuchiya, Seiji, Quality maintenance, Portland (1996).

[11] Kauven, R., Total Productive Maintenance, Ford Werke AG, Köln (1993).

[12] In Anlehnung an: Kauven, R., Total Productive Maintenance, Ford Werke AG, Köln (1993).

[13] Abgewandelt und ergänzt aus: Biedermann, H., TPM, KVP und Gruppenarbeit - Bausteine zur lernenden Organisation im Produktions- und Instandhaltungsbereich; in: Biedermann, H. (Hrsg.): TPM, KVP und Gruppenarbeit, TÜV Rheinland (1997).

[14] RCM-Seminar, Fraunhofer-Institute Stuttgart Institut für Produktionstechnik und Automatisierung, Interner Work-shop (1994).

[15] Katchmar, A., Reliability Centered Maintenance; in: AISE, Evolving Maintenance Strategies, Hamilton (1997).

[16] Katchmar, A., Reliability Centered Maintenance; in: AISE, Evolving Maintenance Strategies, Hamilton (1997).

[17] in Anlehnung an: RCM-Seminar, Fraunhofer-Institut für Produktionstechnik und Automatisierung IPA, Interner Workshop, Stuttgart (1994).

[18] IQS (1993)

[19] Dieses Beispiel stammt aus dem Auftragsablaufprozeß einer Kraftwerksanlage.

[20] Das IPS-System MACOS ^{WIN} ist am IPA entwickelt worden und wird mittlerweile von der Firma CLC in Grenzach vertrieben.

[21] Internationales Institut für Lernende Organisation und Innovation (ILOI): Knowledge Management - ein empirisch gestützter Leitfaden zum Management des Produktionsfaktors Wissen, Studienbericht, München (1997).

[22] IPA: Fraunhofer Institut für Produktionstechnik und Automatisierung in Stuttgart

[23] Das Qualifikationspotential ergibt sich aus der Gegenüberstellung von den im Produktionsteam zu verrichtenden Aufgaben und den zum Zeitpunkt der Analyse vorliegenden Qualifikationen der im Team einzusetzenden Mitarbeiter. Aus den vorhandenen Defiziten kann der Schulungsbedarf abgeleitet werden.

[24] In Anlehnung an: Idhammer, C., Results Oriented Maintenance; in: AISE, Evolving Maintenance Strategies, Hamilton (1997).

4 Wissensmanagement - ein Überblick Ansätze für die Instandhaltung

4.1 Einleitung

Begriffe wie „Wissensgesellschaft“, „Knowledge assets“, „Chief Knowledge Officer (CKO)“, „Age of Mind“ finden immer häufiger Eingang sowohl in die Fachliteratur als auch in die Umgangssprache. Wissen als „intellektuelles Kapital“[1] wird zunehmend als zentrale Größe im Unternehmen und als ein weiterer Wertschöpfungsfaktor neben den klassischen Produktionsfaktoren Arbeit, Betriebsmittel und Kapital angesehen.

Ein Vorsprung an Wissen schafft Wettbewerbsvorteile, das Unternehmen kann sich besser an wandelnde Verhältnisse anpassen und es verfügt über eine erhöhte Lerngeschwindigkeit sowie Problemlösungsfähigkeit. Die Unternehmen, denen es gelingt, Informationen in Wissen zu überführen, ihr vorhandenes Wissen besser zu nutzen und neues Wissen zu generieren, werden auch auf den Zukunftsmärkten erfolgreich sein.

In der strategischen Sichtweise wird diese Aussage durch Hypothesen einer periodischen Wirtschaftsstrukturentwicklung untermauert. So prognostiziert Volkmann auf Basis einer Theorie von Kondratieff einen vermutlich Jahrzehnte währenden fünften Zyklus der „erweiterten Nutzung von Informationen und Wissen“[2] für den aber gleichwohl „die großen und prägenden Applikationen noch gesucht werden“, oder Woodling eine Phase der „Quartiären Wirtschaft“ (vgl. Abb. 4.1)[3]. In letzterer wird als Weiterentwicklung von Phasen der industriellen Entwicklung der Vergangenheit, in denen die Wirtschaftsstruktur durch bestimmte, im Vordergrund stehende Wirtschaftsgüter

Ära	Wirtschaftsgüter	Aktiva
Primäre Wirtschaft	Rohstoffe	Gebäude
Sekundäre Wirtschaft	Produkte	Maschinen
Tertiäre Wirtschaft	Dienstleistungen	Infrastruktur
Quartiäre Wirtschaft	Wissen	Netzwerke

Abb. 4.1. Hypothese der Quartiären Wirtschaft.

geprägt wurde, eine vierte Ära definiert. In dieser kommenden oder bereits begonnenen Phase ist die Wirtschaftsstruktur geprägt durch das in Netzwerken verfügbare Wissen.

Einen Eindruck, wie weit der Strukturwandel der Wirtschaft hin zur Quartiären Ära bereits fortgeschritten ist, zeigen folgende Dimensionen: Lediglich 5% bis 30% der unternehmerischen Aktivitäten sind Fertigungsprozesse – 70% bis 95% der Wertschöpfung findet in wissensgebundenen Dienstleistungen statt[4]. Zu letzteren zählen auch – je nach Organisationsform – Teile der Instanhaltungsaktivitäten (Diagnose, Betriebs- und Zustandserfassung und -auswertung, KVP-Maßnahmen, indirekte IH-Aufgaben wie Materialwirtschaft und Controlling etc.).

4.2 Definition und Abgrenzung von Wissensmanagement

Wissensmanagement läßt sich beschreiben als Planung, Steuerung und Organisation aller mit Wissen zusammenhängenden Vorgänge im Unternehmen. Im Zentrum des Interesses steht die kontinuierliche Verbesserung der organisatorischen Fähigkeiten auf allen Ebenen der Organisation durch einen verbesserten Umgang mit Wissen.

In Anlehnung an die in Kapitel 4.3 vorgenommene Erläuterung der Wissensmanagementaktivitäten anhand einer Prozeßdarstellung, läßt sich der Ansatz des Wissensmanagements vereinfacht auch als die Identifizierung, Nutzung und Weiterentwicklung des organisationalen und individuellen Wissens beschreiben.

4.2.2 Begriffszusammenhänge

Umgangssprachlich wird vielfach nicht klar zwischen den Begriffen „Daten“, „Informationen“ und „Wissen“ getrennt. Nachfolgend sind die Begriffszusammenhänge kurz wiedergegeben[5].

Zeichen als unterstes Element der Begriffshierarchie sind das „kleinste bei einer Programmausführung zugreifbare Datenelement“. Für sich genommen sind Zeichen zusammenhangslos.

Daten können durch Aneinanderreihung von Zeichen dargestellt werden, die in einem bestimmten – bekannten oder unbekannten – Zusammenhang stehen. Keine Aussage kann aber darüber gemacht werden, worauf die Daten bezogen sind.

Von *Information* wird gesprochen, wenn der Zusammenhang bekannt ist, in dem die Daten zur Erreichung eines Zieles Verwendung finden. Damit sind Informationen z.B. „Kenntnisse über Sachverhalte, die ein Handelnder benötigt, um eine Entscheidung darüber zu fällen, wie er ein Ziel am günstigsten erreichen kann“[6].

Wissen entsteht in diesem Zusammenhang über die Interpretation und Vernetzung von Informationen zu einem Sachverhalt. Wissen ist damit die begründete Kenntnis zu einem Sachverhalt, im Gegensatz zur Meinung, die etwas Unbegründetes, Vorläufiges darstellt. Wissen ist also, da es von Interpretation der Informationen abhängt, etwas Subjektives.[7]

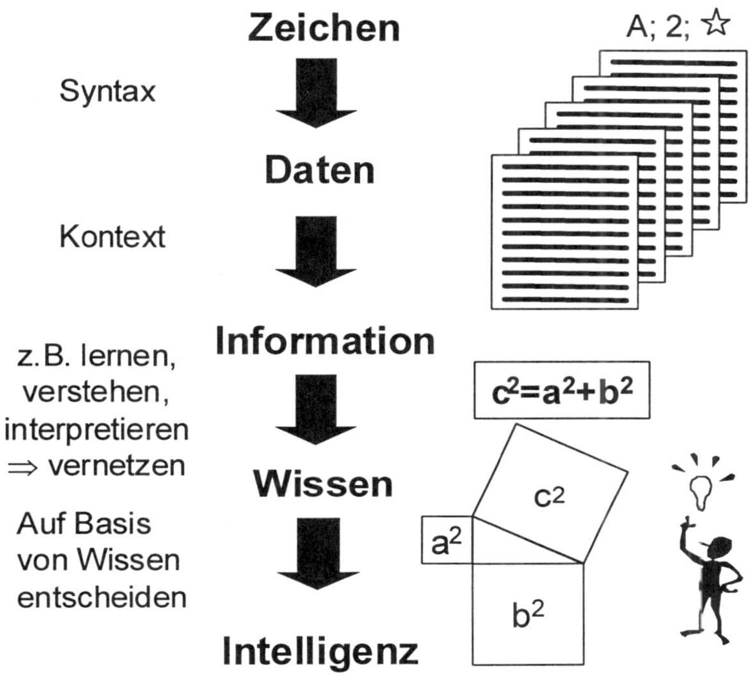

Abb. 4.2. Zusammenhang der Begriffe.

In der Arbeitswelt der Instandhaltung läßt sich diese Begriffshierarchie am Beispiel einer Anlage veranschaulichen:

Die Benennung einer Anlage erfolgt mittels *Zeichen*, d.h. Buchstaben und Zahlen, die zusammengenommen *Daten* ergeben.

Die Daten können in ein DV-System eingegeben werden, sie werden aber erst zur *Information*, wenn Verknüpfungen stattfinden. Die Anbringung der Benennung an der Maschine sagt aus, daß es sich um diese Maschine handelt.

Die Benennung im Feld Objektstammdatenkennung in der Anlagenmaske eines IPS-Systemes stellt die Verknüpfung zu weiteren Daten her, wie Anlagenalter, -wert, Standort etc. Damit werden die Daten in der Anlagenstammdatenmaske zur Information über diese Anlage.

Wissen schließlich entsteht, wenn die Informationen über die Maschine interpretiert und in einen Zusammenhang gebracht werden. Ein hohes Anlagenalter, verknüpft mit der Information „Badewannenkurve“[8], erzeugt das Wissen, daß diese Anlage potentiell höhere Instandhaltungskosten haben wird.

4.2.2
Strukturierung des Begriffs Wissen

Wissen kann in unterschiedlicher Form vorliegen und läßt sich auf unterschiedliche Weise gewinnen und transformieren. Zur Strukturierung des Begriffs Wissen ist die u.a. vom ILOI[9] getroffene Separation in 4 Dimensionen hilfreich:

- Internes Wissen - externes Wissen
  „Art des Wissensträgers“
  Aufgabe des Wissensmanagements ist es, dafür zu sorgen, daß das richtige Wissen unternehmensintern zum richtigen Zeitpunkt, in der benötigten Qualität und Quantität zur Verfügung steht. Unternehmensexternes Wissen stammt z.B. von Kunden, Lieferanten, Wettbewerbern, Verbänden, Hochschulen, Beratern.
- Aktuelles Wissen - zukünftiges Wissen
  „Zeitpunkt der Verfügbarkeit“
  Das aktuelle Wissen ist Ursache der momentanen Handlungsfähigkeit, der Identität und des Erfolgs eines Unternehmens. Zukünftiges Wissen benötigt ein Unternehmen, um langfristig handlungs- und wettbewerbsfähig zu bleiben, bzw. neue Potentiale zu erschließen.
- Explizites Wissen - implizites Wissen
  „Transparenz und Verfügbarkeit“
  Explizites Wissen ist bewußtes, in artikulierbarer Form vorliegendes Wissen. Implizites Wissen ist unterbewußtes, verborgen wirkendes und somit schwer formulierbares Wissen, das im Zusammenhang mit Handlungs- und Verhaltensweisen der Mitarbeiter steht. Implizites und explizites Wissen kann weiter unterteilt werden in individuelles Wissen (des Einzelnen) und kollektives Wissen (von Gruppen). Letzteres ist vollständig nur der Gruppe als ganzes, aber i.a. nicht dem Einzelnen verfügbar.
  Aufgabe des Wissensmanagements ist es, explizites Wissen unabhängig vom originären Wissensträger zu machen (damit es bei dessen Ausscheiden erhalten bleibt) sowie implizite Wissenspotentiale explizit und somit einer breiteren Mitarbeiterbasis zugänglich zu machen.
- Erfahrungswissen - Rationalitätswissen
  „Reichhaltigkeit und Validität“
  Erfahrungswissen entsteht aufgrund von (unwillkürlichen) Lern- und Erfahrungsprozessen im Umgang mit der Umwelt. Rationalitätswissen entsteht durch krititsche Reflexion von neuen Erfahrungswissenselementen hinsichtlich Verständlichkeit, Bedeutsamkeit und Verwendung.
  Aufgabe der Führung ist es, den Mitarbeitern zu ermöglichen, Erfahrungen zu machen, bewußt wahrzunehmen und aufzuarbeiten sowie die Reflexion der Mitarbeiter hierüber zu fördern (deutero-Lernen).

Für jede dieser vier Dimensionen gibt es verschiedene Möglichkeiten, die darin skizzierten Aufgaben des Wissensmanagements zu realisieren. In Kapitel 4.4 sind dazu exemplarisch einige Beispiele abgebildet, die eine für den Instandhaltungsbereich geeignete Form aufweisen. Für den praktischen Einsatz bedeutsam ist dabei vor allem die Transformation von implizitem zu explizitem Wissen. Nonaka und Tageuchi[10] haben hierzu den folgenden Konvertierungszyklus angeführt, welcher die möglichen Übergänge aufzeigt und benennt (vgl. Abb. 4.3):

- Von implizitem zu implizitem Wissen durch Sozialisation.
- Von explizitem Wissen zu implizitem Wissen durch „learning by doing", Kompilation von Wissen oder durch „Erfahrungen machen".
- Von implizitem zu explizitem Wissen durch deduktive, induktive oder analogische Schlußfolgerung.
- Von explizitem zu explizitem Wissen durch Rekonfiguration von Wissen und formale Ausbildung.

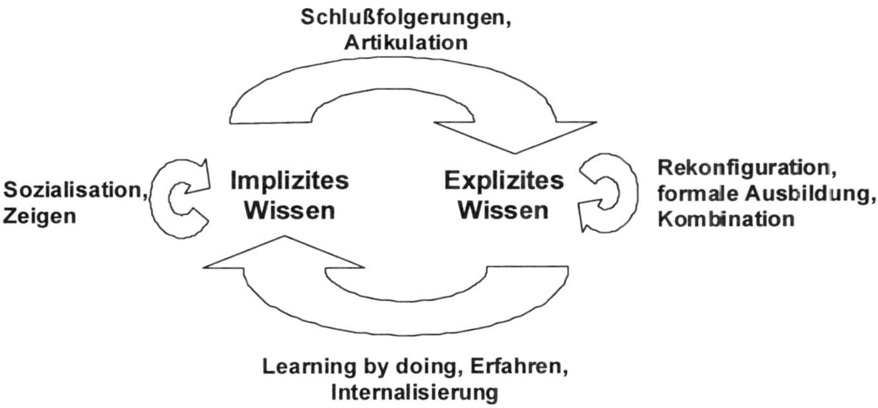

Abb. 4.3. Konvertierungszyklus zwischen explizitem und implizitem Wissen.

Eine weitergehende Strukturierung von Wissen kann z.B. mit Hilfe der Kriterien *Wissensträger*, *Unternehmensbezogenheit*, *Zugriff* oder *Strukturierbarkeit* erfolgen.[11]

Beim Wissensträger etwa lassen sich menschliches Wissen, maschinelles Wissen, das in Form von Daten oder Programmen vorliegt, und institutionelles Wissen unterscheiden. Letzteres kann in einem Unternehmen z.B. durch Patente, Kundenbeziehungen, Mitarbeitermotivation oder Unternehmenskultur repräsentiert sein[12].

Die Unternehmensbezogenheit klassifiziert Wissen in unternehmensexternes und -internes Wissen.

Die Strukturierbarkeit von Wissen spielt bei der maschinellen Wissensverarbeitung eine entscheidende Rolle. Dreyfus[13] unterscheidet zwischen strukturierbarem, halb- und nicht-strukturierbarem Wissen. Nicht-strukturierbares Wissen kann derzeit nicht von der Maschine als Wissensträger, sondern nur vom Menschen angewandt werden. Hier liegt ein maßgeblicher Unterschied des Wissensmanagments zu den in der Instandhaltung einsetzbaren wissensbasierten Systemen wie z.B. Diagnosesystemen.

4.2.3 Wissensmanagement als Prozeß

Eine Operationalisierung des Begriffs Wissensmanagement gelingt, wenn man die Aufgaben eines solchen Konzepts in verschiedene Komponenten unterteilt und diese in Form eines dynamischen Wirkungszusammenhangs als Elemente eines Prozesses darstellt. (vgl. Abb. 4.4).

Eine solche Prozeßdarstellung eignet sich sowohl als Leitfaden zur Einführung von Wissensmanagementmaßnahmen wie z.B. „Gelben Seiten“ oder einer „Wer macht was“-Liste im Unternehmen als auch zur Beschreibung eines ganzheitlichen Wissensmanagementkonzepts, daß aus einer Vielzahl von mehr oder weniger zusammenhängenden Einzelmaßnahmen besteht. Abhängig davon gestalten sich die Inhalte der einzelnen Prozeßschritte.

Wissenserwerb setzt zunächst die Transparenz über das vorhandene Wissen bzw. die vorhandenen Wissensprodukte voraus. Im Gegensatz zur Wissensentwicklung umfaßt der Schritt Wissenserwerb alle über die Unternehmensgrenzen hinweg gerichteten Maßnahmen, mit denen sich Wissen zur Verfügung stellen läßt. In Frage kommen z.B. die Einstellung von Experten oder der Erwerb gespeicherten Wissens in Form von Datenbanken, ET-Katalogen vom Hersteller, neuen Vorschriften, Beratungskonzepten etc.

Wissensentwicklung bezeichnet die unternehmensinterne Schaffung zukünftigen Wissens, wenn es sich etwa um Wissen in einem Kernkompetenzgebiet handelt. Hier

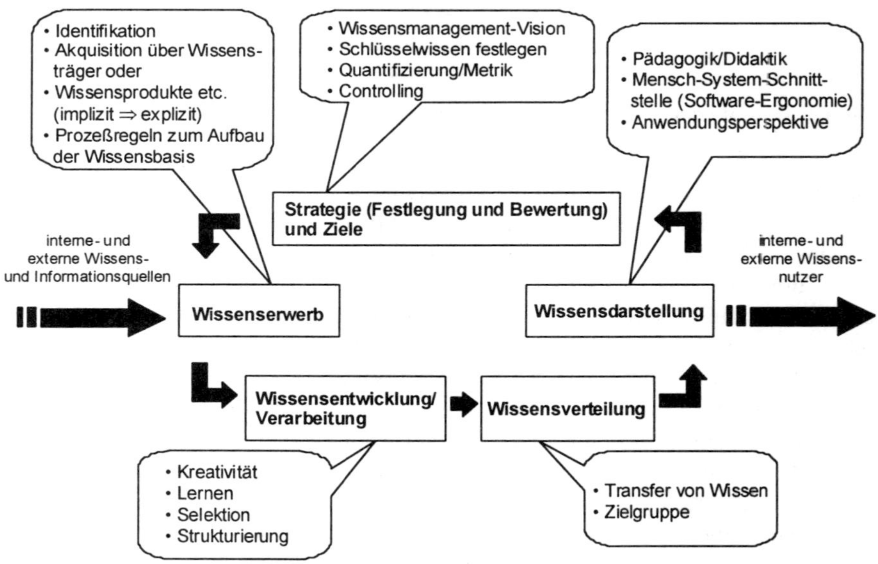

Abb. 4.4. Wissensmanagementprozeß.

geht es um die Produktion neuer Fähigkeiten, neuer Produkte, besserer Ideen und leistungsfähigerer Prozesse oder auch um die Gewinnung von Erkenntnissen aus bereits vorhandenem Daten- und Informationsmaterial z.B. über Data Mining/Agententechnologien. Der Weg vom Kennenlernen einer Anlage durch Reinigung bis hin zur autonomen Instandhaltung im Rahmen eines TPM-Konzeptes zeigt sehr gut den Prozeß zur Wissensentwicklung. Ähnliches gilt für den KVP-Prozeß.

Wissensverteilung spricht die innerorganisationalen „Ströme" des Wissens an. Es geht hierbei um den Transfer von Wissen von einem Mitarbeiter zum anderen. In Besprechungen, Arbeitskreisen, im Rahmen einer Teamentwicklung erfolgt die unmittelbare Wissensweitergabe oder -verteilung. Durch den Einsatz entsprechender Informationstechnik (Datenbanken, Intra- und Internet etc.) sowie von Workflow/ Groupware-Systemen kann die Verteilung medial unterstützt werden. Ziel der Wissensverteilung ist, die Wissensressourcen in allen Bereichen des Unternehmens und unabhängig vom Wissensträger zur Verfügung zu stellen.

Wissensdarstellung bezieht sich auf das konkrete „Handling" von Wissen und somit auf die Ausgabe von Wissensinhalten an interne und externe Wissensnutzer unter Berücksichtigung pädagogisch-didaktischer sowie auch software-ergonomischer Erkenntnisse. Eine aufgabenadäquate Wissensdarstellung trägt den unterschiedlichen Anwendungsperspektiven von Wissen Rechnung.

Wissensbewertung versucht schließlich, die Erreichung der Wissensziele sicherzustellen. Dieses betrifft sämtliche Aktivitäten, die auf die Steuerung, Messung und Bewertung von Wissen oder Lernprozessen ausgerichtet sind.

4.3 Wozu läßt sich Wissensmanagement in der Instandhaltung nutzen?

Der Einsatz von EDV-basierten Informations- und Kommunikationstechnologien stellt für die Instandhaltung nichts grundsätzlich Neues dar. So sind in einigen Unternehmen schon seit über 20 Jahren EDV-basierte Instandhaltungs-Planungssysteme im Einsatz, wie beispielsweise zur Arbeitsvorbereitung, zur Instandhaltungsmaßnahmenplanung und -steuerung oder zur Revisionsplanung in Kraftwerken.

Wie schon in Kapitel 4.2 angesprochen, bezog sich der Einsatz der EDV-Hilfsmittel jedoch zumeist auf die Verarbeitung strukturierbarer Daten wie etwa die Abbildung der Anlagenstruktur, der Materialstammdaten oder des Auftragswesens. Auch die Diagnosesysteme mit oder ohne vorgeschalteter Betriebs-/Maschinendatenerfassung basieren stets auf strukturierbaren Daten.

Außerdem führte die mitarbeiterabhängige Interpretation der in der Instandhaltung zur Verfügung stehenden Daten – abhängig vom Hintergrundwissen des Nutzers – zu unterschiedlichen Schlußfolgerungen und Entscheidungen.

Wissensmanagement in der Instandhaltung bezweckt nun die – nicht zwangsweise EDV-basierte – nutzerspezifische Verfügbarmachung sämtlichen für Instandhaltungszwecke relevanten Wissens. Damit ersetzt Wissensmanagement allerdings nicht z.B. die Kreativität der Mitarbeiter. Vielmehr sollen dem Mitarbeiter die notwendigen Basisinformationen mit minimalem Aufwand zur Verfügung gestellt werden und die eventuell gefundenen neuen Ideen für die Weiterverwendung und -entwicklung auch allen anderen Mitarbeitern zur Verfügung stehen.

Im Ansatz zum TPM sowie im Konzept zur Dezentralen Anlagen- und Prozeßverantwortung (DAPV) wird auf den Menschen und dessen Leistungs- und Lernfähigkeit gesetzt. Diese verstärkte Orientierung auf das „Humankapital" der Unternehmen wird durch die Erkenntnis unterstützt, daß die massiven Veränderungen des Unternehmensumfeldes wie z.B. die Globalisierung der Märkte, der zunehmende Zeit- und Kostendruck, die steigenden Kundenanforderungen und die Zunahme gesetzlicher Auflagen bzw. Bestimmungen, auch für die Instandhaltung gelten und nur durch effiziente Lernprozesse gemeistert werden können.

Nachdem die Theorie des Lernens von Individuen, Gruppen und Unternehmen bereits Ende der 70er Jahre[14] weitreichend erforscht war, erlebt dieses Thema in den 90er Jahren eine neue Blüte. Wegbereiter waren hier Autoren wie Senge[15], die die bekannten Theorien aufgegriffen und durch eine Pragmatisierung und Weiterentwicklung für den operativen Einsatz in Unternehmen angepaßt haben.

In diesem Prozeß stellt der Bereich Wissensmanagement eine zunächst fachlich unabhängige Weiterentwicklung dar, in die Erkenntnisse und Methoden des organisationalen Lernens einfließen. Mit anderen Worten ausgedrückt ist „Wissensmanagement" der verwendete Managementansatz und „Lernende Organisation" die Organisationsform.

Die starke Zunahme der Aktivitäten im Bereich des Wissensmanagements in den letzten Jahre läßt sich zurückführen auf die rasante Entwicklung der EDV-Informations- und Kommunikationstechnologien. Ein bedeutender Teil der Entwicklungen, der im Bereich praxisorientierter Wissensmanagementansätze stattfindet, basiert auf diesen Technologien, während die EDV-Technik für die praxisorientierten Ansätze des organisationalen Lernens, wie sie z.B. Senge beschreibt, kein Schlüsselelement darstellt.

4.4 Ansätze zum Wissensmanagement in der Instandhaltung

Folgende Handlungsfelder für Wissensmanagementmaßnahmen lassen sich durch Kombination von Strukturkriterien mit den vier möglichen Feldern der Wissenslokation (vgl. Abb. 4.4) in Anlehnung an Schmitz[16] ableiten:

- Vorhandenes, internes Wissen
- Neues, internes Wissen
- Vorhandenes, externes Wissen
- Neues, externes Wissen

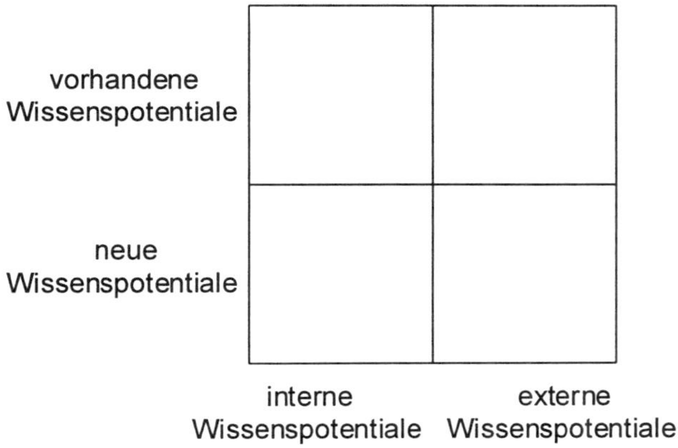

Abb. 4.5. Handlungsfelder für Wissensmanagementmaßnahmen.

Nachfolgend sind für die vier Felder beispielhaft konkrete Maßnahmen dargestellt, mit denen Erwerb, Entwicklung/ Verarbeitung, Verteilung, Darstellung und Nutzung von Wissen unterstützt werden können (Vgl. Abb. 4.6 bis 4.9).

4.4.1 Vorhandene interne Wissenspotentiale

Bei der Erschließung des Feldes der vorhandenen, internen Wissenspotentiale im Instandhaltungsbereich steht neben der Identifizierung, Speicherung und Nutzung des personengebundenen und institutionellen Wissens auch die Schaffung geeigneter Strukturen im Vordergrund.

Neben der konkreten Maßnahme des Einsatzes von Informations- und Kommunikationstechnologie ist die Entwicklung einer adäquaten Unternehmenskultur, die den Erwerb von Wissen und dessen Austausch erlaubt und begünstigt, fundamental. Hierzu müssen entsprechende Freiräume geschaffen werden, die den Mitarbeitern die Möglichkeit zum Erfahrungsaustausch bieten.

Wissenserwerb, und vor allem direkte Kommunikation als effektivste Methode des Wissensaustauschs, müssen als Selbstverständlichkeit angesehen werden. Überkommene, aber leider nach wie vor vorhandene Verhaltensweisen, wie die Bewahrung von Instandhaltungsfachwissen als „Machtinstrument" bzw. als Mittel zur eigenen „Arbeitsplatzsicherung", gilt es dabei schrittweise abzubauen. Darüber hinaus spielen Faktoren wie Dialogfähigkeit, Regeln im Umgang miteinander, Experimentier- und Risikofreudigkeit, Vertrauen und andere unternehmenskulturelle Werte eine entscheidende Rolle. Die Existenz von Anreizsystemen zum Wissensaustausch und eine kommunikationsfreundliche Bürogestaltung können maßgeblich zur Unterstützung beitragen.

Exemplarisch für den Bereich „vorhandenen internen Wissenspotentiale" soll die Maßnahme „Erfassung von informellen Netzen" erläutert werden.

Ziel der Maßnahme ist, allen Mitarbeitern des Instandhaltungsbereiches die Nutzung von ehemals informellen Kontakten und Beziehungen zu ermöglichen. Beispiele für solche Beziehungen sind werkstattübergreifende Kontakte zu Mitarbeitern für bestimmte Spezialaufgaben oder bestimmte Ansprechpartner bei Anlagenherstellern, denen die Verhältnisse vor Ort bekannt sind.

Unter Voraussetzung einer guten Kenntnis der Ziele dieser Maßnahme erfolgt die Abbildung solcher Netzwerke konkret über die Befragung der Mitarbeiter. Anhand eines vorgefertigten Fragebogens werden die Daten erfaßt und in 3 Kategorien dokumentiert: Ein Beratungsnetz informiert, wer von wem bei Problemen abhängt. Ein Vertrauensnetz bildet die Verknüpfungen auf persönlicher Ebene ab: Wer etwa mit wem delikate Informationen austauscht oder wer in Krisensituationen wen unterstützt. Das Kommunikationsnetz schließlich ergänzt das Bild um die formellen Kommunikationskanäle.

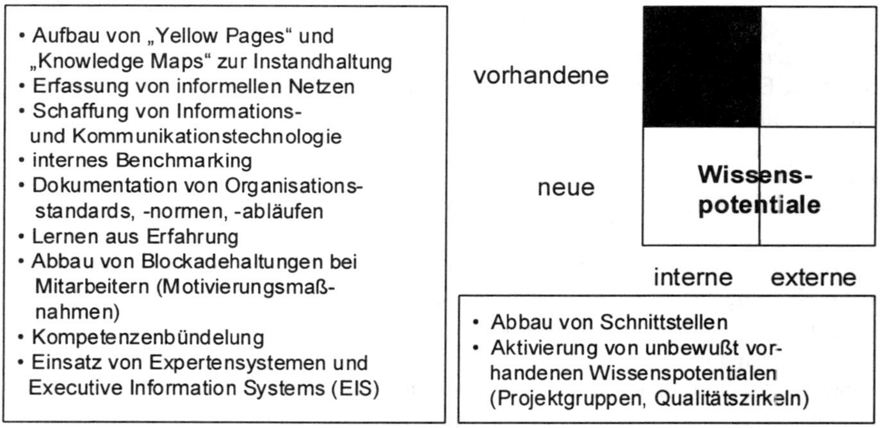

Abb. 4.6. Vorhandene interne Wissenspotentiale.

Folgender Nutzen läßt sich aus der Abbildung informeller Netze ziehen:

- Vermeidung von strategischen Fehlern.
- Verbesserung der internen Kommunikation und deren Struktur.
- Ermittlung, sowie gezielte Ansprache und Kooperationsmöglichkeit von tatsächlichen Leistungs- oder Machtträgern.
- Aktivierung festgefahrener Prozesse, Verkürzung der Arbeitsabläufe etc.

4.4.2 Neue interne Wissenspotentiale

Der Schwerpunkt der Aktivitäten in diesem Feld liegt – unter Voraussetzung einer gleichgearteten Entwicklung der Unternehmenskultur wie im vorangegangenen Abschnitt erläutert – im Bereich der beruflichen Weiterbildung. Das Potential besteht dabei in der Instandhaltung weniger aus der fachspezifischen Weiterbildung in Richtung einer weiteren Spezialisierung als vielmehr aus einer methodischen und fachübergreifenden Entwicklung.

Exemplarisch für den Bereich „neue interne Wissenspotentiale" soll die Methode „systematisches Problemlösen" erläutert werden – eine Fähigkeit, die vom Störungsmanagement bis hin zur Anlagenoptimierung anwendbar ist.

Ziel der Maßnahme ist, bei jedem Mitarbeiter entsprechend seinen Möglichkeiten die Fähigkeit zur methodenbasierten Problemlösung auszubauen.

Die Schulungsinhalte für den Ausbau von Problemlösungsfähigkeiten sind interdisziplinär. Sie reichen von der gezielten Förderung der Ideenentwicklung und Informationsbeschaffung bis hin zur Vermittlung von Grundlagen der Gruppendynamik.

Aufgrund der in vielen Betrieben langjährigen organisatorischen Trennung zwischen Instandhaltungs- und Produktionsbereichen gestalten sich beispielsweise die Diskussion von Verbesserungsmaßnahmen in interdisziplinär besetzten Teams vielfach, aufgrund von Bereichsegoismen oder fehlender gegenseitiger Anerkennung, schwierig. Soll ein von allen Teammitgliedern getragener Konsens erzielt werden, so sind Fähigkeiten in Maßnahmenplanung, Konsenserzielung, Kommunikation und Präsentation von Bedeutung. Die gezielte Bereitstellung von Unterlagen und Erfahrungsberichten unterstützt dieses Vorhaben.

- Schulung der Mitarbeiter im systematischen Problemlösen und Bereitstellung der erforderlichen Unterlagen
- Entwicklung von Zukunftswissen (Szenariotechnik)
- Job-Rotation
- betriebliche Weiterbildung/ computerunterstützes Lernen
- Simulation von Alternativen
- Erhöhung von Forschungsausgaben
- Training by doing
- Einstellung von Know-how-Trägern
- Schaffung von Freiräumen zum Experimentieren

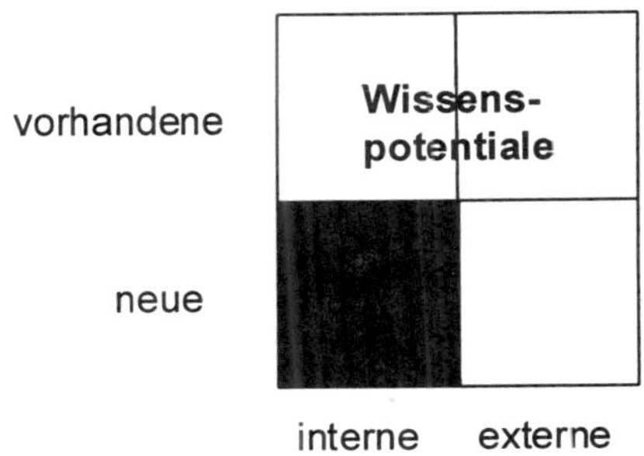

Abb. 4.7. Neue interne Wissenspotentiale.

Folgender Nutzen läßt sich aus der Beherrschung von Methoden zum systematischen Problemlösen ziehen:

- Selbständige Lösung von Problemen auf hohem Qualitätsniveau.
- Ein firmeneinheitliches Problemlöseverhalten, das Fehler so gut wie möglich vermeidet und ein allgemeinverständlicher schlüssiger Problemlösungsansatz.
- Erhöhte Fähigkeit und Routine der Mitarbeiter, Konflikte auszutragen.

- Job-Enrichment und Erhöhung der Mitarbeiterkompetenz.
- Wissenschaftliche Methoden bei Diagnoseaufgaben.

4.4.3 Vorhandene externe Wissenspotentiale

Ein finanzielles Potential besitzt die Erschließung vorhandener externer Wissensquellen. Das durch Informationssysteme, Internet, Online-Dienste oder Datenbanken verfügbar gemachte Instandhaltungswissen ist bereits groß und wächst exponential.

Die Nutzung dieser Quellen reduziert Entwicklungsausgaben zugunsten am Markt verfügbarer Standardlösungen, vermeidet Doppelerfindungen etwa im Bereich MDE/BDE und ermöglicht mittels veröffentlichter Benchmarks die schnelle Information über den aktuellen Stand betrieblicher Leistungsprozesse. Oftmals liegt das Problem in diesem Bereich weniger in der Akquisition von Wissen, als in der Filterung relevanter Information. Dennoch sind die Zugangsmöglichkeiten zu Informationsdiensten für die Mitarbeiter in den meisten Unternehmen nicht gegeben.

Ein im Zuge des Angebots von Instandhaltungsleistungen am freien Markt stärker in den Mittelpunkt der Betrachtung gerückter Punkt, ist der Aufbau von Datenbanken über Kunden und Lieferanten. Durch die Konkurrenzsituation von firmeninternen Instandhaltungsgewerken mit Fremdleistern ist ferner eine verstärkte Kundenorientierung notwendig geworden.

Daher realisieren einige Unternehmen Wissensdatenbanken, die ihnen einen Einblick in Vorlieben und Bedürfnisse der Kunden ermöglichen sowie Veränderungen auf dem Absatzmarkt erkennen lassen und sie in die Lage versetzen, rechtzeitig darauf zu reagieren. Darüber hinaus bewirkt die Berücksichtigung der Kunden- und Händlererfahrungen als externes Wissenspotential eine Verbesserung der Service- und Reparaturdienstleistungen und stärkt somit die Kundenbindung. In diesem Kontext sind auch wissensbasierte Online-Diagnosesysteme zu nennen (vgl. den Beitrag zum Thema Teleservice).

Exemplarisch für den Bereich „vorhandene externe Wissenspotentiale" soll der „Aufbau wissensbasierter Informationssysteme über Kunden und Zulieferer" näher erläutert werden.

- Aufbau wissensbasierter Informationssysteme über Kunden und Zulieferer
- externes Benchmarking
- Anbindung an bestehende Informationsysteme (Datenbanken/ Computer-Online-Dienste wie Internet, Compuserve usw.)
- Nutzung externer Technologieinformationen
- Vergabe von Forschungsprojekten

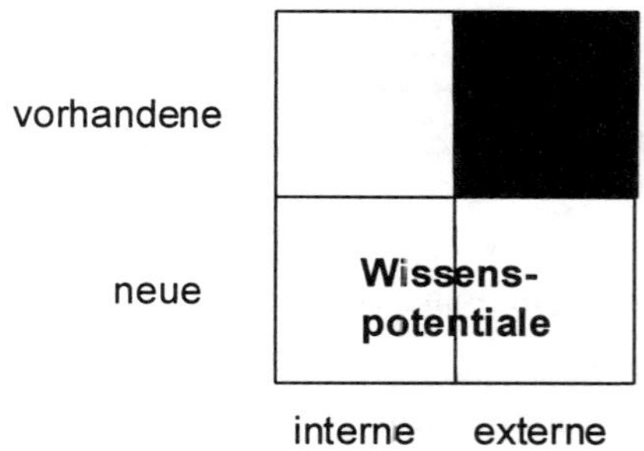

Abb. 4.8. Vorhandene externe Wissenspotentiale.

Ziel der Maßnahme ist, durch Einbindung von Kunden- und Dienstleisterinformationen von Anderen zu lernen.

Zunächst ist diese Maßnahme informationstechnisch vorzubereiten. Als Grundlage eignet sich eine relationale Datenbank, die auf einem Server einer möglichst großen Zahl von Anwendern zugänglich zu machen ist. Für die Festlegung der Struktur und für die Informationsbeschaffung eignen sich Treffen mit Kunden und Zulieferern. Aber auch anhand von internen Diskussionsrunden, Erfahrungsaustausch und Kundenbeobachtungen läßt sich wertvolles Wissen speichern und für die spätere Entscheidungsfindung in der Datenbank in expliziter Form zur Verfügung stellen.

Um den internen Lernprozeß aus diesem externen Wissen anzustoßen, ist allerdings eine nüchterne Betrachtung der eigenen Abläufe sowie die Fähigkeit zur Selbstkritik notwendig.

Folgender Nutzen bietet der Aufbau externer, wissensbasierter Informationssyteme:

- Verfügbarkeit aktueller Produkt- und Dienstleistungsinformationen.
- Konkurrenzvergleiche.
- Transparenz über verändertes Kundenverhalten.
- Erkenntnisse über die eigene Unternehmenskultur.
- Erfahrungen, die aus der erbrachten Leistung resultieren.
- Erkennen und Eingestehen eigener Fehler.

4.4.4 Neue externe Wissenspotentiale

Der Aufbau von neuen, externen Wissenspotentialen zwischen verschiedenen Unternehmen ist aufgrund der Konkurrenzsituation zumeist problematisch. Dennoch wird auch für die Instandhaltung im Zuge neuer Formen der Zusammenarbeit zwischen Firmen neues Wissen verfügbar. Beispiele hierfür ist z.B. die Instandhaltungsorganisation in Betreibermodellen, in denen Zulieferer die Investitionskosten und den Betrieb der Anlage gegen Entgelt für gefertigte Gutteile übernehmen.

Unabhängig davon, ob die Instandhaltungsleistungen komplett eingekauft, ob diese zentral im Fabrikverbund durch Kooperation verschiedener Fachgewerke bereitge-

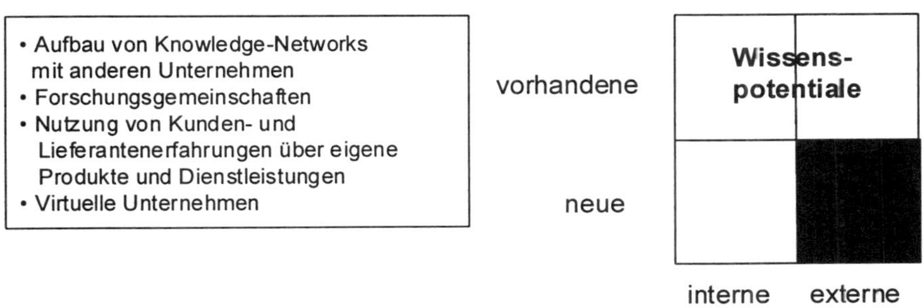

Abb. 4.9. Neue externe Wissenspotentiale.

stellt oder durch die Anlagenbetreiber selbst organisiert werden: Stets wird es zum überbetrieblichen Informations- und Kompetenzaustausch kommen.

4.5 Perspektiven für das Wissensmanagement in der Instandhaltung

Für die spezifischen Verhältnisse in der Instandhaltung läßt sich die Methodik des Wissensmanagements sehr gut nutzen. Die vielversprechendsten Maßnahmen sollten rasch angegangen werden.

Die Hauptschwierigkeit bei der Umsetzung des Wissensmanagement-Konzeptes in die Praxis liegt jedoch nicht auf der technischen Seite. Vergleichsweise einfach ist die Entwicklung einer Software- und Hardwareunterstützung für ein erfolgreiches Wissensmanagement im Unternehmen.

Vielmehr wird der Erfolg einer Wissensmanagement-Anstrengung davon abhängen, ob es gelingt, die Menschen dazu zu bringen, Wissen zu teilen, denn niemand kann zur Preisgabe seines geistigen Eigentums gezwungen werden. Jede technische oder organisatorische Maßnahme zur Einführung von Wissensmanagment muß daher einhergehen mit der kritischen Hinterfragung dieses unternehmenskulturellen Aspekts.

Anmerkungen

1 Zahn, Erich: Wissen und Strategie. In: Bürgel, H.D. (Hrsg.): Wissensmanagement. Schritte zum Intelligenten Unternehmen, Berlin (1998), S. 41-52.

2 Volkmann, Helmut: Xenia: Wissensstadt am Wege zur Informationsgesellschaft In: Tagungsband 5. Stuttgarter Innovationsforum, Fraunhofer-Institut für Produktionstechnik und Automatisierung IPA, Stuttgart (1997).

3 Woodling, G.: Unveröffentlichtes Vorlesungsmanuskript, München (1996).

4 Vgl. Schüppel, Jürgen: Alter Wein in neuen Schläuchen. In: Süddeutsche Zeitung, 9/95.

5 In Anlehnung an: Rehäuser, Jakob; Kremar, Helmut. In: Schreyögg, Georg; Conrad, Peter (Hrsg.): Managementforschung (1996), S. 1-40.

6 Rehäuser, a. a. O.

7 Steinmüller spricht vom Modellcharakter des Wissens und folgert, daß Wissen „zweckrelativ, kontext- und aspektabhängig, verhaltensrelevant und deshalb nie in einem schlichten Sinn *objektiv* ist“. Zitiert nach: Steinmüller, W.: Informationstechnologie und Gesellschaft: Einführung in die angewandte Informatik, Darmstadt (1993).

[8] Die „Badewannenkurve“ zeigt das Ausfallverhalten einer Anlage über der Zeitachse. Dabei wird von einer hohen Ausfallwahrscheinlichkeit zum Beginn und zum Ende der Lebensdauer einer Anlage ausgegangen.

[9] Internationales Institut für Lernende Organisation und Innovation (ILOI): Knowledge Management – ein empirisch gestützter Leitfaden zum Management des Produktionsfaktors Wissen. Studienbericht, München (1997).

[10] Nonaka, I.; Takeuchi, H.: The Knowledge Creating Company, Oxford (1995).

[11] Albrecht, Frank: Strategisches Management der Unternehmensressource Wissen, Frankfurt/M. (1993).

[12] Roos, Johann: Das intellektuelle Kapital. In: io management, 3/97, S. 14-18.

[13] Dreyfus, H.L.; Dreyfuß, S.E.: Künstliche Intelligenz. Von den Grenzen der Denkmaschine und dem Wert der Intuition, Hamburg (1987).

[14] Argyris, L.; Schön, D. A.: Organizational Learning: A Theory of Action, Reading/ Massachusetts (1978).

[15] Senge, P. M.: The Fifth Discipline - The Art and Practice of the Learning Organization, New York (1990).

[16] Schmitz, Christof : Ein praktisches Beispiel gelebten Wissensmanagements. In: Hersteiner – Fachzeitschrift für Managemententwicklung Wissensmanagement 2, Wien (1995), S. 4-7.

Literatur

– Probst, G.; Raub, S.; Romhardt, K.: Bausteine des Wisensmanagements - ein praxisorientierter Ansatz. In: Wieslhuber & Partner (1997), S. 129-143.

– Al-Radhi, Mehdi: Moderne Instandhaltung - TPM: Höhere Anlageneffektivität mit Total Productive Maintenance, München/Wien (1997).

– Sihn, Wilfried (Hrsg.); Stender, Siegfried; Wincheringer, Walter: Dezentrale Anlagen- und Prozeßverantwortung – Organisation der Instandhaltung in dezentralen Produktionsstrukturen, Augsburg (1994).

5 Auftragsplanung und -steuerung der Instandhaltung in dezentralen Produktionsstrukturen

5.1 Der Auftragsregelkreis

Der Instandhaltungsauftrag stellt die dokumentierte Form einer Instandhaltungstätigkeit dar. Die Dokumentation erfolgt in der Regel entweder papiergebunden oder in Form einer in einem EDV-System verwalteten Information. Man spricht im Rahmen des Auftragsmanagements vielfach von einem Regelkreisprinzip der Planung, Steuerung und Überwachung von Instandhaltungsdienstleistungen.

Die Planung von Instandhaltungstätigkeiten – deren Planbarkeit vorausgesetzt – wird meist von einem Instandhaltungsvorbereiter oder Meister wahrgenommen. Auch

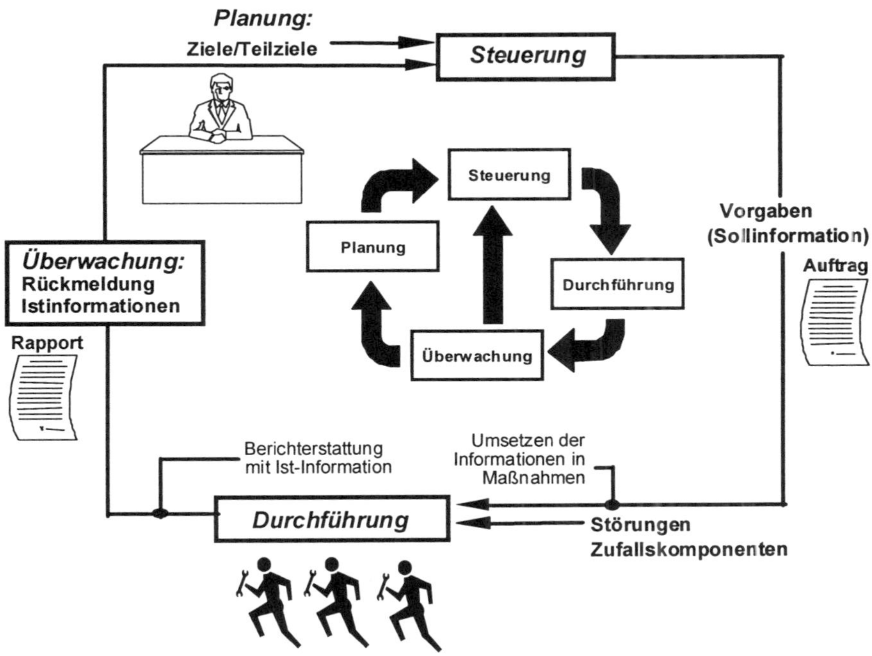

Abb. 5.1. Regelkreis des IH-Auftragsmanagements

der Instandhalter „vor Ort“, der nach Durchführung einer Instandhaltungsmaßnahme eine neue Aktivität terminieren will, kann eine solche Planung anstoßen. Ebenfalls können von einem EDV-System – einem sog. IPS- (Instandhaltungsplanungs und -steuerungs) System – Plandaten aufgrund regelmäßig festgelegter Intervalle terminiert und aktiviert werden.

Ist ein Auftrag freigegeben, so kann er abhängig von Termin und Dringlichkeit und, falls erforderlich nach Rücksprache mit der Produktion, von den Instandhaltern durchgeführt werden.

Nach der Durchführung werden in der Auftragsrückmeldung alle wesentlichen Informationen zur durchgeführten Maßnahme festgehalten, meist die beteiligten Gewerke, der benötigte Zeitaufwand, verbaute Ersatzteile, Fremdleistungen und Anmerkungen zum Zustand oder behobenen Mangel des technischen Systems. Die Auftragsverfolgung kann je nach Dauer der durchzuführenden Tätigkeiten hinsichtlich des Arbeitsfortschritts überwacht werden. Diese Aufgabe übernimmt dann meist ein zentraler Arbeitsvorbereiter oder Meister. Ist der Auftrag vollständig abgearbeitet, wird er durch Abgabe des Auftragsformulars an den Planer oder durch Rückmeldung an ein EDV-System abgeschlossen. Die material- und kostenspezifischen Daten werden dann meist von anderen Organisationseinheiten wie dem Controlling, Ersatzteilwesen/Materialwirtschaft, Lohnbuchhaltung etc. nachgefragt bzw. bei einer integrierten DV-Lösung über Batch- oder Online-Schnittstellen in andere DV-Systeme transferiert.

Von einem Regelkreis wird deshalb gesprochen, weil außerplanmäßige Ereignisse wie Anlagenstörungen, Ausfälle, Terminverschiebungen in der Produktion, fehlendes Material oder andere Unregelmäßigkeiten eine Verschiebung von Planterminen erforderlich machen und somit ein steuerndes Eingreifen notwendig wird. Die Steuerungsgrößen sind dabei in erster Linie Termine und freie Kapazitäten an Personal und Material. Die Auftragsplanung und -steuerung ist aus diesem Grunde immer eine Termin- und Kapazitätsplanung.

5.1.1 Klassifikation und Inhalte eines Instandhaltungsauftrags

Ein Instandhaltungsauftrag kann nach verschiedenen Kriterien klassifiziert werden:

a) nach seinem *Zustand*:
- geplant
- eröffnet
- in Bearbeitung
- teil-/rückgemeldet
- für die Anlagenhistorie freigegeben

b) nach der *Instandhaltungsart*, die er dokumentiert:
- Wartung
- Inspektion
- Umbau, Änderung

- Störauftrag
- etc.

c) nach seinem *Aggregierungszustand*:
- Einzelauftrag
- Sammelauftrag

d) nach dem *Leistungserbringer*:
- Eigenleistung
- Fremdleistung
- gemischt

Diese Kriterien sollten auf einem Auftrag vermerkbar sein und der jeweilige Zustand sollte für den Planer transparent sein.

5.1.2 Auftragsplanung und -steuerung in einer zentralen Instandhaltung

Den Charakter einer zentralen Instandhaltung beschreiben im wesentlichen drei Elemente:

- Die Organisationsform der Instandhaltung,
- die Handhabung des IH-Auftragsmanagements und
- die räumliche Unterbringung im Werk.

Unter einer zentral organisierten Instandhaltung wird eine aufbauorganisatorisch klar von anderen Unternehmenseinheiten abgegrenzte Abteilung verstanden, die für andere Unternehmenseinheiten Dienstleistungen erbringt. Hierbei ist eine einheitliche disziplinarische und fachliche Weisungsbefugnis durch den Instandhaltungsvorgesetzten gegeben. Aufträge werden einheitlich von einer zentralen Stelle geplant, gesteuert und überwacht. Die Instandhaltungswerkstätten befinden sich meist an einer Stelle im Werk und sind nicht auf verschiedene Service-Stationen auf dem Werksgelände aufgeteilt.

Die Kenntnis, welche IH-Aufträge wann eingeplant sind, wie der aktuelle Auftragsstand ist, welche Aufträge bereits abgearbeitet sind und welche Kapazitäten dafür benötigt werden, besitzen meist nur wenige verantwortliche Mitarbeiter, meist der/die Meister oder Arbeitsvorbereiter. Der einzelne Mitarbeiter in der Instandhaltung verfügt in der Regel nicht über die breite Transparenz hinsichtlich Auftragsstand und Anlagenzustand, sondern ist vielmehr mit der Abwicklung operativer, durchführender Aufgaben beschäftigt.

5.1.3 Auftragsplanung und -steuerung in einer dezentralen Instandhaltung

In einer dezentralen Instandhaltungsorganisation bleibt die fachliche und disziplinarische Weisungsbefugnis ebenfalls unter dem organisatorischen Dach der Instandhaltung, allerdings werden die IH-Mitarbeiter bestimmten Anlagen oder

Anlagenbereichen zugeordnet, die sie dann maßgeblich betreuen. Auch hinsichtlich der Auftragsplanung und -durchführung agieren diese operativen IH-Mitarbeiter sehr eigenständig und in hoher Eigenverantwortung. Der Regieaufwand zentraler Vorgesetzter ist deutlich niedriger und der ablauforganisatorische Prozeß in der Regel vereinfacht. Von großem Vorteil ist eine enge Zusammenarbeit mit den Mitarbeitern der Produktion in den dezentralen Verantwortungsbereichen. Dies kann bis zu einem engen teamorientierten Zusammenwirken beider Funktionsbereiche – Instandhaltung und Produktion – gehen, bis hin zu disziplinarischen Überlappungen in Form der Integration von Instandhaltern in die Produktion, die dort aber weiterhin hauptsächlich Instandhaltungsleistungen erbringen. Auch räumlich wird dem Charakter der Dezentralisierung in Form über das Werksgelände verteilter kleiner Servicestationen Rechnung getragen. Dort sind wichtige Werkzeuge und Ersatzteile untergebracht, die von den dezentralen Instandhaltern maschinennah aufbewahrt werden.

Die Notwendigkeit einer dezentralen Instandhaltung ergibt sich meist aufgrund der Anzahl an Instandhaltungspersonal, der Größe des Werksgeländes und der Menge zu betreuender Anlagen.

5.2 EDV-unterstützte Auftragsplanung und -steuerung durch IPS-Systeme

Bei der Planung, Steuerung und Überwachung von Instandhaltungsaufträgen können DV-gestützte Werkzeuge, die schon genannten IPS-Systeme, wertvolle Unterstützung leisten. Sie ermöglichen nicht nur eine umfassende Dokumentation, sondern auch die gezielte Auswertung von Informationen auf verschiedenen Betrachtungsebenen (z.B. von der Werksebene bis zur einzelnen Baugruppe). Die Transparenz über auswertbare Daten setzt natürlich die Kenntnis und Übernahme korrekter Daten

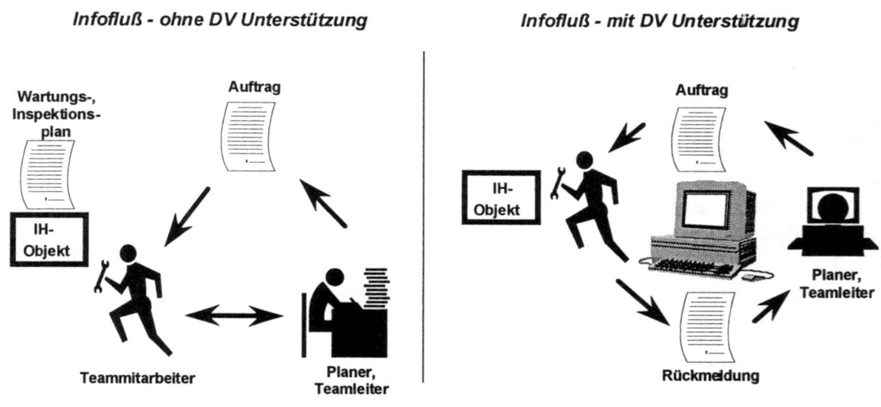

Abb. 5.2. Auftragsplanung ohne und mit DV-Unterstützung.

voraus. Da dies mit zeitlichem und personellem Aufwand verbunden ist, sollten die Prozesse der Auftragsplanung und -rückmeldung so effizient wie möglich durchgeführt werden. Dazu mehr in Kapitel 5.2.2.

Zunächst ist es sinnvoll, die einzelnen Module eines IPS-Systems genauer zu betrachten, da bei der Anschaffung genau geprüft werden sollte, welche Elemente des DV-Systems wirklich benötigt werden.

5.2.1 Aufbau und Funktionen eines IPS-Systems

Ein IPS-System besitzt sog. Basis- oder Grundfunktionen (Abb. 5.3), die für eine Nutzung auf jeden Fall benötigt werden und erweiterte Funktionen, die bedarfsgerecht zusammengestellt werden sollten. Viele IPS-Systemanbieter offerieren daher verschiedene Zusammenstellungen des IPS-Tools, um den Bedürfnissen des Käufers und späteren Nutzers soweit wie möglich entgegenzukommen. Zu den Basismodulen eines solchen IPS-Systems gehören die Hilfsdateien, die Objekt- oder Stammdatenverwaltung, das Auftragswesen und die Anlagenhistorie. Daher sollen zunächst diese Komponenten genauer angesprochen werden.

5.2.1.1 Hilfsdateien

Die Hilfsdateien bilden wie die Objektverwaltung das Grundgerüst des IPS-Systems, ohne deren Abbildung keine Beschreibung oder Zuordnung von Aufträgen möglich ist. Es empfiehlt sich dringend in der ersten Phase der Nutzung, also beim Aufbau der Systemgrunddaten, mit der Erstellung der Hilfsdateien zu beginnen. Hierbei

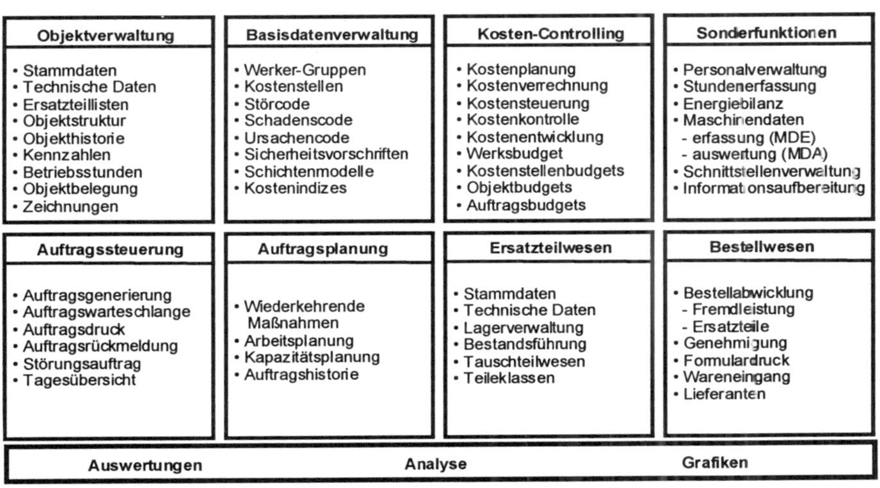

Abb. 5.3. Wesentliche Module eines IPS-Systems.

müssen die Kostenstellen für die einzelnen Anlagen oder Anlagengruppen als auch für die Gewerke der an der Instandhaltung beteiligten Mitarbeiter z.B. Schlosser, Elektriker, Hilfsschlosser, Produktionspersonal etc. abgebildet werden.

Zu den Gewerken gehören auch Lohnstundensätze für spätere Kostenberechnungen. Daneben berücksichtigen die Hilfsdateien in der Regel Codierungen für Störungsarten, Formen von Schädigungen an technischen Objekten und Ursachen von Störungen. Bei der Auftragsrückmeldung charakterisiert der rückmeldende Systembediener mit Hilfe dieser drei Codierungen die Ursache des Instandhaltungsbedarfs, was z.B. für Schwachstellenanalysen, Fehlerbaumanalysen und Ursachenanalysen wichtige Informationen liefert.

Weiterhin lassen sich Fremdfirmen, Lieferanten von Ersatzteilen adressarisch definieren, auf die später in anderen Modulen dann wieder einfach zugegriffen werden kann.

5.2.1.2 Objektverwaltung

In der Objektverwaltung werden alle diejenigen technischen Betrachtungseinheiten definiert, für die in der Phase der Nutzung des Systems Instandhaltungsaufträge geführt werden und nach Auftragsabschluß in der Historie einsehbar sind.

Dabei werden die Objekte nicht beliebig in der Systemdatenbank abgelegt, sondern üblicherweise in Form ihrer Bauteilstruktur – man spricht auch von Komponentenstruktur – hierarchisch aufgebaut.[1] Das heißt, man definiert den Aufbau einer Anlage von oben herab über die wesentlichen Hauptbaugruppen, deren Unterbaugruppen, im äußersten Fall bis hin zur Ebene der Einzelteile. Normalerweise erfolgt die Abbildung der technischen Objekte lediglich bis zur zweiten oder dritten Bauteilebene, für die noch IH-Aufträge separat geführt werden. Die Ersatzteile werden nur noch als Sammelliste an das technische Objekt angehängt.

Manche Systeme lassen zusätzlich auch eine Funktionsstruktur zu, in der die technischen Objekte nicht ihrem konstruktiven Aufbau folgend, sondern auf der Grundlage ihres funktionalen Wirkprinzips miteinander in Beziehung gebracht werden. Diese Betrachtungsweise ist insbesondere für Schwachstellenanalysen im Rahmen der vorbeugenden Instandhaltung hilfreich.

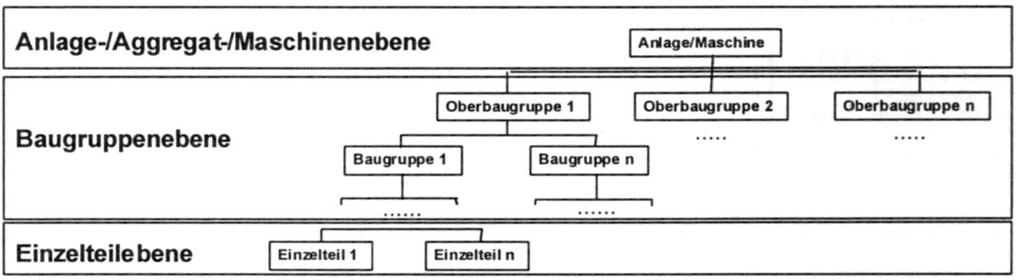

Abb. 5.4. Allgemeine Darstellung des Aufbaus einer hierarchischen Komponentenstruktur.

Zu den technischen Objekten, deren Identifikation meist durch eine Ident-Nummer oder Anlagen-Nummer definiert wird, lassen sich verschiedene Datenarten wie z.B. technische oder betriebswirtschaftliche Daten, Service- oder Herstellerdaten führen. Gängige Produkte bieten hier bereits eine Fülle von Begleitinformationen zu technischen Objekten, die je nach Bedarf geführt werden können. Auch eingescannte Pläne oder technische Zeichnungen lassen sich objektspezifisch einfach ablegen oder über eine Schnittstelle zu einem CAD-System direkt abrufen.

Bei der Ersteingabe der firmenspezifischen technischen Objekte, für die ein IPS-System ja nur leere Hüllen bereitstellt, die dann vom künftigen Nutzer mit seinen Daten gefüllt werden müssen, erlauben einfache Windows-Funktionalitäten wie das Kopieren und Einfügen von Daten, das einfache Übertragen bereist bestehender Daten oder Baugruppenstrukturen in ein anderes technisches Objekt. Damit läßt sich der Ersteingabeaufwand, insbesondere bei einer Vielzahl vergleichbarer oder ähnlicher technischer Objekte in einem Unternehmen (z.B. viele herstellergleiche Drehautomaten) deutlich verringern.

5.2.1.3 Auftragswesen

Das Auftragswesen bildet den Hauptbestandteil eines IPS-Systems (Abb. 5.5). Seine Nutzung ist eng verbunden mit der Ablauforganisation der Instandhaltung in einem Unternehmen. Je nachdem, wieviele verschiedene Mitarbeiter am Prozess der Planung, Abwicklung und Rückmeldung von Aufträgen beteiligt sind, ob Aufträge papiergebunden oder rein elektronisch benutzt und verwaltet werden oder ob neben der Instandhaltung andere betriebliche oder außerbetriebliche Stellen wie z.B. die Produktion oder Fremddienstleister an der Erbringung von Instandhaltungsleistungen beteiligt sind, verläuft die Nutzung etwas anders. Grundsätzlich gilt aber, die Planung, Eröffnung und Rückmeldung von Instandhaltungsaufträgen sollte über das IPS-System erfolgen.

Bei der Planung werden zwei Formen der Auftragsplanung unterschieden. Die termingebundene und die intervallabhängige Planung. Im zweiten Fall spricht man auch von sog. „Wiederkehrenden Maßnahmen". Erstere berücksichtigt die Planung einer Instandhaltungsaktivität, die zu einem bestimmten Termin stattfinden soll, aber keine zyklisch wiederkehrend notwendige Maßnahme ist. Dies können z.B. Maßnahmen sein, die aufgrund einer Inspektion als notwendig erkannt worden sind, sog. geplante, zustandsabhängige Instandsetzungen z.B. in Form eines Teiletausches, einer Anlagenänderung oder eines Umbaus.

Wiederkehrende Maßnahmen dagegen werden in fixen Intervallen wiederholt und vom System selbständig, in Abhängigkeit eines Betriebsstundenzählers oder des Betriebskalenders, eingeplant. Dabei handelt es sich meist um Inspektionen oder Wartungen. Diese Vorgehensweise entspricht meist der Handhabung einer zeitabhängigen Instandhaltungsstrategie.

Die Planung des Instandhaltungsauftrags erfolgt unabhängig von seiner Eröffnung, also Freigabe zur Durchführung durch einen beauftragten Werker. Die Eröffnung eines Auftrags geschieht dabei in den meisten Fällen durch einen Meister oder Arbeitsplaner, in sehr dezentralisierten Strukturen durch den „Instandhalter vor Ort" selbst.

Je nach Auftragsstand in der Durchführung wird der Auftrag dann teil- oder vollständig vom durchführenden Personal rückgemeldet. Nach Prüfung der Rückmeldung durch einen Dritten wird der Auftrag abgeschlossen und wandert in die Anlagen- oder Auftragshistorie.

Zu den Instandhaltungsaufträgen können auch Arbeitspläne verwaltet werden, die solchen Aufträgen zugeordnet werden. In ihnen sind der Inhalt und die Vorgehensweise der Arbeitsdurchführung festgelegt.

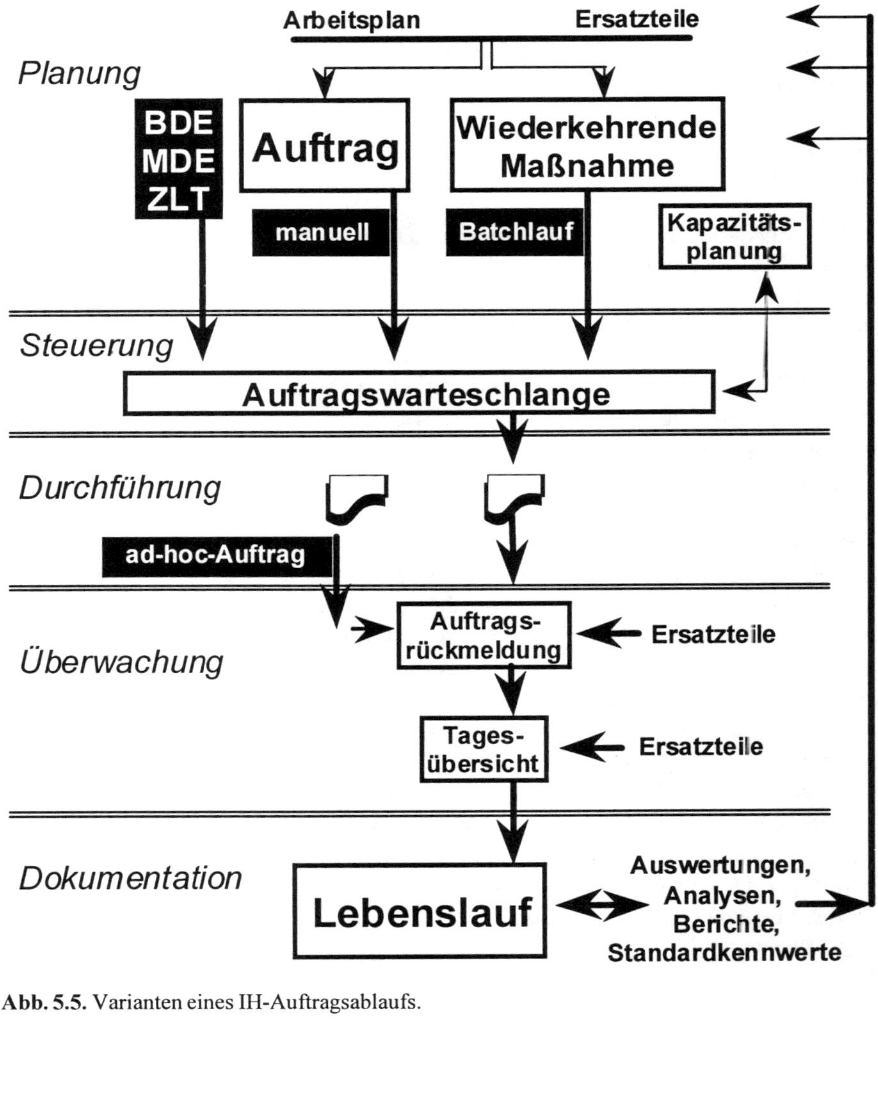

Abb. 5.5. Varianten eines IH-Auftragsablaufs.

Meist ist es zum Zwecke des Controllings sinnvoll, für Aufträge Planwerte vorzugeben und diese dann den tatsächlich erreichten Istwerten gegenüberzustellen. Diese Werte beziehen sich auf die Zeiten und Kosten der Maßnahme. Diese Vorgehensweise erleichtert eine Verfolgung der Budgetplanung auf Anlagen- aber auch Werksebene.

Im Auftragsblatt werden meist Auftragsnummer, durchführende Kostenstelle, Termine und Kontierung geführt. Die Auftragsart gibt Aufschluß über die Komplexität (Einzel- oder Sammelauftrag) und die Art der Maßnahme (Inspektion, Wartung, Teiletausch etc.).

5.2.1.4 Anlagenhistorie

Die Anlagenhistorie bildet das Kernelement für künftige Optimierungsmaßnahmen an den technischen Objekten. Damit ein IPS-System nicht nur den Nutzen eines DV-gestützten, geordneten „Zettelkastens“ besitzt, sondern gerade für die vorbeugende oder zustandsorientierte Instandhaltung wichtige Informationen liefert, sollte die Anlagenhistorie intensiv Verwendung finden. Je länger das IPS-System in Betrieb ist und auch diszipliniert genutzt wird desto aussagefähiger werden die Daten hinsichtlich künftiger Auswertungen.

In der Anlagenhistorie sind alle Aufträge – störungsbedingt oder geplant –, die an den technischen Objekten durchgeführt wurden, abgelegt. Dazu gehören nicht nur die Zeitpunkte der Auftragsdurchführung, sondern inbesondere auch die ausgefüllten Codierungen, die das Schadens- oder Störungsbild sowie auch die Ursache der Instandhaltungsmaßnahme beschreiben. Natürlich sind auch betriebswirtschaftliche Daten wie Kosten, Durchführungszeiten in Ist- und Plandaten abrufbar.

Die Daten der Anlagenhistorie können beliebig ausgewertet werden. Oft besitzt ein IPS-System bereits ein solches Auswertungstool, das dann auch grafische Darstellungen erlaubt oder die Daten können in ein anderes System (z.B. EXCEL oder LOTUS, etc.) transferiert werden und sind dann dort beliebig nutzbar.

Wichtig ist folgender Hinweis: Werden die Auftragsdaten nach Abschluß des Auftrags in die Historie geschoben, dann können sie in der Regel nicht mehr geändert werden. Damit will man eine nachträgliche Veränderung von Datenmaterial bewußt vermeiden.

5.2.1.5 Kostencontrolling

Das Modul Kostencontrolling erlaubt bei den meisten IPS-Systemen die Verwendung von Plan- und Istkosten auf verschiedenen Betrachtungsebenen: Der Werksebene, der Kostenstellenebene und auf der Ebene einzelner Objekte, z.B. bestimmter Anlagen oder Baugruppen. Manche Systeme bieten hier auch wichtige Kennzahlen an, die einfache Benchmarking-Studien erlauben.

5.2.1.6
Ersatzteil- und Bestellverwaltung

In enger Anlehnung an ein Materialwirtschaftsmodul, das sonst im Unternehmen für das Führen von Materialbeständen und die Abwicklung von Bestellvorgängen genutzt wird, bildet die im IPS integrierte Ersatzteilverwaltung eher eine schlankere Lösung im Rahmen der Führung und Bestellung von Ersatzteilen.
Für den Instandhalter ist hierbei wichtig zu wissen,

- welche Ersatzteile für ein technisches Objekt geführt werden,
- wie dieses Ersatzteil identifiziert werden kann und
- wo es im Lager zu finden ist.

Daneben interessieren ihn die aktuelle Bestandsmenge des gewünschten Ersatzteils sowie ob und wo er dieses bestellen kann. Diese Informationen sollte ein IPS-System bereitstellen können. Oft bedarf es dazu einer Kopplung mit einem unternehmensweit eingesetzten DV-System zur Materialbewirtschaftung, das dann über eine geeignete Schnittstelle verbunden werden muß.

5.2.1.7
Kapazitätsplanung

Das Modul der Kapazitätsplanung ist in IPS-Systemen mehr oder weniger umfangreich und komfortabel ausgeführt. In meist grafisch aufbereiteter Form werden in einer Zeitbetrachtung (nach Kalenderwochen für ein oder mehrere Jahre) die Auslastung der Eigen- und Fremdgewerke (Schlosser, Elektriker, Handwerker, Schreiner,...) in Planwerten dargestellt und rückblickend den Istwerten gegenübergestellt. Es ist in der Regel also eine Vergangenheits- und Zukunftsbetrachtung möglich.

Die Vergangenheitsbetrachtung ermöglicht die Gegenüberstellung von benötigter Kapazität aufgrund der angefallenen Aufträge und ihrer Durchführungsdauern mit den geplanten Werten. Bei der vorausschauenden Kapazitätsplanung werden aufgrund der in der Auftragsplanung eingegebenen Schätzwerte für künftige zyklisch wiederkehrende IH-Maßnahmen oder außerordentlich geplante Tätigkeiten (z.B. Umbauten, Anlagenänderungen etc.) Kapazitäten geplant.

Mitarbeiterstunden, die voraussichtlich für Störungsbehebungen verwendet werden (hier muß man mit Erfahrungswerten rechnen), sind zusätzlich einzuplanen. Die grafische Darstellung ermöglicht eine einfache Übersicht von Phasen der Unter- bzw. Überkapazität und damit den planerischen Möglichkeiten des Einkaufens von Fremdleistungen oder des zeitlichen Umverteilens von anfallenden Arbeiten.

5.2.1.8
Datenübernahme

Zwei verschiedene Aspekte des Datentransfers müssen hier angesprochen werden. Zum einen geht es um die Frage der Nutzung von Altdaten, die bereits in selbstgestrickten Anwendungen (z.B. EXCEL- oder ACCESS-Tabellen) oder alten DV-Systemen erhoben wurden und die absichtlich einer weiteren Nutzung zugeführt werden sollen. Zum andern geht es um den Austausch von Daten vom IPS-System in andere DV-Module und umgekehrt. Vorwiegend betrifft dies:

- Controllingdaten
- Materialwirtschaftsdaten
- Daten der Personalbuchhaltung (Lohnstunden, etc.)
- Maschinendaten (MDE, BDE)
- etc.

Altdatenbestände, die bereits in DV-Form und datenbankbasiert vorliegen, sind in der Regel vergleichsweise einfach in ein IPS-System zu übernehmen. Dies gilt auch für den Datentransfer vom IPS-System in andere im Unternehmen eingesetzte DV-Systeme, wenn dies in Form eines Batch-Laufs, d.h. einer Datenüberspielung, geschieht. Zeitlich verschoben sind dabei Datenentstehung und Datentransfer.

Online-Schnittstellen dagegen ermöglichen eine echtzeitfähige Datentransparenz in allen gekoppelten Systemen. Wirkliche Online-Schnittstellen sind aber nur in wenigen DV-Systemwelten vorhanden wie z.B. bei SAP/R2 bzw. R3. Allerdings sollte vom Nutzer immer genau überlegt werden, für welche Daten ein Online-Zugriff überhaupt benötigt wird und wo eine Batch-Übertragung ausreicht.

5.2.1.9 Weiterentwicklungsmöglichkeiten von IPS-Systemen

Die weitere Entwicklung und Nutzung von IPS-Systemen hängt im wesentlichen von folgenden Faktoren ab:

- Der organisatorischen Entwicklung von Unternehmen und
- der informationstechnischen Weiterentwicklung.

Die Tendenz in der Unternehmensorganisation geht intensiv in Richtung vernetzter Unternehmens- und Produktionsstrukturen[2], in denen prozeßorientierte Wertschöpfungseinheiten zielorientiert agieren. Unterstützt werden diese Einheiten von leistungsfähigen Informations- und Multimediasystemen. Durch die Möglichkeiten des Internets und Intranets ist die Nutzung von Browser-Oberflächen und -Funktionalitäten auch für IPS-Systeme möglich, die dann nicht mehr auf gängigen Windows- oder DOS-Oberflächen aufsetzen würden. Dies würde sowohl die Systembedienung durch Hyperlinks als auch die Nutzung intelligenter Suchmaschinen möglich machen.

Intensiv wird auch die Möglichkeit der Verbindung von PPS- und IPS-Systemen diskutiert, die ja gerade in einer gemeinsamen Planung von Produktions- und Instandhaltungsaufträgen und einer gemeinsamen Ressourcen- und Kapazitätsplanung münden würde und im Rahmen prozeßorientierter Strukturen von großem Nutzen wäre. In der Umsetzung einer gemeinsamen Software befinden sich bisher allerdings noch wenige Anbieter.

5.2.2 Einführung und Nutzung eines IPS-Systems – Worauf der künftige Anwender unbedingt achten sollte

Auf verschiedene Punkte sollte der künftige Nutzer eines IPS-Systems Rücksicht nehmen, um nicht unnötige Kosten oder Zeitverzögerungen bei der Einführung oder beim Systemwechsel zu riskieren. Dazu gehören die in den folgenden Kapiteln beschriebenen Punkte.

5.2.2.1 Auswahl und Einführung eines IPS-Systems

Die Auswahl eines IPS-Systems sollte ernsthaft durchgeführt werden, sie hat eindeutig Projektcharakter. Dabei sollten sowohl die künftigen Nutzer, also die Instandhalter, als auch Vertreter der EDV-Abteilung, u.U. auch anderer Bereiche wie Controlling oder Materialwirtschaft im Projektteam repräsentiert sein. Es ist empfehlenswert, neben der Geschäftsleitung auch den Betriebsrat immer wieder über den aktuellen Projektstand zu informieren.

Im Rahmen der Erstellung eines Pflichtenhefts, in dem die wesentlichen Leistungsprofile hinsichtlich Funktionalität, Integration und Anforderungen an den Software-Anbieter festgelegt werden, ist eine Schwerpunktsgewichtung zu vereinbaren. Nicht immer decken sich die Anforderungen der EDV-Abteilung hinsichtlich der Integration[3] mit den Wünschen der Nutzer im Hinblick auf die Funktionalität und Bedienerfreundlichkeit des künftigen Systems. Gerade wegen der oftmals entstehenden Bipolarität der Vorstellungen ist es sinnvoll, einen neutralen Gutachter in den Auswahlprozeß miteinzubeziehen.

Natürlich sind auch betriebswirtschaftliche Kriterien zu berücksichtigen. Grundsätzlich aber gilt die Regel: Der Anschaffungspreis spielt im Rahmen der Nutzung lediglich eine untergeordnete Rolle im Vergleich zu den Kosten der Einführung (Schulungs- und Beratungsleistungen) und des personellen und zeitlichen Aufwands während der Nutzungsphase. Es ist auch genau zu prüfen, welche Systemmodule von Anfang an bereits notwendig sind und welche erst nachträglich mit angebunden werden sollten.

5.2.2.1 Einführungsaufwand

Bei der Einführung eines IPS-Systems gilt es neben den informationstechnischen Anforderungen zunächst die psychologische Hürde bei den künftigen Nutzern des Systems zu nehmen. Viele Instandhalter sehen in solch einem System zunächst einen Fremdkörper, der abgesehen von Ressentiments gegen die Handhabung zunächst einmal neu und ungewohnt ist und Zeit kostet. Deshalb ist es wichtig, schnell zu ersten Erfolgen zu kommen. Es empfiehlt sich daher:

– Zunächst nur die wichtigen Anlagen (A-Anlagen[4]) ins System aufzunehmen,

- mit Kopierfunktionen rasch die Objektstruktur aufzubauen,
- nur die wesentlichen Informationsfelder in der Objektverwaltung auszufüllen, der Rest kann sukzessive mit der Zeit ergänzt werden,
- so bald wie möglich Aufträge den Objekten zuzuordnen und damit die IH-Planung zu unterstützen,
- an ersten Rückmeldeinformationen den Instandhaltern den Nutzen des Systems transparent zu machen,
- zumindest für die Anfangszeit einen Systembetreuer zu ernennen, der die systematische Aufnahme der Daten und der Strukturen durchführt.

5.2.2.1 Wie und von wem wird das IPS-System genutzt und wer darf darauf zugreifen?

Die Nutzung des IPS-Systems und der Zugriff auf bestimmte Module kann über entsprechende Benutzer-Passwords eingeschränkt werden. Dies ist naheliegend, da nicht für jeden Nutzer alle Informationen relevant sind und auch nicht beliebig verändert werden dürfen. Der Systembetreuer sollte Zugriff auf alle Module haben, da er Änderungen in jeder Form durchführen können sollte. Der erweiterte Nutzerkreis, also die Instandhalter „vor Ort", sollten Zugriff auf das Auftragswesen, insbesondere die Auftragsrückmeldemaske und die Anlagenhistorie haben. Ein Zugriff auf die Auftragsplanung sollte zumindest diskutiert werden, ist aber stark von der Ablauforganisation in der Instandhaltung abhängig.

5.2.3 Nutzenpotentiale eines IPS-Systems

Der Nutzen eines IPS-Systems ergibt sich im wesentlichen aus drei Gesichtspunkten:

- Einer verbesserten Datentransparenz: Die Daten werden nur einmal zentral gehalten. Ein Zugriff kann aber dezentral und von jeder berechtigten Person erfolgen. Dies hat den Vorteil, daß das Halten von Wissen nicht nur auf eine oder wenige Personen beschränkt ist.
- Durch die DV-gestützte Datenhaltung sind die Informationen beliebig handhabbar (sortieren, suchen, Datenmengen einschränken, direkter, eindeutiger Datenzugriff, grafisch auswerten etc.).
- Nach Überschreiten einer kritischen Datenmenge lassen sich realistische, instandhaltungsrelevante Schlußfolgerungen ableiten, die im Rahmen der vorbeugenden Instandhaltung und für Schwachstellenanalysen verwendet werden können.

Der Nutzen eines IPS-Systems ist bei konsequenter Anwendung und Datenführung erfahrungsgemäß erst nach 1 bis 2 Jahren spürbar, da dann erst geeignete Informationen hinsichtlich objektspezifischer Schwachstellen, außerordentlicher Kostenstellenbelastungen oder ungeeigneter Instandhaltungszyklen ersichtlich werden.

5.2.4 Beispiele für ein IPS-System

5.2.4.1 Das IPS-System MACOS^{win}

MACOS (Maintenance Controlling System) ist eines der Standard-IPS-Systeme am Markt, das vom Fraunhofer Institut IPA entwickelt wurde, und verfügt über alle bereits weiter oben angesprochenen Funktionalitäten eines Anlagenmanagementsystems. Es ist als Nachfolger von EDVIN, einem der ersten IPS-Systeme überhaupt, seit vielen Jahren in betrieblicher Nutzung und wird ständig weiterentwickelt und optimiert.

5.2.4.2 Das IPS-System EXAMPLE

Im Rahmen eines Industrieauftrags sollte am IPA eine kundenspezifische Lösung eines IPS-Systems entwickelt werden. Inhaltlicher Schwerpunkt war dabei eine DV-Unterstützung des organisatorisch bereits umgesetzten Konzepts einer Total Produktiven Instandhaltung (TPM). Kern war dabei die organisatorische Zentrierung der Instandhaltungsplanung auf die zustandsorientierte Instandhaltung.

Dies hatte zur Folge, daß ein sehr schlankes Auftragswesen entstehen konnte, dessen Mittelpunkt die Planung von Inspektionen war. Das Ergebnis der Inspektion war die Terminierung einer erforderlichen Instandhaltungsmaßnahme zur Wiederherstellung eines gewünschten Objektzustands oder eines Teiletausches sowie des neuen Inspektionstermins.

Die erforderlichen Maßnahmen wurden vom Instandhalter „vor Ort“ eingeplant und waren Ergebnis seiner Erfahrung und seiner Begutachtung. Für die so eingeplanten Maßnahmen konnten auf einfache Weise Kapazitätsübersichten vom System erstellt werden, die den notwendigen Aufwand an erforderlichem Instandhaltungspersonal zur Durchführung der eingeplanten Arbeiten anzeigen und die baugruppenspezifischen Tätigkeiten in einer Langfristperspektive demonstrieren. Die weiteren Module entsprechen den üblichen IPS-Funktionalitäten und werden daher nicht noch einmal gesondert angesprochen.

Die Masken von EXAMPLE sind in gemeinsamen Workshops mit den Instandhaltungsmitarbeitern des Unternehmens erarbeitet worden. Sie ähneln sehr stark den papiergebundenen Formularen, die die Mitarbeiter bislang genutzt haben. Dies ermöglichte von Anfang an eine hohe Akzeptanz für die spätere Nutzung des Systems. Die Dauer der konzeptionellen Vorarbeiten, der Programmierung und Fertigstellung betrug ein halbes Jahr. Danach konnte EXAMPLE installiert werden und die Ablauforganisation an das neue System angepaßt werden. EXAMPLE ist mittlerweile in vier Werken dieses Unternehmens installiert und ist dort vollständig akzeptiert und in Gebrauch.

5.3 Kosten und Verfügbarkeitsplanung durch strategieorientierte Produktionssicherung (SOP)

Das nachfolgend dargestellte Verfahren beschäftigt sich mit der Fragestellung des Controllings von Instandhaltungsleistungen im Sinne einer Aufwand-Nutzen-Betrachtung. Von besonderer Bedeutung sind dabei diejenigen Meßgrößen des Controllings, die im allgemeinen bei Instandhaltungsentscheidungen nicht berücksichtigt werden, aber dennoch von höchster Relevanz sind. Der Grund dafür ist denkbar einfach: Diese Größen sind mit einfachen Mitteln schwer zu erfassen. Es geht dabei um die sogenannten „Indirekten Instandhaltungskosten" und die Prozeßverfügbarkeit.

5.3.1 Der klassische Zielkonflikt: Instandhaltungskosten contra Anlagenverfügbarkeit

Lassen Sie uns den sogenannten „Klassischen Zielkonflikt der Instandhaltung", dem jeder Verantwortung tragende Instandhalter ausgesetzt ist, betrachten (Abb. 5.6). Technische Objekte unterliegen im Verlauf ihrer Nutzung Verschleißprozessen, die Instandhaltungsarbeiten erforderlich machen, um die gewünschte Verfügbarkeit dieses Objekts aufrecht zu erhalten. Art, Dauer und insbesondere die Häufigkeit von Instandhaltungsmaßnahmen bestimmen die Instandhaltungskosten.

Im allgemeinen gilt die simple Beziehung: Je höher die benötigte technische Verfügbarkeit desto höher der Instandhaltungsaufwand und damit die Kosten. Der Zielkonflikt entsteht durch den berechtigten Wunsch, so wenig wie möglich für Instandhaltung auszugeben, aber dennoch die benötigte Verfügbarkeit zu erhalten.

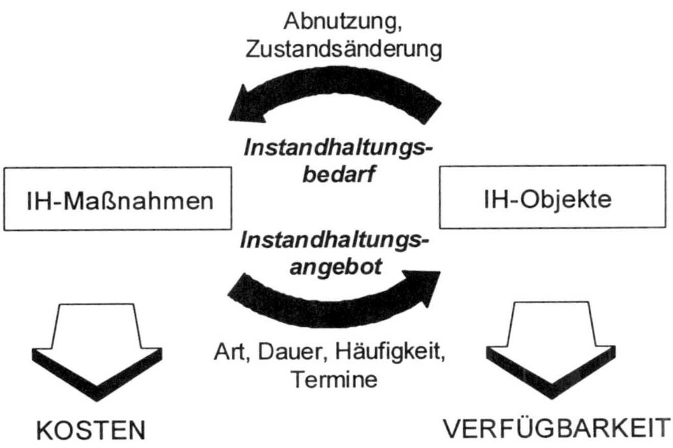

Abb. 5.6. Beziehung zwischen Kosten und Verfügbarkeit.

Welche Kosten müssen aber betrachtet werden und wie kann man technische Verfügbarkeit messen?

5.3.1.1 Messung der Instandhaltungskosten

Von grundlegender Bedeutung bei der Kostenbetrachtung ist nicht in erster Linie die Berücksichtigung der Kosten für die Durchführung einer Instandhaltungsmaßnahme, sondern vielmehr die Auswirkungen des Anlagenstillstands auf den Gesamtprozeß der Herstellung, in den die betroffene Anlage eingebunden ist. Dasselbe gilt auch für die Verfügbarkeitbetrachtung.

Zunächst zu den Kosten: Wie bereits angeführt, bestimmen Art, Dauer und Umfang der Instandhaltungsmaßnahmen wesentlich die Kosten, sowohl direkt für die Durchführung der Arbeiten am Einzelobjekt als auch indirekt durch den geplanten oder ungeplanten Stillstand einer Anlage, verbunden mit den dadurch entstehenden Folgekosten (Opportunitätskosten) für den nachfolgenden Herstellungsprozeß. In die kommenden Überlegungen sollen folgende Kostenarten einbezogen werden:

a) Direkte Kosten:

- Personalkosten: K_P
- Ersatzteilkosten: K_E
- Kosten für den Maschinenstillstand: K_M

$$(K_P := \sum_j \sum_i D_{ij} * h_i, \forall\, i=1,\ldots,n;\ K_E := \sum_j k_{Ej}, \forall\, j=1,\ldots,m;\ K_M := \sum_j D_j * k_M)$$

$$K_{dir} := K_P + K_E + K_M$$

$$:= \sum_j \sum_i D_{ij} * h_i + \sum_j k_{Ej} + \sum_j D_j * k_M\ ;\ \forall\, i=1,\ldots,n;\ \forall\, j=1,\ldots,m$$

D_{ij}: Dauer der j.ten Teilinstandhaltungsmaßnahme des Instandhalters i [Std])

h_{ij}: Stundenverrechnungssatz der j.ten Teilinstandhaltungsmaßnahme des Instandhalters i [DM/Std])

k_{Ej}: Ersatzteilkosten der Teilmaßnahme j [DM]

k_M: Maschinenstillstandsrate [DM/Std]

b) Indirekte Kosten:

- Kosten für Maschinenstillstand nachfolgender Maschinen K_N
- Kosten durch entgangene Gewinne K_G
- Sonstige Kosten für Konventionalstrafen, Terminverzögerung etc. K_S

$$(K_N := \sum_r T_r * k_{Mr}, \forall\, r=1,\ldots,s;\ K_G := \sum_r T_r * m_r * DB_r, \forall\, r=1,\ldots,s)$$

T_r: Dauer des Ausfalls an den nachfolgenden Maschinen r [Std]);
m_r: Ausfallmenge an der Maschine r [ME/Std]
DB_r: Deckungsbeitrag an der Maschine r pro Mengeneinheit [DM/ME]

$$K_{indir} := K_N + K_G + K_S$$

$$:= \sum_r T_r * k_{Mr} + \sum_r T_r * m_r * DB_r + K_S; \forall\, r=1,\dots,s$$

$$k_{ges} := K_{dir} + K_{indir}$$

$$:= \sum_j \sum_i D_{ij} * h_{ij} + \sum_j k_{Ej} + \sum_j D_j * k_M + \sum_r T_r * k_{Mr} + \sum_r T_r * m_r * DB_r + K_S$$

$$\forall\, i=1,\dots,n;\ \forall\, j=1,\dots,m;\ \forall\, r=1,\dots,s$$

Ziel der Kostenplanung muß es folglich sein, die Gesamtkosten über die Lebensdauer T eines technischen Objekts (life-cycle-costs)

$$K_{ges} := \sum_{t=1,\dots,T} k_{ges}$$

so gering wie möglich zu halten. Dies muß die Sicherstellung der gewünschten Verfügbarkeit mit einschließen.
Für das Kostenmodell soll weiterhin gelten:
Die gesamten Instandhaltungskosten Kges sollen sich aus den Kosten für die Wartung K_W, für die Inspektion K_C und für die geplante Instandsetzung K_{Igepl} und die ungeplante, störungsbedingte Instandsetzung $K_{Iungepl}$ zusammensetzen. Dabei enthalten die Kosten sowohl Anteile aus direkten und indirekten IH-Kosten. Indirekte IH-Kosten fallen dann an, wenn die IH-Maßnahme zum Stillstand der betrachteten Maschine führt. D.h.:

(1) $Kges = K_W + K_C + K_{Igepl} + K_{Iungepl}$ mit
(2) $K_W = K_{Wdir} + K_{Windir}$
(3) $K_C = K_{Cdir} + K_{Cindir}$
(4) $K_{Igepl} = K_{Igep(ldir)} + K_{Igepl(indir)}$
(5) $K_{Iungepl} = K_{Iungepl(dir)} + K_{Iungepl(indir)}$

Daraus folgt:

(6) $$Kges = \sum_j \sum_i (K_{Wdir} + K_{Windir} + K_{Cdir} + K_{Cindir} + K_{Igepl(dir)} + K_{Igepl(indir)} + K_{Iungepl(dir)} + K_{Iungepl(indir)})$$

$$\Rightarrow \min!$$

Unter der Annahme, daß die indirekten Kosten unabhängig von der durchgeführten Instandhaltungsmaßnahme konstant gleich hoch sind:

(7) $K_{Windir} = K_{Cindir} = K_{Igepl(indir)} = K_{Iungepl(indir)} = K_{indir}$

ergibt sich als Zielfunktion der Kosten über die Lebenszeit der Komponente i:

(8) $$Kges = \sum^{n} K_W + \sum^{m} K_C + \sum^{s} K_{Igepl} + \sum^{r} K_{Iungepl}$$

(9) $$Kges = n*(K_{Wdir} + K_{Windir}) + m*(K_{Cdir} + K_{Cindir}) + s*(K_{Igepl(dir)} + K_{Igepl(indir)}) + r*(K_{Iungepl(dir)} + K_{Iungepl(indir)}) \Rightarrow min!$$

(10) $$Kges = K_{indir}\,(n+m+s+r) + n^*\,K_{Wdir} + m^*\,K_{Cdir} + s^*\,(K_{Igepldir}) + r^*\,(K_{Iungepldir}) \Rightarrow min!$$

Versteht man unter den Kosten für die vorbeugende Instandhaltung K_{vorb}

(11) $$K_{vorb} = n^*\,K_{Wdir} + m^*\,K_{Cdir} + s^*\,K_{Igepl(dir)}$$

so ergibt sich für Kges:

(12) $$K_{ges} = K_{indir}\,(n+m+s+r) + K_{Iungepldir} + K_{vorb} \Rightarrow min!$$

Ziel muß es sein, die Ausfallwahrscheinlichkeit AW(t) zu minimieren und die K_{ges} zu minimieren, so daß AW(Kges) $\Rightarrow$ min! wird.

5.3.1.2
Die Beschreibung der Anlagenverfügbarkeit

Die Folgen der Planung von Instandhaltungsintervallen auf die technische Verfügbarkeit bzw. Zuverlässigkeit muß sowohl für das einzelne Element (z.B. eine Baugruppe) sowie für das gesamte System (z.B. Hauptbaugruppe oder Anlage) und seine Systemstruktur betrachtet werden. Für die Systemstruktur ergibt sich die Möglichkeit einer Parallel- oder einer Serienanordnung der Einzelsysteme. Für die Berechnung der Zuverlässigkeit eines technischen Elements sind drei Kenngrößen von besonderer Bedeutung:

- Die Zuverlässigkeitsfunktion R(t)
- Die Ausfallrate Z(t)
- Die durchschnittliche Dauer bis zum Auftreten eines Ausfalls MTTF (Mean time to failure)[6]

Vereinfachend wird der Zustand eines technischen Elements zum Zeitpunkt t als binäre Zufallsvariable x(t) angenommen.

x(t):= 1; Element „funktioniert" zum Zeitpunkt t
0; Element „funktioniert nicht/ist ausgefallen" zum Zeitpunkt t

Unterstellt man den stetigen Charakter der Zufallsvariablen, die kontinuierliche Verteilung der Zeit bis zum Ausfall T mit der Dichtefunktion f(t), so ergibt sich für die Wahrscheinlichkeit F(t), daß ein technisches Element im Zeitintervall (0;t] ausfällt:

$$F(t) := P(T \leq t) = \int_0^t f(u)\,du; \qquad t > 0 \qquad \text{(Verteilungsfunktion)}$$

Für die Dichtefunktion f(t) ergibt sich:

$$f(t) := \frac{d}{dt} F(t) = \lim_{\Delta t \to 0} \frac{F(t+\Delta t) - F(t)}{\Delta t} = \lim_{\Delta t \to 0} \frac{P(t < T \leq t+\Delta t)}{\Delta t}$$

Aus der Wahrscheinlichkeit, daß ein technisches Element im Zeitintervall (0;t] nicht ausfällt, ergibt sich die Verteilungsfunktion der Zuverlässigkeit R(t) zu[6]:

$$R(t) := 1 - F(t) = P(T > t) = \int_t^{\infty} f(u)\,du$$

Die Ausfallrate Z(t) ergibt sich aus der bedingten Wahrscheinlichkeit, daß das Element im Zeitintervall (t, t+Δt] ausfällt unter der Bedingung, daß es zum Zeitpunkt t noch funktioniert hat:

$$P(t < T \leq t+\Delta t \mid T > t) := \frac{P(t < T \leq t+\Delta t)}{P(T > t)} = \frac{F(t+\Delta t) - F(t)}{R(t)}$$

$$Z(t) := \lim_{\Delta t \to 0} \frac{P(t < T \leq t+\Delta t \mid T > t)}{\Delta t} = \lim_{\Delta t \to 0} \frac{F(t+\Delta t) - F(t)}{\Delta t}$$

$$Z(t) := \frac{f(t)}{R(t)}$$

Die durchschnittliche Dauer bis zum Ausfall eines Elements MTTF ist wie folgt definiert[7]:

$$MTTF := E(T) := \int_0^\infty t * f(t)dt$$

Aus dem bereits gezeigten Zusammenhang zwischen f(t) und R(t) ergibt sich: f(t):= -R´(t).

$$MTTF := -\int_0^\infty t * R'(t)dt$$

Durch partielle Integration ergibt sich:

$$MTTF := -[t * R(t)]_0^\infty + \int_0^\infty R(t)dt$$

Für den Fall MTTF < ∞ wird $[t * R(t)]_0^\infty = 0$ und

$$MTTF := \int_0^\infty R(t)dt.$$

Eine in der Praxis gerne angewandte Verteilungsfunktion für die Darstellung von Abnutzungsprozessen ist die WEIBULL-Verteilung. Aufgrund ihrer positiven Eigenschaften wird sie nachfolgend verwendet. Unter Zugrundelegen einer WEIBULL-Verteilung ergeben sich für die Parameter f(t), F(t), R(t) und MTTF:

$$F(t) := P(T \leq t) = \begin{cases} 1 - e^{-(\lambda t)^{\alpha}} & ; t > 0 \\ 0 & ; \text{sonst} \end{cases}$$

Für die Dichtefunktion f(t) ergibt sich daraus:

$$f(t) := \frac{d}{dt} F(t) = \begin{cases} \alpha\lambda(\lambda t)^{\alpha-1} e^{-(\lambda t)^{\alpha}} & ; t > 0 \\ 0 & ; \text{sonst} \end{cases}$$

Die Zuverlässigkeitsfunktion R(t) ergibt sich zu:

$$R(t) := P(T > 0) = e^{-(\lambda t)^{\alpha}} \quad ; t > 0$$

und die Ausfallrate Z(t) der WEIBULL-Verteilung zu:

$$Z(t) := \frac{f(t)}{R(t)} = (\alpha\lambda)(\lambda t)^{\alpha-1} \quad ; t > 0$$

und die MTTF:

$$MTTF := \int_0^{\infty} R(t)dt = \frac{1}{\lambda} * \Gamma\left(\frac{1}{\alpha} + 1\right)$$

Zuverlässigkeitskenngrößen im Prozeß. Für die Berechnung der systemtechnischen Verfügbarkeit bzw. Zuverlässigkeit ergeben sich in der Prozeßverkettung von Elementen zwei Möglichkeiten:

a) die Serienschaltung
b) die Parallelschaltung.

Die Zuverlässigkeitsfunktion R(t) bei der Serienschaltung, die meist bei im Materialfluß eng miteinander verketteten Anlagen auftritt, ergibt sich als Produkt der Zuverlässigkeitsgrößen der Einzelelemente (bzw. Einzelanlagen)[8]:

$$R_s(t) := \prod_{i=1}^{n} R_i(t)$$

Für parallelgeschaltete Anlagen ergibt sich die Gesamtzuverlässigkeit zu:

$$R_P(t) := \prod_{i=1}^{n} (1-R_i(t)).$$

Die hier verwendeten mathematischen Grundlagen des Abnutzungsverhaltens von technischen Objekten, sowohl hinsichtlich ihrer Einzelbetrachtung als auch ihrer Anordnung im Prozeß, werden in späteren Kapiteln bereits verwendet, ohne sie nochmals explizit anzusprechen.

5.3.1.3
Ermittlung der richtigen Instandhaltungsstrategie

Grundsätzlich lassen sich die oben dargestellten Instandhaltungsstrategien nach zwei Hauptmerkmalen unterscheiden, nämlich nach[9]:

- Der Art der durchzuführenden Instandhaltungsmaßnahme (Wartung, Inspektion oder Instandsetzung).
- Dem Anlaß für die Durchführung der Maßnahme. Dies kann
  - der Ausfall einer technischen Betrachtungseinheit,
  - der fix oder variabel festgelegte Termin aufgrund eines hinterlegten Intervalls oder
  - der im Rahmen einer Inspektion erfaßte Zustand eines Objekts sein.

Die Wahl der für ein Instandhaltungsobjekt möglichen Strategien fokussiert sich daher insbesondere auf die während der Lebensdauer des Objekts geeigneten Instandhaltungsintervalle bzw. -termine, zu denen geplante Maßnahmen durchzuführen sind. Da der Zustand des Anlagenausfalls spontan auftritt und daher nicht planbar ist, reduziert sich der Betrachtungshorizont auf die planbaren Maßnahmen wie Inspektionen, Wartungen und geplante, vorbeugende Instandsetzungen. Die Ausfallstrategie, die auf jede Form der Instandhaltungsplanung verzichtet und für geringwertige, prozeßunrelevante Objekte durchaus in Frage kommen kann, wird bei der Intervallplanung nicht betrachtet.

Über die geeignete Wahl der Intervalle für die planbaren Instandhaltungsarten wird nicht nur der Aufwand an erforderlichen Leistungen, sondern auch die technische Verfügbarkeit des Objekts während seiner Lebensdauer beeinflußt.

5.3.1.4
Das Problem der Intervallplanung

Beeinflußt wird die Planung von Instandhaltungsintervallen und -terminen maßgeblich von vier Faktoren:

- der Art der Instandhaltungsmaßnahme,
- dem Zustand des Instandhaltungsobjekts,
- mathematisch, statistischen Bewertungen von Verschleißvorgängen,
- dem Erfahrungswissen des Instandhaltungsspezialisten über den Abnutzungsvorgang des Objekts.

Während Wartungen in der Regel in zeitlich fixen Intervallen im Laufe der Lebensdauer eines Objekts durchgeführt werden, werden Inspektionen meist zeitlich variabel, intensiver gegen Ende der Lebensdauer (vgl. Endphase der Nutzung in Abb. 5.7) verbunden mit wachsendem Ausfallrisiko in kürzeren Intervallabständen eingeplant.

Geplante Instandsetzungen werden als Folge von Inspektionen und dabei festgestellten Mängeln oder Schädigungen, die aber noch nicht zum Ausfall geführt haben, terminlich festgesetzt.

Der Zustand eines technischen Objekts, der im Rahmen einer Inspektion ermittelt wird, bildet bei der Inspektionsstrategie die Grundlage weiteren Handlungsbedarfs. Der Zustand wird dabei mit folgenden übergeordneten Kenngrößen beschrieben[11]:

- Strukturkenngrößen (z.B. Abnutzungsvorrat, Oberflächenverschleiß)
- Funktionskenngrößen (z.B. Leistung, Druck, Temperatur)
- Diagnosekenngrößen

Als Reaktion auf die Zustandserfassung können drei Folgemaßnahmen notwendig werden:

- Zustand „in Ordnung", d.h. Ist-Zustand entspricht dem Soll-Zustand ⇒ keine Instandsetzungsmaßnahme notwendig, Festlegen des nächsten Inspektionstermins (fixes oder variables Intervall)
- Zustand „ schwer geschädigt, ausgefallen", d.h. der Ist-Zustand entspricht nicht dem Soll-Zustand ⇒ Teiletausch oder Instandsetzungsmaßnahme notwendig, Festlegen des Termins für Instandsetzungsmaßnahme und der weiteren Inspektion
- Zustand „geschädigt", d.h. eine Instandsetzungsmaßnahme ist notwendig, aber kein Teiletausch ⇒ Festlegen des Termins für Instandsetzung und nachfolgend Inspektion.

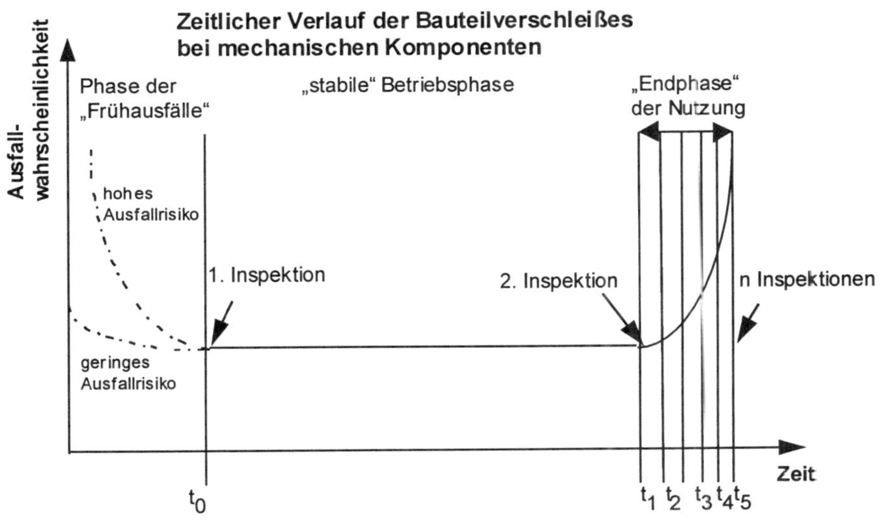

Abb. 5.7. Vereinfachte Darstellung der Ausfallwahrscheinlichkeit während der Lebensdauer eines technischen Objekts.

Die Zustandserfassung erfolgt in der Regel entweder mit Hilfe menschlicher Sensorik („5 Sinne: Fühlen, Sehen, Hören, Riechen, Schmecken") oder mit Hilfe meß- oder sensortechnischer Unterstützung. Übliche Verfahren sind hier Schwingungs-, Temperatur/Wärme- oder optische Meßtechniken.

Während die Zustandserfassung und -beurteilung lediglich eine Momentaufnahme im Lebenslauf eines technischen Objekts darstellt, ist es für den technischen Aspekt der Planung von Instandhaltungsintervallen hilfreich, den Abnutzungsvorgang als Ganzes zu beschreiben bzw. zu prognostizieren. Da der Verschleiß eines technischen Objekts, einer Anlage oder eines Bauteils nicht nur von technisch-physikalischen Ursachen abhängt, sondern auch von den Rahmenbedingungen der Nutzung, wie z.B. unregelmäßige Nutzung, häufiges An- und Abfahren, Bedienfehler oder erschwerte Umgebungsbedingungen wie Hitze, Staub, Späne ist eine exakte Prognose des Verschleißverlaufs nur eingeschränkt möglich.

Bei der Intervallplanung kann vereinfacht auf die im Abb. 5.7. dargestellte „Badewannenfunktion" des Abnutzungsverlaufs zurückgegriffen werden. Während in der Anfangsphase der Nutzung häufig herstellerbedingte Frühausfälle die Wahrscheinlichkeit einer Störung erhöhen, sinkt sie in der Phase des „stabilen Betriebs", um gegen Ende der Nutzung und nach Erreichen eines objektspezifisch abhängigen Grenzvorrats exponentiell bis zum Ausfall zu steigen. Die mathematische Beschreibung von Verschleißvorgängen und Restbetriebsdauerprognosen erfolgt meist mit Hilfe der Weibull-Verteilung, da deren zeitlicher Verlauf sich bei Verwendung geeigneter Parameterwerte mit hoher statistischer Güte an die experimentell ermittelten Werte annähert. Das Einbeziehen solcher objektspezifischer Verschleißkennlinien liefert wichtige Hinweise für die Intervallplanung vorbeugender Maßnahmen.

Von großer Bedeutung für die Planung von Instandhaltungsintervallen und der Wahl geeigneter Instandhaltungsstrategien ist neben technischen Hilfsmitteln das Erfahrungswissen der Instandhaltungsspezialisten über das Verschleiß- und Ausfallverhalten „ihrer" Anlagen. Daher sollte jedes praxisrelevante Planungsverfahren dieser Zielsetzung die ausreichende Einbindung von Expertenwissen in den Planungsablauf ermöglichen. Experte muß hierbei nicht zwingend der Instandhalter sein. Ebenso besitzen Anlagenbediener oder Einrichter wichtige Anlagenkenntnisse, die hierfür genutzt werden können.

5.3.2 Modellierung

Um darzustellen, wie sich Kosten und Verfügbarkeiten in einer zeit-dynamischen Betrachtung, die mit Hilfe der Simulation durchgeführt werden soll, verhalten, ist es zunächst notwendig, ein abstraktes Abbild der Realität zu schaffen. In diesem Modell werden diejenigen Strukturen und Parameter abgebildet, die für die Simulation notwendig sind. Unterschieden werden in der Modelltheorie Struktur- oder statische Modelle, Funktionsmodelle und dynamische Modelle.

Um nachfolgend zu betrachten, wie sich die direkten und indirekten Instandhaltungskosten sowie die Einzel- und Prozeßverfügbarkeiten verhalten, ist es notwendig folgende Zusammenhänge in einem Modell darzustellen:

In einem Strukturmodell müssen zunächst die Instandhaltungsobjekte in sich und in ihrem gegenseitigen Zusammenhang abgebildet werden. Dies bedeutet zweierlei: Zum einen gilt es die Komponentenstruktur, also den konstruktionsbedingten Aufbau einer Anlage (vgl. Maschinenstammdaten im IPS-System), aufzubauen, zum anderen die materialflußbedingte Verkettung der Instandhaltungsobjekte – die Prozeßkette – abzubilden. Für die technischen Objekte sind anschließend die Parameter festzulegen, die ihr jeweiliges Strategiemodell wiedergeben.

5.3.2.1 Modell der Objektstruktur

Zunächst soll eine Vorstellung des Modells der Objektstruktur dargestellt werden. Die Objektstruktur – im IPS-System auch Komponentenstruktur genannt – repräsentiert den konstruktionsgerechten Aufbau eines technischen Objekts in der Form Anlage, Maschine und Komponente (Abb. 5.8).

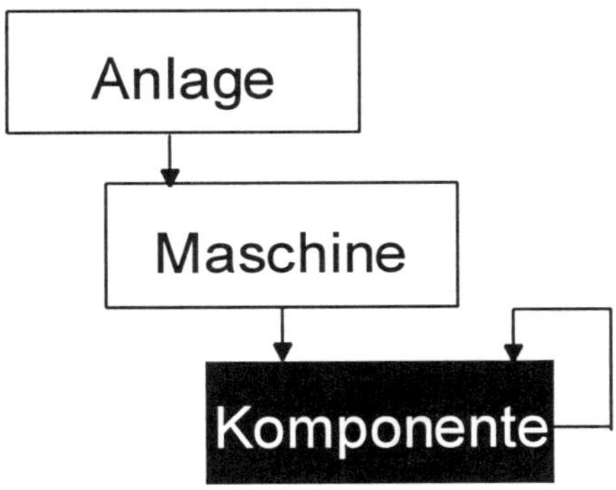

Abb. 5.8. Darstellung einer allgemeinen Form einer Komponentenstruktur.

Die aufgrund der Zielstellung wesentlichen Parameter, die für diese Objekte zu definieren sind, lassen sich in folgende Parametergruppen einteilen:

- Kostenparameter
- Verfügbarkeitsparameter
- Strategieparameter

5.3.2.2 Modell der Prozeßstruktur

Das Modell der Prozeßstruktur bildet die Verkettung der Anlagen, deren Instandhaltungsverhalten untersucht werden soll, ab. Dabei ist der Materialfluß von zentraler Bedeutung. Kann beispielsweise eine Anlage aufgrund einer durchzuführenden

IH-Maßnahme nicht produzieren, so können nach Verbrauch der dazwischenliegenden Materialpuffer auch nachfolgende Anlagen von einem Stillstand betroffen sein, was dort zu Produktionsausfällen führt.

Dabei entstehen die indirekten Kosten und die Gesamtverfügbarkeit des betrachteten Prozesses wird reduziert. Es ist daher im Prozeßmodell abzubilden,

- welche Anlagen materialflußtechnisch miteinander verknüpft sind,
- welche Mengenströme auf diesen Verbindungen bewegt werden und
- wie lange die Materialpuffer bei Ausfall einer Anlage ausreichen, bis sie verbraucht sind.

5.3.2.3 Störmodell

Im Störmodell werden komponentenspezifisch die wesentlichen Informationen zur zeitlichen Einplanung von störungsbedingten und geplanten Instandhaltungsmaßnahmen abgelegt. Eingeleitet werden diese Aktionen durch das Erreichen bestimmter, vom Instandhalter festgelegter Ausfallwahrscheinlichkeiten[11] einer Komponente im Verlauf ihrer Lebensdauer[12]. Die Ausfallwahrscheinlichkeit einer technischen Komponente wird sowohl von systeminhärenten als auch systemexogenen Faktoren beeinflußt (siehe Abb. 5.9). Erstere bestimmen sich vorwiegend aus der Größe des Abnutzungsvorrats[13], während letztere im Umfeld der technischen Betrachtungseinheit zu suchen sind, aber einen indirekten, nicht zu unterschätzenden Einfluß auf die Ausfallwahrscheinlichkeit ausüben.

In Anlehnung an die bereits in Kapitel 5.2 beschriebene „Badewannenfunktion", werden im Modell drei Phasen im Lebenszyklus einer Komponente abgebildet.

Phase 1: Phase der Frühausfälle[14]
Phase 2: Phase der Zufallsausfälle[15]

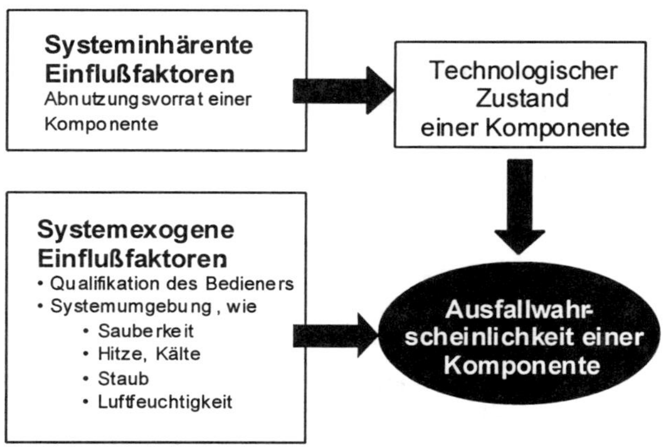

Abb. 5.9. Einflußfaktoren auf die Ausfallwahrscheinlichkeit.

Phase 3: Phase der abnutzungsbedingten Ausfälle[16]

Für die Ermittlung der Höhe der Ausfallwahrscheinlichkeit während der drei Phasen der Komponentenlebensdauer wird als Zufallsverteilung die Weibull-Verteilung[17] verwendet. Aus Gründen der einfacheren Handhabung der Funktion wurde eine Linearisierung der Weibull-Verteilung für die Modellierung und Simulation vorgenommen.

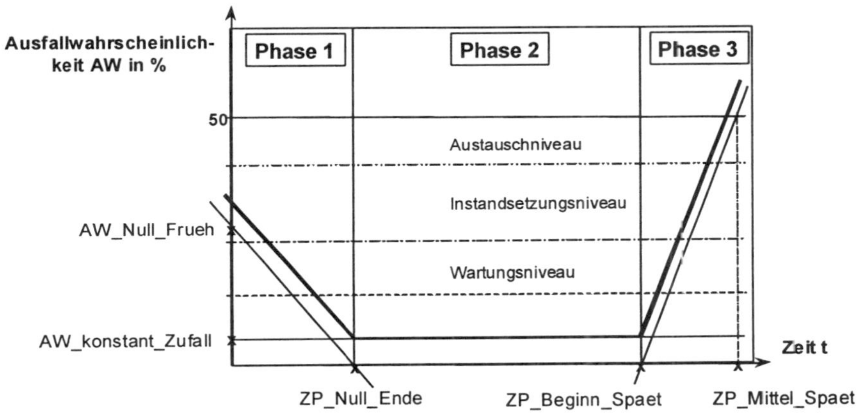

Abb. 5.10. Allgemeines Modell des Störverhaltens einer Komponente.

Um den Zustand einer Komponente während ihrer Lebensdauer über die Ausfallwahrscheinlichkeit AW(t) ausreichend zu beschreiben, müssen folgende Modellparameter als Attribute einer jeden Komponente vom Systemnutzer definiert werden (Abb. 5.11):

- *AW_Null_Frueh:* Ausfallwahrscheinlichkeit zu Beginn der Lebendauer
- *AW_konstant_Zufall:* Latente, konstante Ausfallwahrscheinlichkeit durch Zufallsfehler
- *ZP_Ende_Frueh:* Zeitpunktende der Phase 1 der Frühausfälle – Übergang in die Lebensdauerphase 2
- *ZP_Beginn_Spaet:* Zeitpunktende der Phase 2 – Übergang in die Lebensdauerphase 3 der Abnutzungsausfälle
- *ZP_Mittel_Spaet:* Zeitpunkt der Phase 3, zu dem die Ausfallwahrscheinlichkeit auf 50% steigt (Risikomarke): AW(ZP_Mittel_Spaet=50%)

Für die Höhe der Ausfallwahrscheinlichkeit AW(t) sind durch den Instandhaltungsfachmann drei kritische Niveaustufen festlegbar, bei deren Überschreitung eine IH-Maßnahme ausgelöst wird. Dies sind:

- Wartungsniveau: Überschreitet AW(t) dieses Niveau, wird eine Wartungsmaßnahme notwendig.

- Instandsetzungsniveau: Überschreitet AW(t) dieses Niveau, wird eine geplante Instandsetzung notwendig.
- Austauschniveau: Überschreitet AW(t) dieses Niveau, wird ein Komponententausch notwendig.

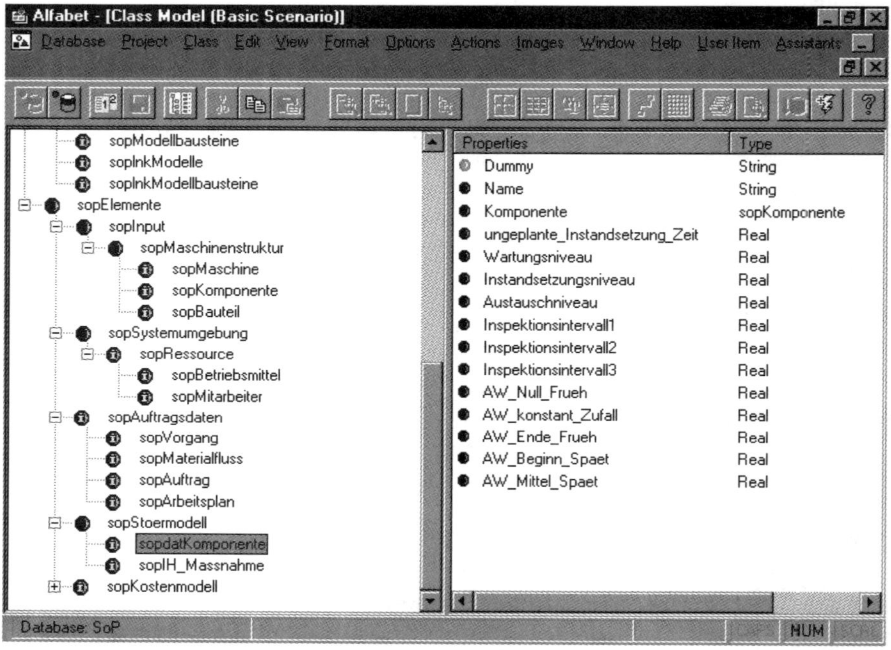

Abb. 5.11. Darstellung einer Systemmaske mit Inhalten der Modellstruktur.

Die Ausfallwahrscheinlichkeit AW(t) setzt sich zu jedem Zeitpunkt der Komponentenlebensdauer aus der systeminhärentbedingten Ausfallwahrscheinlichkeit und der systemexogenen, latenten, zufälligen Ausfallwahrscheinlichkeit zusammen (vgl. obere lineare Funktion in Abb. 5.10).

Bei Überschreiten einer Niveaustufe wird eine bestimmte Instandhaltungsmaßnahme für die Komponente generiert, die zu einer Verringerung der Ausfallwahrscheinlichkeit AW(t) führt (sog. Delta_AW). Alle Instandhaltungsmaßnahmen werden komponentenbezogen modelliert, also besitzt jede Instanz einer Instandhaltungsmaßnahme pro Komponente folgende Eigenschaften:

- Typ der IH-Maßnahme: Wartung, Inspektion, Instandsetzung
- Zeit: Dauer der Maßnahme
- Wahrscheinlichkeit
- Delta_AW: Reduktionsmaß von AW(t) in Abhängigkeit der IH-Maßnahme

- Bauteiltausch
- Komponenten

Vom Benutzer sind Intervalle festlegbar, zu denen die verteilungsspezifische AW(t) einer Komponente gegen einen Zufallsgenerator gefahren wird. Ist die dabei ermittelte AW(t) größer als der vom Zufallsgenerator ermittelte Wert, kommt es zu einem Ausfall der Komponente. Im Rahmen von Inspektionen, für die drei Intervallgrößen pro Komponente angegeben werden können[18], wird die Ist-Ausfallwahrscheinlichkeit überprüft und mit der festgelegten Niveauhöhe verglichen. Wird dieses kritische Niveau überschritten, wird die entsprechende IH-Maßnahme eingeleitet, wodurch sich die AW(t) um Delta_AW verringert. Das Delta_AW repräsentiert die Zustandsverbesserung des Bauteils, die sich durch die IH-Maßnahme ergibt. Sie muß vom Bediener eingegeben werden. Der instandhaltungstechnische Zustand des Bauteils wird dabei nicht durch konkrete Meßgrößen ausgedrückt, sondern über die Ausfallwahrscheinlichkeit zu einem Zeitpunkt t, das AW(t).

5.3.2.4
IH-Strategiemodell

Das IH-Strategiemodell muß in der Lage sein, alle bekannten Formen von Instandhaltungsstrategien abzubilden. Folgende allgemein bekannte Strategietypen I, IIa, IIb, IIIa, IIIb werden hinsichtlich ihres Auslösekriteriums unterschieden. Der Auslöser für die Durchführung einer IH-Maßnahme ist dabei entweder der Ausfall der Komponente (Fall I), ein zeitfixes Intervall (Fall IIa), ein nach Erfahrung des Instandhalters zeitvariabel gewähltes Intervall (Fall IIb) oder der Zustand der Komponente, der bei der Inspektion erfaßt wird (Fall IIIa bzw. b).

		IH-Maßnahmen					
		Wartung W		Inspektion C		Instandsetzung I	
Strategietyp	Auslöser der IH-Maßnahme	Termin	Dauer	Termin	Dauer	Termin	Dauer
I	ausfallbedingt	nein	0	nein	0	spontan	variabel
IIa	zeitfix	fixes Intervall	fix	fixes Intervall	fix	fixes Intervall/ spontan	variabel
IIb	zeitvariabel	variables Intervall	fix	variables Intervall	fix	variables Intervall/ spontan	variabel
IIIa	zustandsbedingt	nach Zustand	fix	fixes Intervall	fix	nach Zustand	variabel
IIIb	zustandsbedingt	nach Zustand	fix	nach Zustand	fix	nach Zustand	variabel

Abb. 5.12. IH-Strategietypen im Vergleich.

Jede dieser Strategietypen muß im Verfahren berücksichtigt werden können. Annahmen für das Strategiemodell:

- Technische Wechselwirkungen zwischen den Komponenten bleiben unberücksichtigt.

- Die Auswirkungen vorbeugender IH-Maßnahmen wie Wartungen und Inspektionen auf die Ausfallwahrscheinlichkeit AW(t) werden durch eine prozentuale Reduzierung der AW(t) berücksichtigt. Dies hängt von der zeitlichen Position der Komponente innerhalb der Phasen der Komponentenlebensdauer ab.
- Die zeitliche Aggregation der anfallenden IH-Maßnahmen erfolgt anhand des Schichtplans.

Mit Hilfe des Störmodells werden die IH-Strategien wie folgt im Modell berücksichtigt:

- Bei einer „Ausfallorientierten IH-Strategie“ werden keine Inspektionen und Wartungen berücksichtigt und eingeplant. Die Instandsetzung erfolgt ungeplant und nach Erreichen des vom Bediener festzulegenden Austauschniveaus.
- Bei Verfolgen einer „Zustandsorientierten IH-Strategie“ wird je Lebensdauerphase (Phase I: Phase der Frühausfälle, Phase II: Phase des stabilen Betriebs, Phase III: Endphase der Nutzung) ein fixes Intervall für Inspektionen vorgesehen. Die Wartung erfolgt nach Erreichen des Wartungsniveaus, die Instandsetzung nach Erreichen des Instandsetzungs- bzw. Austauschniveaus.
- Im Rahmen der „Zeitorientierten IH-Strategie“ werden keine Inspektionen durchgeführt. Die Wartungen werden phasenbezogen nach fixen Intervallen eingeplant oder nach Erreichen des Wartungsniveaus durchgeführt. Auch die Instandsetzung erfolgt entweder nach fixen Intervallen oder nach Erreichen des Austausch- bzw. Instandsetzungsniveaus.

	I.) Ausfallorientierte IH-Strategie	**II.) Zustandsorientierte IH-Strategie**	**III.) Zeitorientierte IH-Strategie**
Inspektion	Keine	Fixe Intervalle (3);	Keine
Wartung	Keine	Nach Erreichen des Wartungsniveaus	Fixe Intervalle (3); nach Erreichen des Wartungsniveaus
Instandsetzung	Ungeplant (nach Erreichen des Austauschniveaus)	Nach Erreichen des Instandsetzungs-niveaus bzw. Austauschniveaus	Fixe Intervalle (3); nach Erreichen des Instandsetzungs- bzw. Austauschniveaus

Abb. 5.13. Umsetzen der IH-Strategien im Modell.

5.3.2.5 Modellierung der prozeßrelevanten Verfahrenselemente

Neben dem Modell der IH-objektrelevanten Verfahrenselemente müssen für die Simulation der Auswirkungen der IH-Strategieplanung die prozeßspezifischen Verfahrenselemente modelliert werden. Dazu werden die Klassen

- Auftrag
- Arbeitsplan
- Vorgang
- Materialfluß
- Maschine

aufgebaut.

Das Auftragsmodell. Um im Modell zu beschreiben, wie ein Produkt oder eine Produktgruppe – in der Simulation als „entities" bezeichnet – ein zugrundegelegtes Produktionssystem durchläuft und an den dortigen Maschinen bearbeitet wird, werden die genannten Klassen „Auftrag", „Arbeitsplan", „Vorgang" und „Materialfluß" verwendet.

Ein Auftrag besteht aus einem Arbeitsplan, der wiederum aus Vorgängen besteht. Diese Vorgänge können an verschiedenen Maschinen des Produktionssystems durchgeführt werden. Der Materialfluß beschreibt eine produktspezifische Vorgangsfolge zur Herstellung von Produkten und ist durch den Arbeitsplan eindeutig beschrieben.

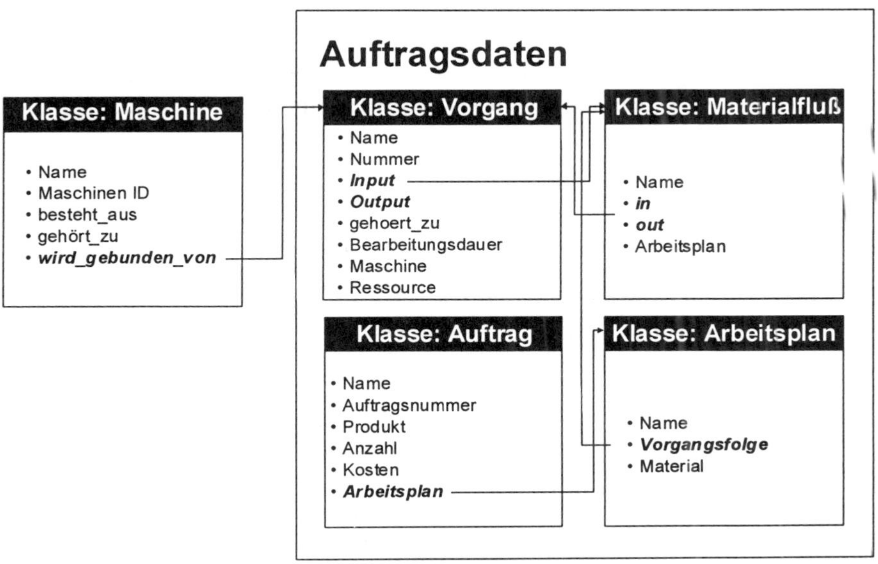

Abb. 5.14. Verknüpfungen zwischen den Auftragsdaten-Klassen.

Das Maschinenverkettungsmodell. Folglich wird im Modell keine starre Verkettung von Maschinen definiert, sondern eine materialflußorientierte Verkettung, die sich aus den arbeitsplanspezifischen Vorgangsfolgen eines Produkts ergibt (Abb. 5.15).

Anders wäre es nicht möglich, die produktionstechnische Auslastung der Maschinen von der tatsächlichen Verfügbarkeit abzugrenzen und eine Nicht-Nutzung von einer Nicht-Verfügbarkeit zu unterscheiden. Außerdem sind die meisten Materialflußarten nicht fix vernetzt, sondern können sich je nach Produktprogramm ständig ändern.

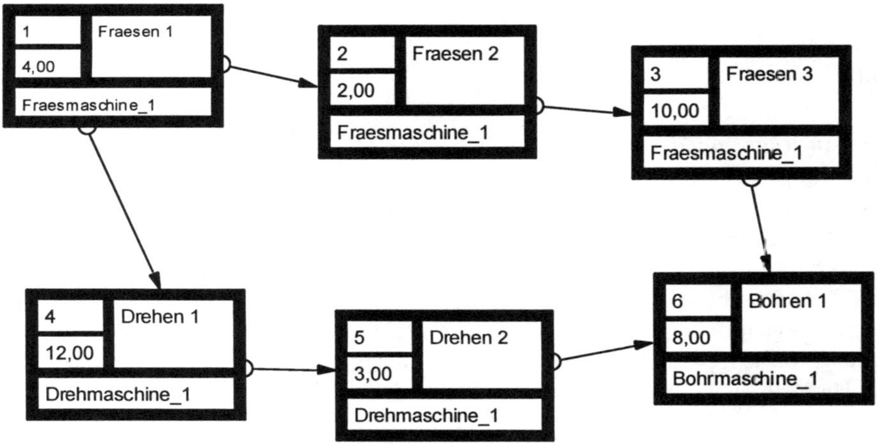

Abb. 5.15. Beispiel-Modell der Vorgangsfolge eines Arbeitsplans.

Die Maschinenbelegung und damit die technische Beanspruchung der IH-relevanten Komponenten ist also vom jeweiligen Produktprogramm abhängig.

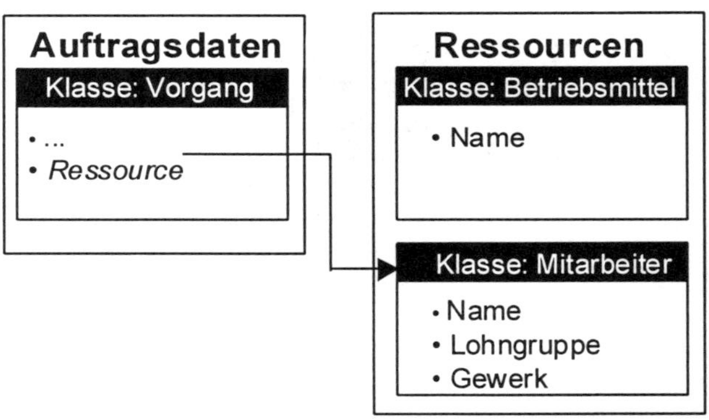

Abb. 5.16. Verknüpfungen zwischen den Klassen Auftragsdaten und Ressourcen.

Das Ressourcenmodell. Im Ressourcenmodell werden sowohl die Ressourcenklasse Betriebsmittel als auch die Ressourcenklasse Mitarbeiter geführt (Abb. 5.16). Die Ressourcenklasse Mitarbeiter ist gekoppelt mit der Klasse Vorgang. Damit wird abgebildet, welche Mitarbeiter oder Betriebsmittel benötigt werden, um einen Vorgang an einer Maschine zu bearbeiten.

5.3.3 Simulation der Auswirkungen der Strategieplanung auf Kosten und Verfügbarkeit der Produktionsanlagen

5.3.3.1 Allgemeine Vorgehensweise bei einer Simulationsstudie

Die Simulation stellt eine Methode dar, die im Gegensatz zu klassischen mathematisch-analytischen Methoden[19] Prozesse nicht in einer formal geschlossenen Form darstellt, sondern in einer heuristischen Vorgehensweise mit Hilfe von Ablaufvorschriften beschreibt. Sie ist dabei imstande, sehr komplexe Probleme darzustellen und gute Lösungen zu erzielen.

Allgemein wird folgende Vorgehensweise bei der Durchführung einer Simulationsstudie empfohlen[20]:

- Schritt 1: Problemdefinition und Zielsetzung
- Schritt 2: Systemanalyse und Datenbeschaffung
- Schritt 3: Modellbildung und Implementierung
- Schritt 4: Durchführung von Simulationsexperimenten
- Schritt 5: Interpretation und Übertragung auf das reale System

In Form dieser Schrittfolge soll auch das vorhandene Problem der Planung von IH-Strategien unter Berücksichtigung der Folgenabschätzung auf Verfügbarkeit und Kosten angegangen werden.

5.3.3.2 Problemdefinition und Zielsetzung

Um das hier zugrundeliegende komplexe Problem der Strategiefolgenabschätzung unter Instandhaltungs- und Produktionsgesichtspunkten zufriedenstellend zu lösen, ist zunächst unerläßlich, das Problem und das Ziel der geplanten Simulationsstudie klar zu definieren.

Das Problem besteht darin, daß mit Hilfe bisher angewandter Methoden keine zufriedenstellende Abschätzung oder gar Bestimmung der Folgen von Instandhaltungsstrategiefestlegungen auf die Prozeßkosten und die Prozeßverfügbarkeit in komplexen, verketteten Produktionssystemen durchgeführt werden konnte. Weiterhin war es bislang nicht möglich, aus den Ergebnissen solcher Überlegungen schlüssige Vorschläge zu einer Verbesserung der bestehenden Strategien zur Festlegung von Instandhaltungszeitpunkten zu kommen. Das Schwerpunktkriterium liegt hierbei eindeutig auf dem Gesichtspunkt des Prozesses.

Ziel der Untersuchung ist es, unter den Gesichtpunkten Verfügbarkeit und Kosten bestmögliche Instandhaltungsstrategien für technische Objekte zu finden, die im Rahmen eines Produktionsablaufs eng miteinander verkettet sind.

5.3.3.3 Systemanalyse und Datenbeschaffung

Während die hier beschriebene Vorgehensweise im Verfahren durchaus den Anspruch einer Referenzierbarkeit erhebt, ist die Anwendung im konkreten Fall doch immer spezifisch auf ein zugrundegelegtes Produktionssystem mit seinen Instandhaltungsobjekten ausgerichtet. Zu Beginn muß dieses Produktionssystem mit seinen Objekten und Objektbeziehungen in Form von Materialflüssen eindeutig identifiziert werden und wesentliche Daten und Informationen, die für die spätere Simulation wichtig sind, erhoben werden. Was die Instandhaltungsobjekte betrifft, so sollen die wichtigsten Daten aus einem IPS-System akquiriert werden. Dies betrifft insbesondere die Objektstruktur, die objektspezifischen Intervalle, Termine und Bearbeitungsdauern für geplante Instandhaltungsmaßnahmen und störungsbedingte Ausfälle. Diese Daten lassen sich sehr gut aus der Auftragshistorie zurückverfolgen.

Da der erste Simulationsschritt eine retrograde Betrachtung dessen ist, was bereits geschehen ist, also wie sich bereits durchgeführte IH-Strategien auf Kosten und Verfügbarkeit ausgewirkt haben, sollte der Zeitraum der Rückwärtsbetrachtung erst einmal festgelegt werden und ggf. mehrere Simulationen mit verschiedenen Zeiträumen durchgeführt werden. Diese retrograde Betrachtungsweise ist notwendig, um das Simulationsmodell zu validieren, d.h. seine Funktionsfähigkeit hinsichtlich einer realistischen Abbildung der Wirklichkeit zu prüfen

Neben den objektspezifischen Informationen gilt es zu prüfen, ob die prozeßspezifischen Informationen aus einem PPS-System[21] übernommen werden können. Hierbei geht es insbesondere um Mengenströme und mögliche Wege eines fertigungstechnisch sinnvollen Materialflusses zwischen den Anlagen. Unter Umständen ist es notwendig, Daten in papiergebundener Form zu beziehen oder sogar Daten, falls nicht vorliegend, nachzuerheben oder aus Erfahrungswerten abzuschätzen. Dabei ist immer zu beachten, daß die Ergebnisse der Simulation nur so gut sein können, wie die Qualität der erhobenen Daten dies zuläßt.

5.3.3.4 Modellbildung und Implementation

Das Modell als Abbild der realen Wirklichkeit legt nicht nur die statischen und dynamischen Eigenschaften der Objekte des Modells, sondern auch ihre dynamischen Beziehungen zueinander fest (Abb. 5.17).

Dabei bildet man zunächst als Abbildung des Originalsystems ein mentales Modell[22], das Systemelemente und Beziehungen allgemein beschreibt. Nach Verifikation wird dieses dann wiederum in ein Rechnermodell überführt, das dann die Möglichkeiten der Simulationssoftware nutzt. In einer Validierungsphase sollte die

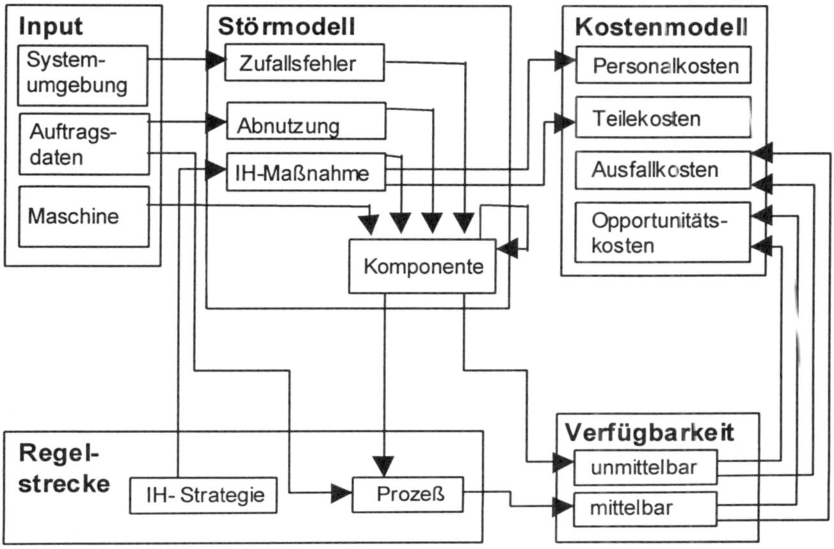

Abb. 5.17. Grundmodell der Problemstellung.

Übereinstimmung von realem System und Rechnermodell dann nochmals geprüft werden, um zu keinen Fehlschlüssen zu kommen.

5.3.3.5 Durchführung von Simulationsexperimenten

Es sollten mehrere Simulationsexperimente mit einem Modell durchgeführt werden, zum einen unter Veränderung der Simulationsdauer, also des Betrachtungszeitraums, für den die Ergebnisse ermittelt werden, zum anderen unter Veränderung der Systemparameter, insbesondere der Parameter der komponentenbezogenen IH-Strategie. Daneben ist es sinnvoll zu simulieren, welche Veränderungen im Materialfluß unter gleichen Strategiebedingungen zu welchen Veränderungen insbesondere bei den indirekten Instandhaltungskosten führen.

Damit ließen sich auch am Hebel der Produktions- und Materialflußplanung positive Effekte in Form von Kosteneinsparungen in der Instandhaltung realisieren. Dies würde insbesondere solche Bestrebungen fördern, die bereits seit längerer Zeit die Verschmelzung von PPS- und IPS-Systemen auf der DV-Seite wünschen, aber auch prozessorientierten Organisationsformen entsprechen, die eine Gesamtoptimierung der Kostenziele und nicht nur der Teilbereichsziele anstreben.

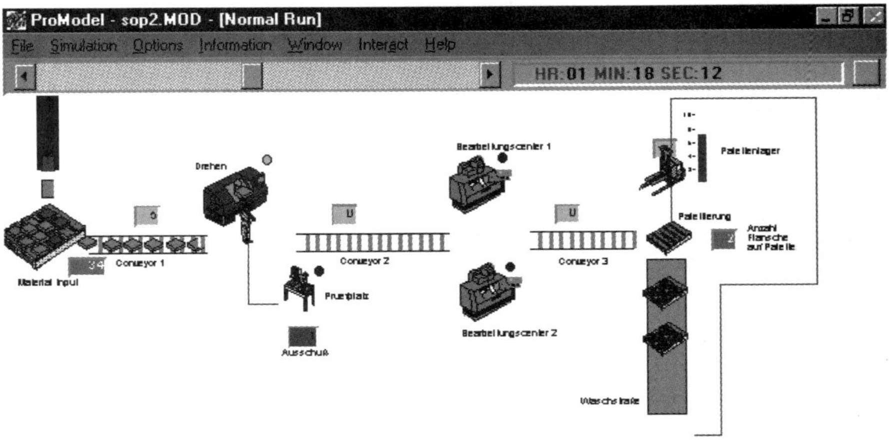

Abb. 5.18. Beispiel für einfaches Simulationsmodell im Simulationswerkzeug.

5.3.3.6
Interpretation und Übertragung

Die Ergebnisse der Simulation müssen unter gezielter Veränderung der relevanten Eingabeparameter unter „ceteris-paribus-Bedingungen" kritisch betrachtet werden. Es sei dabei nochmals explizit erwähnt, daß die Simulation weder ein System optimiert noch durch die Simulationsläufe entstandene Ergebnisse interpretiert. Dies ist die Aufgabe des Anwenders, der sowohl für die korrekte Eingabe relevanter Daten als auch für die richtige Analyse der Simulationsergebnisse verantwortlich ist.

Als Ausgabereports einer Simulationsstudie, die auch die Möglichkeiten der Statistik intensiv nutzen, sind meist folgende Formen üblich:

- Zusammenfassende Ergebnisse eines Einzellaufs
- Detaillierte Historien
- Schnappschuß-Reports
- Zusammenfassende Ergebnisse mehrfacher gleichartiger Simulationen
- Mehrfachvergleiche von Szenarios

Dabei werden grundsätzlich 2 Datenarten als Ausgabedaten eines Simulationslaufs unterschieden:

a) Beobachtungsdaten: Sie beschreiben die Anzahl an Vorkommnissen eines Ereignisses. Die Beobachtungen werden dabei gleich gewichtet. Gemessen werden eine

Menge von Beobachtungen über eine Zeitperiode.

b) Zeitgewichtete Daten: Sie betrachten den Wert einer Ergebnisvariablen unter Bezugnahme auf die Zeit.

Unter statistischen Aspekten sind meist folgende Ausgabeformen üblich: Allgemeine und detaillierte Formen von Statistiken in Bezug auf die verwendeten

- Entities,
- Materialflüsse,
- Arbeitsplätze, Maschinen,
- Ressourcen,
- und Systemvariablen.

Im hier vorliegenden Anwendungsfeld der Ermittlung geeigneter Instandhaltungsstrategien für ein definiertes Produktionsablaufschema werden die Ergebnisse auf der IH-Kostenseite wesentlich von den festgelegten Intervallen bestimmt.

Folgende Beispiel-Ergebnisse eines Simulationslaufs können sich ergeben. In Abbildung 5.19 ist die Badewannenfunktion, wie sie sich aus den eingegebenen Parametern des Störmodells ergeben, aufgezeigt. Die „Badewannen"-Struktur läßt sich gut erkennen sowie das häufige Auftreten von IH-Maßnahmen im dritten Teil des Kurvenverlaufs gegen Ende der Lebensdauer vor Erreichen des Ausfallniveaus. Aufgrund der zustandsverbessernden Maßnahmen wird ein Delta_AW angestoßen, das zu einem Absenken der Kurve führt. Daraus ergeben sich die Zacken am Ende der Kurve. Besonders ausgeprägt ist diese Charakteristik an der Kurve, die Bearbeitungszentrum 1 wiedergibt.

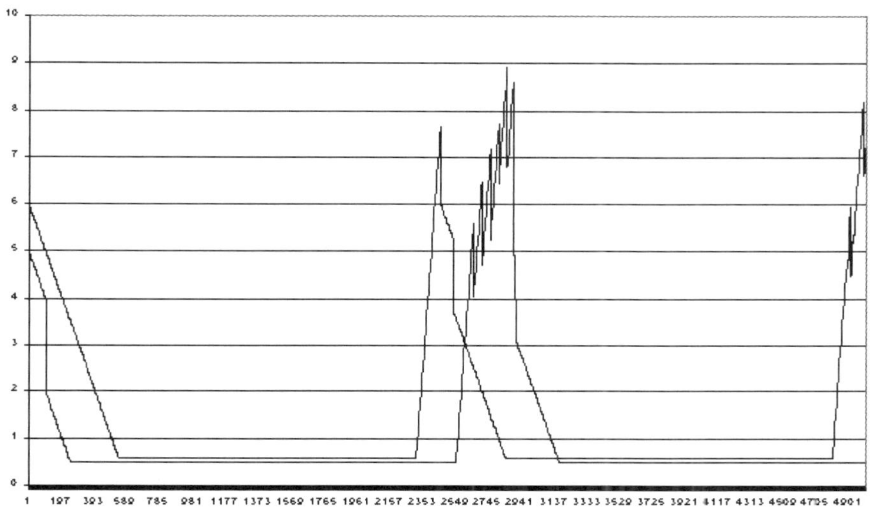

Abb. 5.19. Simulierter „Badewannenverlauf" des maschinenspezifischen Störmodells an Bearbeitungszentrum 1 und 2.

In Abbildung 5.20 sind verschiedene Ergebnismasken dargestellt, die vom SOP-System ausgegeben werden. Dabei wird die Maschinennutzung, die Zustände der simulierten Maschinen, der verwendeten Entities und der Kosten dargestellt. Natürlich sind die Informationen sowohl numerisch als auch grafisch dargestellt.

Die Erkenntnisse aus den gewonnenen Informationen für die Strategieplanung, im speziellen Fall für die Intervallplanung, muß der erfahrene Instandhalter selbst ziehen. Dies nimmt ihm das System nicht ab.

Neben den instandhaltungsspezifischen Gesichtspunkten sind auch produktionslogistische Aspekte interessante Ansatzpunkte für Verbesserungen. Durch eine geeignete Maschinenbelegung oder Einbau von Pufferbeständen können die Auswirkungen von Maschinenstillständen abgefedert werden. Wie sich solche Planungen auswirken, kann über die Simulation ebenfalls ausgetestet werden. Insofern bietet sich durch die Nutzung von SOP ein breites Feld an Verbesserungsmöglichkeiten im Anwendungsfeld der betrieblichen Instandhaltung und Produktion.

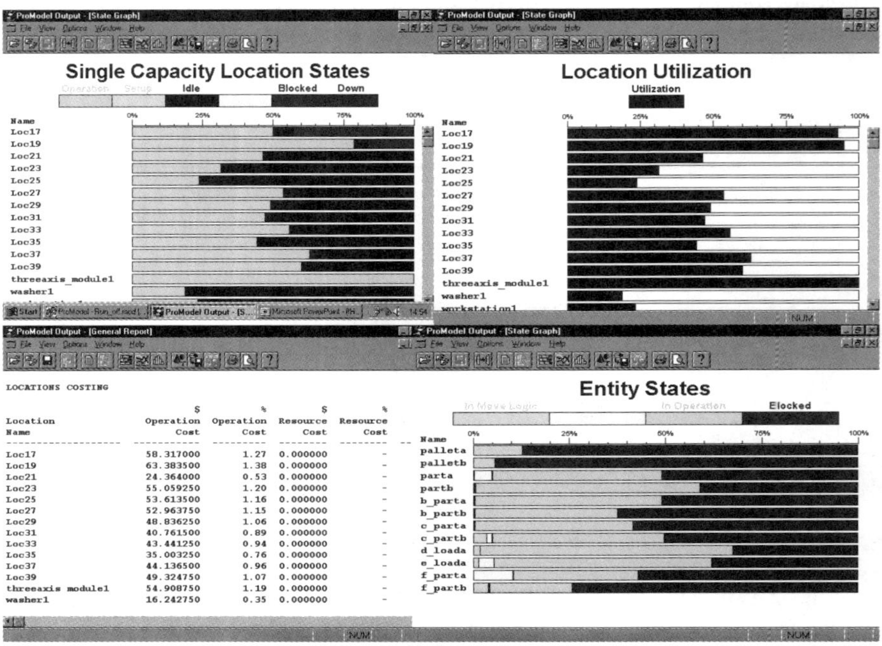

Abb. 5.20. Darstellung verschiedener Ergebnismasken der Simulation

Anmerkungen

[1] Neben dem Begriff „Technisches Objekt“ führen manche IPS-Systeme auch die Bezeichnung „Technischer Platz“ (SAP R3/PM oder R2/RM-Inst).

[2] Wirth, S., Schenk, M., Ndouma, J.: Nutzen durch Vernetzung – Vorzugsmodelle für die Instandhaltung in Produktionsnetzen, Instandhaltung (1998).

[3] Unter der Integration ist die softwaretechnische Einbettung eines IPS-Systems in die DV-Landschaft eines Unternehmens zu verstehen. Dabei ist zu klären, zu welchen anderen DV-Systemen Schnittstellenverbindungen existieren sollten und welchen Charakter diese haben müssen (Online- oder Batch-Schnittstellen).

[4] Mit Hilfe einer einfachen ABC-Analyse sollte eine Klassifizierung des Anlagenparks durchgeführt werden, mit der zu erkennnen ist, welche Anlagen besonders hohe IH-Relevanz besitzen. Dies sind Anlagen mit hohen Wiederbeschaffungswerten, hohen Ausfallfolgekosten oder prozessrelevante Anlagen.

[5] Hoyland, A., Rausand, M.: System Reliability Theory (1994).

[6] Knezevic, J., Required reliability level as the optimisation criterion, Maintenance Management International 6 (1987).

[7] El-haram, M., Knezevic, J.: Coefficient of utilisation as an indicator of effectiveness maintenance strategy, COMADEM (1996).

[8] Kohlas, J.: Zuverlässigkeit und Verfügbarkeit (1987).

[9] Gerlach, H. H.; Xu, C.: Ein Planungssystem für die zustandsorientierte Instandhaltung, wt-Produktion und Management 85, Springer-Verlag (1995).

[10] Mund, H.: Voraussetzungen und Möglichkeiten der Restbetriebsdauerprognose, Fertigungstechnik und Betrieb, Berlin (1990).

[11] Unter der Ausfallwahrscheinlichkeit wird die bedingte Wahrscheinlichkeit für den Ausfall des betrachteten Teils im nächsten Augenblick verstanden. Durch diese stochastische Größe wird das Störverhalten einer Komponente in der Modellierung und Simulation beschrieben. Dies hat den großen Vorteil, den instandhaltungsrelevanten Zustand einer technischen Komponente quantitativ im Verfahren beschreiben zu können. Qualitative Zustandsbeschreibungen werden damit unnötig. Sie wären in der Simulation auch nicht nutzbar.

[12] Unter dem Begriff „Lebensdauer“ soll die Zeit vom Einbau und Beginn der Nutzung eines technischen Objekts bis zum Zeitpunkt des Nutzungsendes aufgrund eines Teiletausches verstanden werden.

[13] Der Abnutzungsvorrat ist nach DIN 31058 als „Vorrat der möglichen Funktionserfüllungen unter festgelegten Bedingungen, die einer Betrachtungseinheit aufgrund der Herstellung oder aufgrund der Wiederherstellung durch Instandsetzung inne wohnt“ definiert.

[14] Frühausfälle kurz nach Einbau einer Komponente zu Beginn ihrer Lebensdauer haben meist fertigungs- oder konstruktionsbedingte Gründe, die zu einer frühen Schädigung bzw. Ausfall führen können.

[15] Zufallsausfälle können über die ganze Lebensdauer einer Komponente hinweg auftreten. Sie werden meist durch die systemexogenen Faktoren wie Überbeanspruchung oder Fehlbedienungen verursacht und bedingen eine latente, aber meist niedrige Ausfallwahrscheinlichkeit während der gesamten Nutzungsdauer.

[16] Abnutzungsausfälle treten am Ende des Lebensdauerzyklusses einer Komponente infolge natürlicher Abnutzung bzw. infolge ihrer Normalbeanspruchung, z.B. durch Verschleiß, Ermüdung, Alterung oder Korrosion etc. auf. Die Ausfallwahrscheinlichkeit steigt in dieser Phase deutlich an und führt letztlich zum Ausfall der Komponente.

[17] Die Weibull-Verteilung (Verteilungsfunktion $F(t)= 1-e^{-(t/b)a)}$ ist für diese Aufgabe besonders geeignet, da mit Hilfe ihrer beiden Parameter α (Gestaltungsparameter) und β (Maßstabsparameter) eine hinreichend genaue Beschreibung der Verteilung von Ausfallwahrscheinlichkeiten möglich ist.

[18] In Phase 1 emphielt sich ein mittelgroßes Inspektionsintervall, in Phase 2 ein langes und in Phase 3 des Lebenszyklusses ein kurzes Inspektionsintervall.

[19] Klassische mathematische Methoden der Problembeschreibung und -lösung sind z.B. die Theorie der Markow-Ketten, der Warteschlangentheorie, der linearen oder dynamischen Optimierung, wie sie aus dem Operations Research bekannt sind.

[20] Vgl. Harell, C., Tumay, K.: Simulation – Made easy, a managers guide (1995), S. 74. Ebenso: Hartberger, H., Wissensbasierte Simulation komplexer Produktionssysteme (1991).

[21] PPS-Systeme sind Produktionsplanungs- und -steuerungssysteme auf DV-technischer Basis.

[22] Für die Beschreibung eines mentalen Modells bieten sich die Möglichkeiten des Systemdesigns mit objektorientierten Methoden an, z.B. die sog. OOA-Methode (Object-oriented-analysis) von Coad/Yourdon, Booche oder Rambaugh.

6 Technologische Trends für die Überwachung und Diagnose komplexer Systeme

6.1 Einleitung

Der Einsatz von Teleservice in Servicenetzwerken gewinnt für kleine und mittelständische Betriebe immer mehr an Bedeutung. Unter Teleservice im engeren Sinne wird die Zustandsanalyse von Maschinen und Anlagen über größere Distanzen sowie die qualifizierte Unterstützung der Maschinenbetreiber verstanden. Teleservice im weiteren Sinne ist die Fernunterstützung durch Servicedienstleistungen bei Problemstellungen der Prozeß- und Produktoptimierung. Dieses Kapitel beschäftigt sich mit beiden Aspekten dieser Technologie.

Die Servicedienstleistungen sollen die Produktivität, Verfügbarkeit und die Werterhaltung der Maschinen und Anlagen positiv beeinflussen. Mittels Teleservice kann die globale Präsenz, die Reaktionsfähigkeit des Services und der Bezug der Serviceleistungen auf die Kunden deutlich gesteigert werden. Insgesamt entsteht somit eine noch bessere Kundennähe des Services (Abb. 6.1). Hieraus resultiert eine höhere Maschinenverfügbarkeit bei deutlich reduzierten Stückkosten.

Im folgenden Abschnitt wird Teleservice aus wirtschaftlicher und in Abschnitt 6.3 aus technischer Sicht vorgestellt. In Abschnitt 6.4 werden mögliche Systemkonzepte

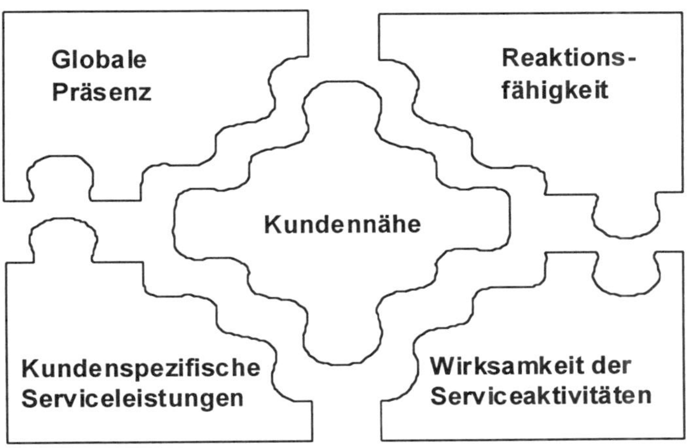

Abb. 6.1. Zielelemente des Teleservice.

zwischen Maschinenhersteller, Maschinenbediener und Instandhalter diskutiert. Der abschließende Abschnitt schildert Anwendungsbeispiele von Teleservice im Internet.

6.2 Wirtschaftliche Hintergründe

Die vorwiegend kleinen und mittelständischen Maschinen- und Anlagenhersteller sind einem immer schärferen internationalen Wettbewerb mit weltweit operierenden Großkonzernen ausgesetzt.

Neben der technischen Spezifikation und der Produktqualität wird immer mehr die individuelle Problemlösungsfähigkeit einer Maschine für eine bestimmte Fertigungsaufgabe sowie die mit der Anlage verbunden Serviceleistung zum entscheidenden Kaufkriterium für den Kunden. Drohende Konventionalstrafen im Falle eines Produktionsverzugs erfordern darüber hinaus eine kurze Reaktionszeit des Maschinenherstellers.

6.2.1 Wirtschaftliche Bedeutung des Service

Der Service komplexer Maschinen und Anlagen hat für die Investitionsgüterindustrie traditionell einen hohen Stellenwert. Die Bedeutung des Service wird durch eine 1997 durchgeführte Studie des Fraunhofer Instituts für Produktionstechnik und Automatisierung (IPA) und des Instituts für Arbeitswirtschaft und Organisation (IAO) in Stuttgart belegt[1].

Abbildung 6.2 zeigt, daß bei jedem dritten Unternehmen der Deckungsbeitrag durch Service mindenstens so bedeutend ist, wie der aus dem Produktverkauf. Jedes fünfte Unternehmen erwirtschaftet seinen Deckungsbeitrag vorwiegend aus Serviceleistungen. Dies zeigt, daß Serviceleistungen von den Kunden als ein wesentliches

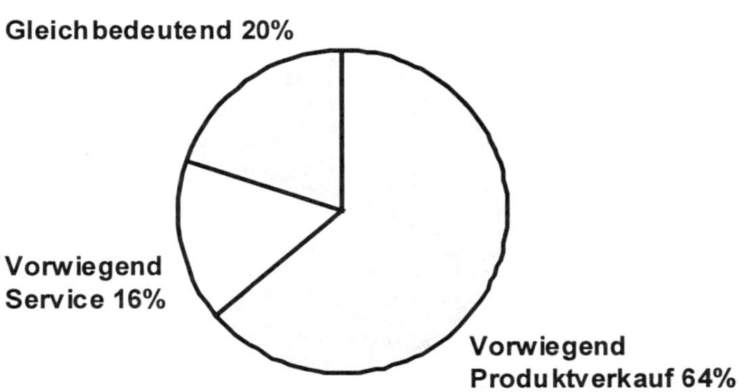

Abb. 6.2. Herkunft der Deckungsbeiträge in Maschinenbauunternehmen.

Element zur Steigerung der Produktivität erachtet werden. Der Service wird künftig aber noch mehr an Bedeutung gewinnen, da die Wartung und Instandhaltung moderner Maschinen immer komplexer wird. Dies erfordert ein noch umfangreicheres Wissen, das nur bei Experten des Maschinenherstellers vorhanden ist.

Weiterhin kann durch den Einsatz von Online-Verbindungen via Internet bei minimalen Kosten die Kundenzufriedenheit deutlich gesteigert werden. So haben Marktforschungen im Bankensektor, der bereits Erfahrungen mit dieser Technologie besitzt, ergeben, daß Geschäftskontakte ohne Online-Zugriff von Kunden nur unterdurchschnittlich im Nutzen bewertet wurden. Eine Studie weist eine ähnliche Entwicklung im Maschinenbau auf[2]. Deshalb wird zunehmend eine Online-Verbindung zur Kunden-Kontakt-Pflege notwendig.

Informations- und Kommunikationstechnologien (IuK) können die Hauptziele des Kunden bei seiner Investition unterstützen:

- Maximaler Gewinn
- Störungsfreier Betrieb

Diese Ziele sind daher bei der Gestaltung und Anschaffung von Informationssystemen für die Instandhaltung maßgeblich zu berücksichtigen.

6.2.2 Globalisierung als Treiber des Teleservice

Die Globalisierung verstärkt den Konkurrenzdruck zwischen den Anbietern, Maschinen mit der höchsten Prozeßsicherheit und Verfügbarkeit zu verkaufen. Verfügbarkeitsgarantien sind heute oftmals Bestandteil in Kaufverträgen. Um eine hohe Verfügbarkeit der Maschine zu gewährleisten, sind verschiedene Maßnahmen zur präventiven Ausfallvermeidung notwendig.

So sind Informationen über den Zustand von Steuerung, Elektronik und Regelung sowie der Bedienung der Maschine zu erfassen, um eine qualifizierte Diagnose durchführen zu können. Werden die gewonnenen Informationen konsequent durch den Technischen Service und den Kunden zur präventiven Wartung der Maschinen genutzt, so kann die Maschinenverfügbarkeit deutlich gesteigert werden.

Durch den Einsatz von Teleservice können auch kleine und mittelständische Unternehmen neue und wichtige Wachstumsmärkte erschließen und aufbauen. Dies ist möglich durch eine stärkere Unterstützung des Kunden und seiner Servicestützpunkte mittels Expertenberatung durch Online-Teleservice.

6.2.3 Neue Herausforderungen an den Service

Um die Ziele des Service, eine globale Präsenz und eine verbesserte Reaktionsfähigkeit – verbunden mit Serviceleistungen für den Kunden – zu erreichen, müssen neuartige Informationstechnologien und Organisationskonzepte eingesetzt werden. Hierzu bedarf es zunächst einer Erfassung der technischen Möglichkeiten sowie des heute üblichen Serviceprozesses. Dabei sind Probleme bzgl. des Datenmanagements sowie bei der Organisation des Services zu lösen.

6.3 Technische Grundlagen

Die Entwicklung während der letzten Jahre ermöglicht neue Perspektiven für den Einsatz von Teleservice. Der Einsatz neuer Sensorik, Mikrocontroller, Bustechnologie, Steuerungskonzepte, Telekommunikations- und Internet-Technologien erschließt neue Potentiale für den Maschinen- und Anlagenbau. Einzelne Problembereiche können dadurch besser miteinander verknüpft werden, so daß sich vollkommen neue Gestaltungsmöglichkeiten für instandhaltungsbezogene technische Systeme ergeben.

6.3.1 Komplexität technischer Anlagen

Insbesondere im Zuge globaler werdender Märkte sind immer leistungsfähigere und flexiblere Maschinen bei kürzeren Lebenszyklen der gefertigten Produkte notwendig, um hohe Stückleistungen bei höchster Qualität und Prozeßsicherheit gewährleisten zu können. Da diese Maschinen immer produktiver werden, steigen bei Störungen auch die Opportunitätskosten entsprechend schnell an.

Um die Produktivität zu steigern, werden neue Hilfsfunktionen wie z.B. Werkzeug kühlen, Werkzeuge wechseln, Füllstandkontrolle, Durchflußüberwachung etc. in die Produktionsmaschinen integriert. Die schnelle Diagnose des Maschinenzustands wird somit immer aufwendiger. Insgesamt verändert damit der technologische Wandel die Systemfunktionalität der Maschine ständig, so daß das Instandhaltungspersonal immer neue Problemstellungen vorfindet.

Die Komplexität der gesamten Produktpalette des Kunden stellt zudem neue Anforderungen an den Service. Bei der Instandsetzung muß daher der Kundendiensttechniker neben der genauen Maschinenspezifikation auch die Spezifikationen hinsichtlich des Prozesses sowie der Produkte kennen.

6.3.2 Standardisierung und Verfügbarkeit von Informationssystemen

Weltweite technische Standards setzen sich allmählich durch. Öffentliche Netze und Unternehmensnetze können durch unternehmensübergreifende Standards stärker miteinander vernetzt werden. Dies eröffnet vollkommen neue Gestaltungsmöglichkeiten für die Serviceabwicklung. So kann beispielsweise mit einer Standardsoftware ein Fernzugriff auf eine Maschinensteuerung erfolgen, und diese kann aus der Ferne programmiert werden; ebenso können verschiedene Parameter auf unterschiedlichen Ebenen der Betriebssysteme korrigiert und statistische Auswertungen durchgeführt werden. Auf Basis des Internet konnte sich der Protokollstandard TCP/IP für Informationsnetzwerke durchsetzen, da besonders viele Gateways für dieses Protokoll existieren.

Die öffentlichen Netze werden stärker durch ISDN-Standards geprägt. Das leistungsfähigere ISDN wird über kurz oder lang analoge Telefonverbindungen ersetzen. Und mit ADSL zeichnet sich für ISDN wiederum eine Konkurrenztechnologie ab. ADSL kann über konventionelle Kupferkabel eine dem ISDN überlegene Übertragungsgeschwindigkeit erzielen. Allerdings ist ADSL derzeit noch im Versuchstadium, kaum verbreitet und inkompatibel zu den meisten in Unternehmen bereits vorhandenen Telefonanlagen.

Es steht außer Frage, daß immer neue Technologien die Telekommunikation noch attraktiver gestalten werden. So wird es im Zuge geplanter oder bereits installierter Satellitensysteme wie Inmarsat, Globalstar, Iridium, Teledisc oder Odyssey noch einfacher, jeden Ort der Welt mittels einer leistungsfähigen Datenübertragung zu erreichen. Ein Vorteil der Satellitenverbindung ist der weltweite Protokollstandard. Die Bandbreite läßt eine Übertragung von Bewegtbildern mit etwa 64 Kbit/s zu. Jedoch sind derzeit noch relativ teure Übertragungsgeräte ein Hindernis für eine breite Anwendung der Satellitenkommunikation.

In der Softwarebranche dominieren momentan firmenspezifische Standards. Ein Beispiel ist die Firma Microsoft, die bei PC-Betriebssystemen dominiert. Andere Standards, wie z.B. das TCP/IP-Protokoll, fanden eine große Verbreitung, nachdem sie in Gremien vereinbart wurden. So wurde beispielsweise die Programmiersprache Java (siehe Glossar 6.7) bei der Internationalen Organisation für Standardisierung (ISO) normiert.

Bei Datenbanken bilden sich zunehmend Standards hinsichtlich des Speicherns von Objekten, Texten, Bildern, Landkarten, Videos und Tönen. Aufgrund reduzierter Medienbrüche kann dadurch eine beschleunigte Datenverarbeitung erfolgen. Die großen Datenbanken sind meist Java- und Internetfähig und erlauben eine Auswertung nach Ähnlichkeitsmerkmalen auch bei Multimediaanwendungen.

Abbildung 6.3 zeigt weitere Standards, die insbesondere im Bereich der produktionsbezogenen Informationssysteme vorzufinden sind.

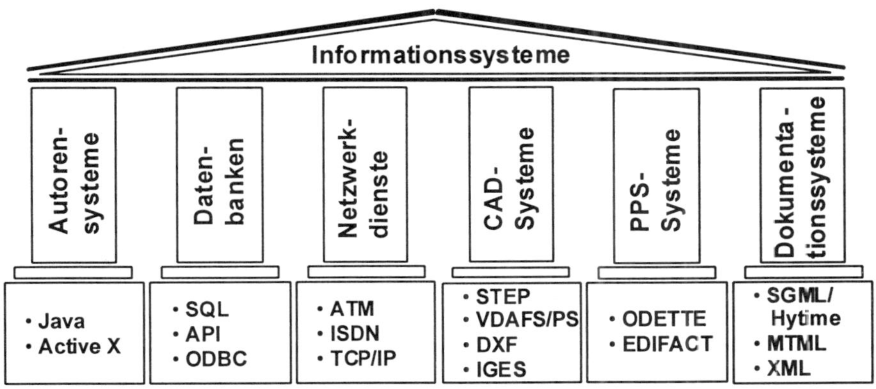

Abb. 6.3. Standards innerhalb der Informations- und Komunikationstechnologien.

Java gilt als ideales Programmierkonzept für das Internet, da kleine Programmodule komponentenbasiert einen weltweiten Datentransfer ermöglichen. Die Vorteile sind, daß diese Programme schnell und preiswert geschrieben und auf unterschiedlichen Betriebssystemplattformen betrieben werden können. Java-Applets lassen sich auf einem IBM-, Microsoft- oder Apple-Betriebssystem einsetzen. Zudem sind bereits verschiedene Programmodule in Java zugänglich und werden verbreitet angewandt. Konkurrierend zu Java ist ActiveX ebenfalls in Gebrauch.

6.3.3 Übertragungswege

Bei der Auswahl der Übertragungswege sind besonders die Anforderung im Bereich der Videoübertragung von Bedeutung. Weiterhin ist die Datenübertragungsmöglichkeit, die an der zu überwachenden Maschine bzw. deren Peripherie möglicherweise bereits vorhanden ist, zu berücksichtigen.

Je nach Auslastung der beim Anwender existierenden Kanäle ist es für den Anwender sinnvoll, eine strukturierte Breitbandverkabelung innerhalb seines Hauses verlegen zu lassen, um die zu übertragenden Informationen optimal verzweigen zu können (Abb. 6.4). Bei hoher Auslastung erfolgt eine Breitbandverkabelung in den meisten Fällen aus Gründen der Standardisierung mit einem LAN. Bei geringerer jährlicher Auslastung ist es sinnvoll, einen ISDN-Anschluß direkt bis zur Maschine zu legen, da die Bandbreite nur im Servicefall bezahlt werden muß. Die überbetrieblichen Kommunikationsschnittstellen bestehen ebenfalls meist auf ISDN-Basis.

Abbildung 6.5 zeigt, daß ISDN-Anschlüsse derzeit in etwa 100 Ländern weltweit verfügbar sind. In fast allen westeuropäischen Ländern sind alle Regionen per ISDN-

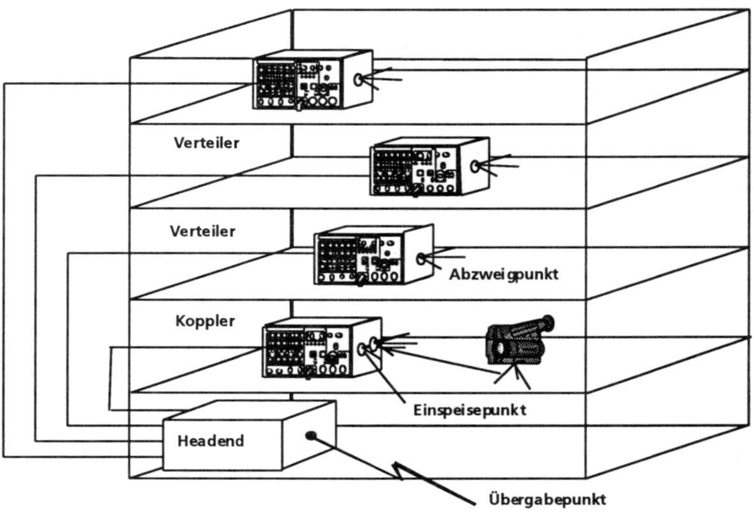

Abb. 6.4. Anschlußkonzepte zur Breitbandverkabelung.

Netz erreichbar. In den meisten Schwellenländern und in großflächigen Ländern kann vorwiegend in Ballungsgebieten über ISDN-Anschlüsse verfügt werden. Die Versorgung in kleineren Städten ist nur teilweise gegeben.

Eine weitere Schwierigkeit bei der ISDN-Anbindung können u.U. die unterschiedlichen Standards darstellen. In den USA können 56 Kbit/s übertragen werden und in Deutschland und verschiedenen weiteren europäischen Ländern sind es 64 Kbit/s. Diese Kompatibilitätsschwierigkeiten lassen sich jedoch verhältnismäßig einfach überwinden. Die Anschlüsse in die USA sind leitungsvermittelnd über ISDN-Anschlüsse erreichbar.

Argentinien	In wichtigen Städten
Australien	In allen wichtigen Regionen
Belgien	100%
Brasilien	In wichtigen Städten
Bulgarien	In den größten Städten ist ISDN vorhanden
Dänemark	100%
Deutschland	100%
Finnland	80%
Frankreich	100%
Großbritannien	100% bei British Telecom
Großbritannien	80% bei Cable & Wireless Communicationes
Hongkong	100%
Indonesien	Ab 1998 in Ballungszentren
Irland	60%
Italien	100%
Japan	95%
Kanada	In allen wichtigen Regionen
Korea	ca. 60 Städte in Korea
Luxemburg	100%
Malaysia	Ab 1998 in wichtigen Städten
Neuseeland	In wichtigen Städten
Niederlande	100%
Norwegen	100%
Österreich	100%
Philippinen	Ab 1998 in Ballungszentren
Polen	In großen Städten
Portugal	100%
Schweden	95%
Schweiz	100%
Slowenien	In ca. 50 Städten
Spanien	80%
Südafrika	80%
Ungarn	80%
USA	In allen wichtigen Regionen
Vereinigte Arabische Emirate	7%

Abb. 6.5. Weltweite Verfügbarkeit von ISDN-Anschlüssen.

6.3.4 Verbesserte Daten- und Bildverarbeitung

Teleservice basiert vor allem auf dem Austausch multimedialer Daten und damit sehr großer Datenvolumina. Dies ist bislang die Ursache für die geringe Verbreitung von Teleservice, da teure Übertragungswege mit hohen Bandbreiten zu lange Zeit belegt wurden. Teilweise waren die erforderlichen Bandbreiten beim Kunden nicht verfügbar. Der Einsatz von Datenkompressionsalgorithmen ermöglichte die Übertragung völlig neuer Bandbreiten bis hin zu Daten zur Prozeßüberwachung.

Mittels Soft- und Hardware kann die Qualität von zu übertragenden Daten, z.B. Video- und Audiodaten, an die Leistung der Übertragungsleitung bedarfsgerecht angepaßt werden. So können die Bildqualität und die Anzahl der Frequenzgänge modifiziert sowie verschiedene Datenkompressionsverfahren gewählt werden. Text- oder Dateninformationen bereiten kaum Schwierigkeiten bei der Kompression und Übertragung. Ist die Leitungskapazität gering, so wird eine höhere Kompression der Daten erforderlich. Allerdings reduziert sich damit auch die übertragbare Bildqualität.

Moderne Kompressionsalgorithmen ermöglichen bei Standbildern mit dem JPEG-Algorithmus und bei Bewegtbildern mit dem MPEG-Algorithmus eine Verdichtung der Ursprungsdaten bis zum Faktor 100. MPEG und JPEG sind derzeit die Quasistandards der Bildverarbeitung. Derzeit werden am Fraunhofer Institut für integrierte Schaltungen (IIS) in Erlangen neue Standards implementiert und optimiert. So wird der neue Videoübertragungsstandard H 263+ etwa 10-20 % leistungsfähiger sein.

6.3.5 Lösungsansätze

Zur Identifikation des Maschinenzustands stehen zwei grundsätzlich entgegengesetzte Szenarien zur Verfügung. Im Szenario links auf Abb. 6.6 ist grundsätzlich alles technisch Machbare realisiert und die Maschine ist vollständig mit Sensoren ausgestattet. Der technische Aufwand ist sehr hoch. So können z.B. Daten zum Bereich der Geschwindigkeitsprofile, Leistungsprofile, Schwingungsprofile, Schallemissionen, Spannungsprofile, Wirkkräfte, Temperaturprofile, SPC, Füllstände, Qualitätsmeßgrenzen, Toleranzzonen etc. mittels Sensoren erfaßt werden.

Die Daten werden in einem separaten Diagnoserechner zusammengeführt, gespeichert, ausgewertet und an die Servicezentrale via ISDN, analoger Leitung oder Internet weitergeleitet. Ist nun auch die Maschinensteuerung ausgefallen, so kann die Fehlerursache über den Servicerechner ermittelt werden. Dadurch kann jederzeit die richtige Diagnose gestellt werden. Allein die Wirtschaftlichkeit der Systeme begrenzt den Einsatz der teuren Sensoriksysteme.

Das zweite Szenario auf der rechten Seite zeichnet sich dadurch aus, daß keine Sensorik an der Maschine angebracht ist. Der technische Aufwand zur Unterstützung der Maschinendiagnose ist minimal. Die Indikation des Betriebszustands wird dem Maschinenbediener und dem Instandhaltungspersonal überlassen. Hierbei ist

Abb. 6.6. Drei grundsätzliche Alternativen der Maschinendiagnose.

jedoch nicht sicher, ob das Wissen des Maschinenbedieners oder des Instandhaltungspersonals zur frühzeitigen Identifikation eines Schadens ausreicht.

Bei sehr teuren und hochproduktiven Anlagen kann die Sensorüberwachung eine wirtschaftliche Alternative sein. Erste Praxisergebnisse zeigen, daß die optische und steuerungstechnische Unterstützung der Maschinendiagnose einen wirtschaftlichen Mittelweg für viele Maschinentypen darstellt. Der technische Aufwand für diese Lösung ist überschaubar. Der Bediener kann bei einer optisch unterstützten Diagnose mit seinen eigenen Fähigkeiten eine angemessene Diagnoseleistung erbringen.

Daher eröffnet die Videokommunikation einen sinnvollen Kompromiß bei der Maschinendiagnose. So kann beispielsweise ein Standbild zur Verbesserung der Diagnose weltweit übertragen werden. Der Aufwand beschränkt sich auf den Einsatz eines Mobiltelefons, eines Laptops, einer handelsüblichen Digital-Kamera und eines Modems.

Bei komplexen Anlagen lohnt sich darüber hinaus die Diagnose mit aufwendigeren Sensoren, da hier auch mit höheren Opportunitätskosten bei einem Maschinenausfall zu rechnen ist. Eine weitere Möglichkeit zur Steigerung der Serviceproduktivität an der Maschine ist die Verwendung offener Standards bei seriellen Bussen. Die über das Internet verfügbare Bandbreite ist zur Zeit noch relativ unzuverlässig. Informationen können deshalb zuverlässiger via ISDN-Leitungen übertragen werden.

6.4 Systemkonzepte

Die Durchgängigkeit der herstellerübergreifenden Teleservice-Systemkonzepte ist wesentlich für deren Akzeptanz und Effizienz. Durchgängigkeit bedeutet, daß bereits in den Phasen der Maschinenkonzeption und Maschinenproduktion die Anforderungen an einen Teleservice berücksichtigt werden. Dabei sind sowohl die Bedingungen der Service- und Instandhaltungsmitarbeiter hinsichtlich der zu über-

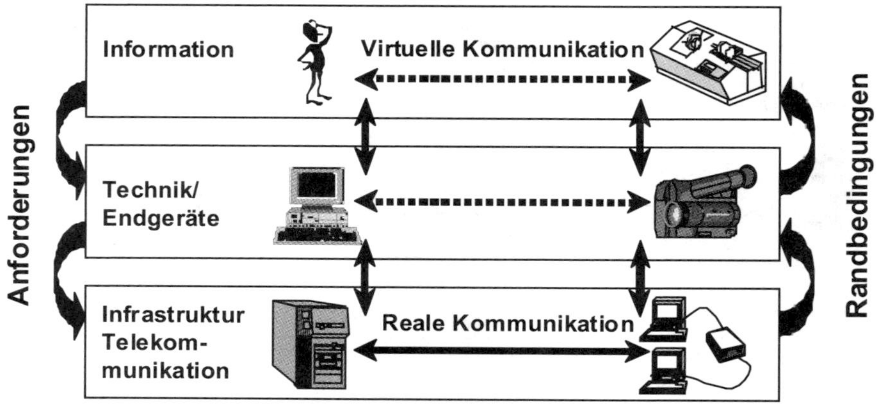

Abb. 6.7. Wechselwirkungen bei der Systemkonzeption.

tragenden Informationen, die hierfür erforderlichen Geräte sowie die Telekommunikationsinfrastruktur vor Ort zu berücksichtigen (Abb. 6.7).

Sind die Einflüsse auf die Gestaltung der Teleservicesysteme vollständig geklärt, ist ein optimaler Nutzen bei geringen Kosten und optimaler Nutzerakzeptanz zu erwarten.

6.4.1 Information und Beratung „at your fingertips"

Durch den Einsatz von Teleservice ändert sich die Informationskette vom Instandhalter beim Maschinenanwender bis zur Serviceabteilung des Maschinenherstellers. Neue Teleservicetechnologien lassen deutlich kürzere und effizientere Informationswege zu (Abb. 6.8). Es wird sowohl eine schnellere als auch eine aktuellere Information möglich. Zudem wird das Management der verschiedenen Dokument- und Maschinenversionen vereinfacht, da beim Hersteller jederzeit für die gesuchte Maschine und ihre Komponeten die entsprechenden Dokumente und Anleitungen in Sekundenschnelle verfügbar sind. Damit kann die Verwaltung von Dokumenten in der Instandhaltung per Knopfdruck realisiert werden. Verschmutzte, zerrissene und unleserliche Dokumente werden einfach weggeworfen, nochmals ausgedruckt und sind wie neu verfügbar.

Die optimierte Prozeßkette kann im wesentlichen durch eine multimediale Störungsmeldung und eine daraus resultierende interaktive Problemlösung verkürzt werden. Die multimediale Unterstützung erfolgt meist durch Übermittlung von Standbildern, Bewegtbildern, Sprache, Sensordaten, Steuerungsdaten, administrativen Daten und technischer Dokumentation.

Die schnellere Reaktion resultiert aus einer verbesserten Informationsvermittlung in den Vorgängen der Inbetriebnahme, Ersatzteilidentifizierung, Ersatzteilbestellung, Inspektion, Diagnose, Instandsetzung, Maschinentuning, Prozeßüberwachung, Prozeß-

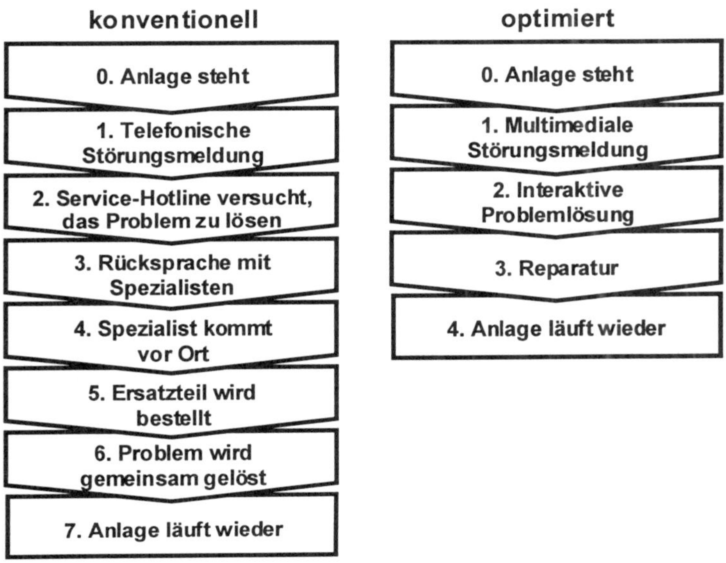

Abb. 6.8. Optimierter Serviceablauf durch den Einsatz von Teleservice.

führung und Prozeßtuning. Die einzelnen Vorgänge erfordern jedoch unterschiedliche Bandbreiten. Bei Systemtests wurde der in Abbildung 6.9 dargestellte Zusammenhang erarbeitet. Diese Abbildung zeigt, daß Bewegtbilder besonders hohe Anforderungen an die Bandbreite stellen. Das Internet ist derzeit noch nicht in der Lage, alle Informationen mit ausreichender Geschwindigkeit zu übertragen. Jedoch dürfte in wenigen Jahren die Bandbreite des Internets auch das ermöglichen.

Insbesondere durch breitbandige Internet-Technologien kann der Informationsprozeß drastisch vereinfacht werden. Dadurch werden individualisierte Interaktionen bei der Datengewinnung und die erhöhte Reichweite der bereitgestellten Informationen (z.B. Texte, Bilder, Dokumente, Videos) möglich.

Beim Reengineering der Instandhaltungsinformation sollten nicht nur firmeninterne Medienbrüche vermieden werden, sondern auch transnationale Medienbrüche. Vor allem weltweite Standards begünstigen innerhalb eines Netzwerkes einen langfristig reibungsfreien Datenaustausch. So steht z.B. mittels des World Wide Web (WWW) ein weltumspannendes Kommunikationsnetzwerk zum Austausch der genannten Informationen zur Verfügung.

Mit Hilfe der Internettechnologie kann nun ein Mitarbeiter Informationen verschiedenster Art selbständig einholen. Neben den bereits oben aufgezählten Funktionen kann er per Knopfdruck am Rechner Vorgänge, beispielsweise zur Beschaffung eines Ersatzteils, innerhalb kürzester Zeit anstoßen. Damit wird ein Instandhaltungsmitarbeiter schnell und umfassend auf die Maschinenreparatur vorbereitet.

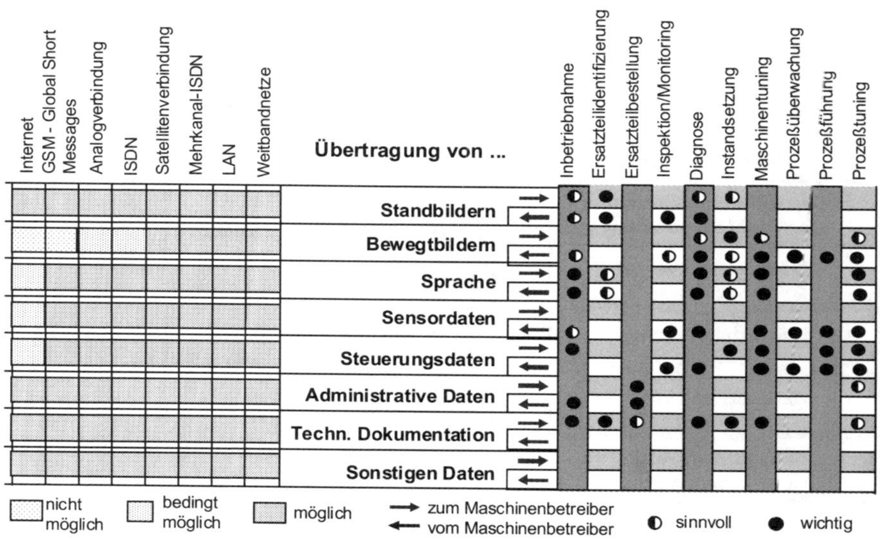

Abb. 6.9. Funktionen im Teleservice.

6.4.2 Diagnosesysteme ermöglichen Planbarkeit

Die schnelle Diagnose technischer Systeme erfolgt mittels einer umfassenden Datenerhebung, einer Logik zur Abbildung von Systemzusammenhängen und einem Auswertungsmodul zur schnellen Bewertung des Maschinenzustands. Für eine Auswertung sind entsprechende Intervalle zur Datenspeicherung und -wiedergabe zu definieren. So ist es z.B. sinnvoll, über eine Ringspeichertechnik stets die letzten Stunden der Maschinensignale zu dokumentieren.

Die Datenerfassung kann mittels Sensoren, Leistungsüberwachungsmodulen und Zustandsinformationen aus der Steuerung erfolgen. Neben quantitativen Daten stehen auch subjektiv auswertbare Informationen aus Videoübertragungen, Standbildübertragungen und mündlichen Hergangsschilderungen zur Verfügung. Diese Informationen können durch eine technische Dokumentation der Maschine ergänzt werden.

An die Datengewinnung und Übertragung schließt sich die Phase der Datenauswertung an. Wenn kontinuierlich Daten an eine zentrale Auswertungsstelle weitergeleitet werden, dann kann das Betriebsverhalten mehrerer baugleicher Maschinen verglichen werden. Insbesondere durch diese maschinenübergreifende Analyse können auch für Maschinen, die in kleiner Stückzahl gefertigt wurden, notwendige Wartungsaktivitäten sicher geplant werden.

Je mehr Maschinen des selben Typs im Einsatz sind, desto sicherer wird die statistische Berechnung und Prognose einer betriebsunüblichen Abweichung, die meist durch einen beginnenden Maschinenschaden verursacht wird.

Im Rahmen der Datenauswertung stehen Expertensysteme zur Verfügung, die eine ständige Maschinenanalyse und -diagnose ermöglichen. Expertensysteme unterstützen, besonders bei diffusen Anzeichen für Fehlfunktionen, eine Fehleranalyse. Werden kritische Systemeigenschaften an der Maschine erreicht, so kann automatisch der Kundendienst über die aktuelle Maschinensituation informiert werden. Dieser setzt sich dann wiederum mit dem Maschinenbetreiber nach einer genauen Diagnose in Verbindung, um weitere Instandhaltungsmaßnahmen zu klären. Die Instandhaltung kann mit diesen Analysen deutlich besser planbar gestaltet werden.

6.4.3 Informations- und Kommunikationsysteme ermöglichen Transparenz

Die Ersatzteilidentifikation ist bei den meisten Instandhaltungsfällen ein zeitintensiver und fehlerträchtiger Vorgang. Dieses Problem resultiert oft aus einer verlorengegangenen oder unvollständigen Dokumentation der Maschine. Als weitere Ursache lassen sich beim Instandhalter vorhandene aber veraltete Dokumentversionen feststellen. Ebenso können es Kommunikationsschwierigkeiten zwischen dem Instandhalter und der Serviceabteilung sein.

Mittels der Stand- und Bewegtbildübertragung sowie einer elektronischen Übermittlung von Zeichungen kann dieser Vorgang deutlich einfacher und innerhalb weniger Minuten abgewickelt werden. Interaktive grafische Oberflächen unterstützen eine intuitive Suche nach Ersatzteilen in Zusammenbauzeichnungen. Zugriffe via Internet auf Datenbank- und PPS-Systeme ermöglichen einen Einblick in die Lieferfristen der Maschinenhersteller und eine exakte Disposition der Ersatzteilankunft. Weiterhin kann eine aktuelle Version der Maschinendokumentation in der Maschinensteuerung gespeichert werden. Eine Aktualisierungsroutine ermöglicht dem Instandhalter jederzeit eine Ansicht von aktuell verbauten Teilen oder Maschinenmodulen. Der Maschinenhersteller kann auf diesem Wege auch die Vorteile und Systemvoraussetzungen einer aktuellen Software, Steuerungskomponente oder eines sonstigen Moduls anschaulich darstellen.

6.4.4 Nutzen des Teleservicesystems

Der Nutzen des Teleservicesystems resultiert aus einer schnellen Inbetriebnahme einer ausgefallenen Anlage. Weiterhin werden bessere Service-Entscheidungen im Rahmen einer umfassenden Informationsunterstützung bei deutlich geringeren Kosten getroffen.

In einer Fallstudie konnten drei wesentliche Stufen des Teleservice an der Maschine unterschieden werden (Abb. 6.10). Daneben ist die Serviceorganisation entscheidend als Einfluß auf die Service-Effizienz. Im ersten Schritt des Teleservice wird die Maschinensteuerung mittels Modem überwacht. Funktionen wie „Lesen des Logbuches“ oder „Überscheiben von Anwenderprogrammen“ werden ermöglicht. Im zweiten Schritt reduziert die Video- und Audioübertragung von Maschinenzu-

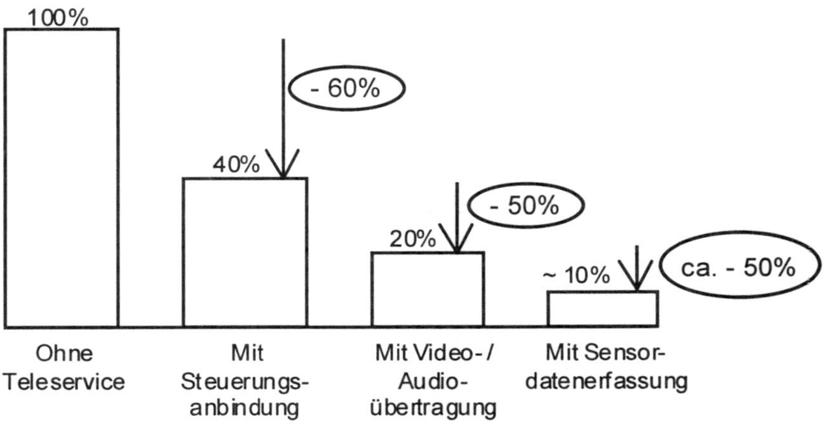

Abb. 6.10. Fallstudie: Erforderliche Service-Einsätze für Maschinen (in Prozent) – Nutzen des Teleservice bei Einsatz verschiedener Technologien.

standsbildern die Zahl der erforderlichen Kundendiensteinsätze vor Ort. Im dritten Schritt kann die Sensordatenerfassung an der Maschine nochmals etwa die Hälfte der Servicefälle einsparen.

6.5 Anwendungsbeispiele

Im folgenden werden bereits realisierte Anwendungsbeispiele für Teleservice dargestellt. Ziel dabei ist, Anregungen für Ideen zur schnellen Umsetzung des Teleservice in der Praxis zu geben.

6.5.1 Technische Diagnose

Anhand einer Schleifmaschine wird eine Steuerungsanbindung und die Videoübertragung sowie Sensorüberwachung dargestellt. Die Steuerungsanbindung und Sensorüberwachung erfolgt im Anwendungsbeispiel mittels Internet. Die Videoübertragung erfolgt via ISDN.

Abbildung 6.11 zeigt eine Navigationsoberfläche zur Überwachung einer Schleifmaschine. Die Übertragung der Überwachungsinformationen kann über bis zu sechs ISDN-Kanäle erfolgen. Sind sechs ISDN-Kanäle verfügbar, so sind nahezu Echtzeitbedingungen bei hoher Bildqualität erreichbar. Eine Wählautomatik baut die Verbindungen auf und dann können verschiedene Kameras per Mausklick angewählt werden. Um einen sicheren Betrieb zu gewährleisten, muß der Servicemitarbeiter zu einem festgelegten Termin eine vereinbarte Telefonnummer wählen. Erst wenn der an der

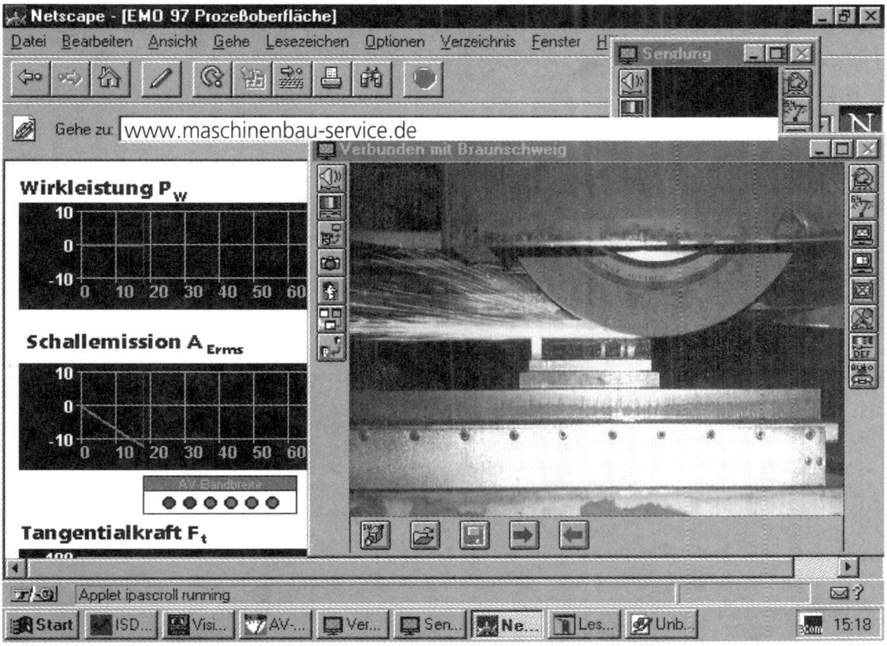

Abb. 6.11. Prozeßvisualisierung durch Sensor- und Steuerungsdaten, unterstützt durch Video

Gegenseite angerufene Instandhalter sein Gerät freigeschaltet hat, wird ein Verbindungsaufbau zur Videokonferenz möglich.

Der Einsatz solcher Systeme bereitet speziell in Deutschland und Westeuropa wenig Probleme. Das Videoübertragungssystem kann mehrere Kameras ansteuern. Der mobile Kameraeinsatz kann durch eine Funkübertragung von Videobildern realisiert werden. Die meisten Funksysteme bieten eine Sendereichweite von etwa 30 m in geschlossenen Gebäuden. Dabei kann ein weniger qualifizierter Mitarbeiter vor Ort unter Anleitung eines entfernten Servicespezialisten die Kamera führen und durch eine Wechselsprechanlage instruiert werden. Die Videoübertragung und die Datenübertragung erfolgt bei diesem System getrennt.

Die Überwachung erfolgt im Beispielfall über eine Videoübertragung, die ergänzt wird durch Daten über elektrische Leistung, Schallemissionen und das Messen von Kräften an einer Antriebswelle. Die Inspektion der Maschine kann im Bedarfsfall auch durch Infrarotkameras und Sensoren unterstützt werden, die Schwingung, Hydraulikdrücke, Temperaturen, Durchflußgeschwindigkeiten und verbrauchte Einheiten erfassen.

Die Steuerungsanbindung ermöglicht eine Einstellung der Prozeßparameter an der Maschine. Die Verbindungssoftware zur Steuerungsanbindung wurde auf einen Standard-Webbrowser aufgesetzt und ist auf allen Windows-Betriebssystemen lauffähig.

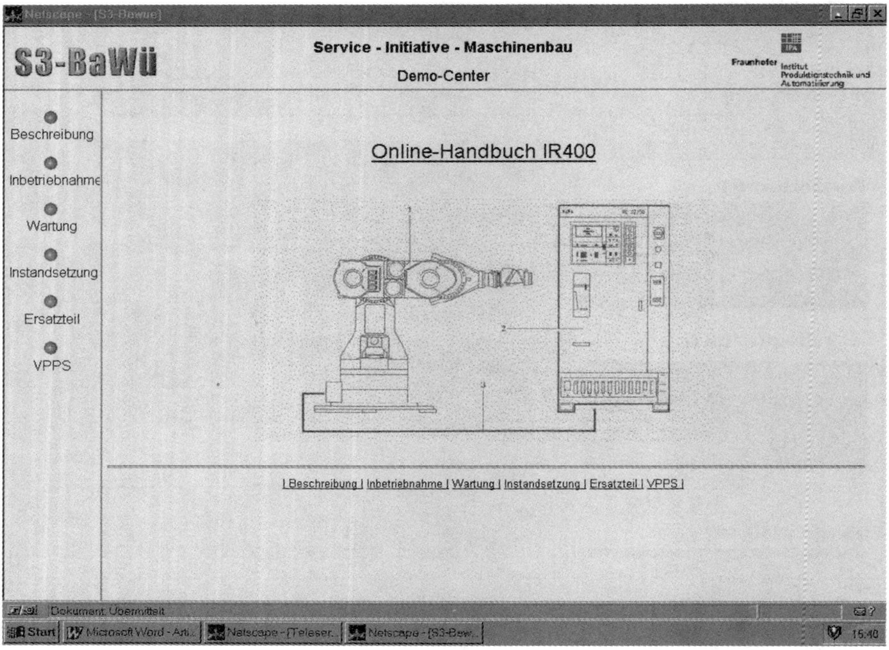

Abb. 6.12. Onlinehandbuch

6.5.2 Online-Dokumentation

Technische Systeme entwickeln sich sehr dynamisch. Einerseits verändert sich der technische Aufbau eines Systems, andererseits wird die Systembeschreibung verbessert und modifiziert. Daher ist es besonders aus logistischen Gründen sinnvoll, die aktuelle technische Dokumentation mittels Internet weltweit auf Knopfdruck zur Verfügung zu stellen.

Im Online-Handbuch kann auch das PPS-System des Maschinenherstellers eingesehen werden. Auf der Eingangsseite kann der Benutzer zwischen der Darstellung der Maschinenbeschreibung, der Anweisung zur Inbetriebnahme, der Wartungshinweise, der Instandsetzungsinstruktionen und des Ersatzteilkatalogs auswählen und eine Bestellung der benötigten Teile direkt im Produktionsplanungssystem des Lieferanten absetzen (Abb. 6.12).

Im Idealfall ist die technische Dokumentation mit einem Diagnosesystem gekoppelt, um fehlersymptomabhängig zur Instandsetzungsanleitung zu finden. Mittels eines Mausklicks wäre dann die betriebsrelevante Information verfügbar.

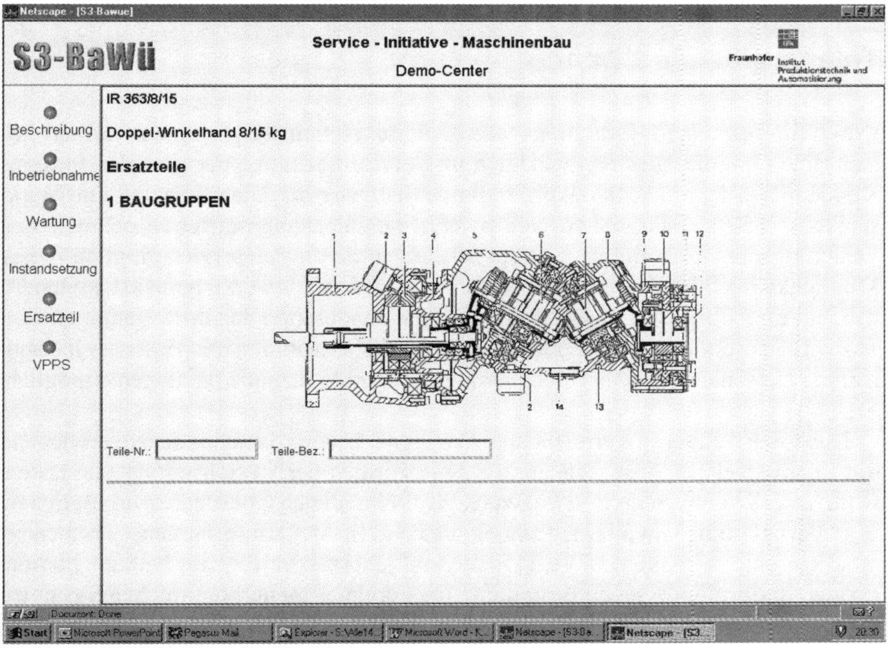

Abb. 6.13. Ersatzteilidentifikation und Bestellung über das Internet

6.5.3 Ersatzteilidentifikation

Die Ersatzteilidentifikation ist bei einem Schadensfall am besten mittels eines Vergleichs von Bauteil und Zeichnung möglich. Oftmals ist jedoch die passende Zeichung nicht zur Hand. Daher sollte eine über Internet verfügbare elektronische Zeichnungsdarstellung die Ersatzteilidentifikation unterstützen.

Abbildung 6.13 zeigt ein System zur Ersatzteilidentifikation. Der Kundendienstmitarbeiter oder Instandhalter loggt sich über ein Paßwort via Internet in das System ein. Dann wird er systematisch, ausgehend von der gesamten Maschinenstruktur, auf die Baugruppen hingeführt, um die Einzelteile identifizieren zu können. Die mit der Maus markierten Bauteile werden am Bildschirm farblich hervorgehoben sowie die dazugehörige Bauteilbezeichung mit der Teilenummer angezeigt.

An die Ersatzteilidentifikation kann sich eine Bestellung anschließen. Durch Doppelklick markierte Bauteile werden automatisch in die Bestelliste übernommen. Nach Bestätigen der Bestelliste wird das Formular via Internet-Technologie an das PPS-System des Maschinenherstellers gesendet, wo die Lieferpreise und Lagervorräte verwaltet werden. Der Mitarbeiter vor Ort erhält somit ein Feedback, zu welchem Preis seine Teile zu welchem Termin geliefert werden können.

6.6 Teleservice als Chance

Durch Einsatz neuer Informations- und Kommunikationstechnologien eröffnen sich neuartige Optimierungsmöglichkeiten im Service bezüglich der globalen Präsenz, Kundennähe, Reaktionsfähigkeit, Individualisierung der Dienstleistung und Wirksamkeit der Serviceaktivitäten. Neben der heute schon eingesetzten Maschinen- und Steuerungsdiagnose sind neue Dienstleistungen durch Teleservice möglich. Diese Möglichkeiten führen zu einer verbesserten Kundenbindung. Zu berücksichtigen ist, daß erst eine weltweite Verfügbarkeit großer Bandbreiten den durchgängigen Einsatz von Teleservice zur Prozeßüberwachung, Videokommunikation mit dem Instandhaltungspersonal oder eine Videoübertragung unter Echtzeitbedingungen ermöglicht hat.

Die durch Teleservice erreichbaren Wettbewerbsvorteile lassen sich überwiegend mit Internettechnologien erzielen, die neue Formen der Visualisierung von Daten, Bildern, Zeichnungen und Dokumenten in multimedialen Oberflächen ermöglichen. Eine Verknüpfung von Internettechnologien und Herstellerinformationssystemen ermöglicht eine zeitunabhängige, aktuelle und jederzeit verfügbare Dokumentation, Ersatzteilinformation sowie Bestellung. Im Vergleich zu herkömmlichen Systemen sind Zeitvorteile, die in Einzelfällen bis zu mehreren Wochen betragen können, bei der Instandsetzung möglich. Dieser Aspekt erhält eine besondere Bedeutung, da Kunden immer weniger bereit sind, lange Servicezeiten und damit Produktionsausfallzeiten zu akzeptieren.

Zukünftig wird eine weltweite Verfügbarkeit des Service eine wettbewerbsentscheidende Rolle übernehmen. Nur Unternehmen, die auf Kundenanforderungen schnell und wirtschaftlich reagieren können, werden erfolgreich sein. Qualitativ hochwertige, jederzeit verfügbare Dienstleistungen werden in Zukunft ein entscheidendes Kaufkriterium für Maschinen und Anlageninvestoren darstellen.

Der Maschinenhersteller ist für seinen Kunden ein Ansprechpartner und Problemlöser für spezielle Fertigungsaufgaben und damit rückt er in die Nähe des Betreibers der von ihm gelieferten Anlage. Maschinenbauer müssen sich deshalb aus einem bisher ungewohnten Blickwinkel mit Instandhaltungsproblemen beschäftigen. Mit dem Einsatz von Teleservice können diese Probleme besser gelöst werden. Auch Serviceanfragen können deutlich schneller abgewickelt werden. Ebenso können die Instrumente des Teleservice auch Kooperationsnetzwerke zwischen Herstellern unterstützen.

6.7 Glossar

ActiveX. Die ActiveX-Technologie ist eine Produktfamilie, die von Microsoft und anderen Firmen entwickelt wurde, um Web-Seiten Multimedia-Möglichkeiten wie

Video, Audio, Animation und Virtuelle Realitäten hinzuzufügen. Dazu verwenden die Entwickler sogenannte ActiveX-Controls zum Verbinden und Einbetten von Objekten (Object Linking and Embedding OLE). ActiveX ist zwar gedacht als plattformübergreifende Lösung, wird aber nicht von allen Betriebssystemen unterstützt. Anwendungen des Konkurrenzproduktes „Java" laufen hingegen auf jedem Betriebssystem. Java entspricht damit der Internet-Philosophie.

ADSL. **A**symmetric **D**igital **S**ubscriber **L**ine. ADSL nutzt, ähnlich wie ISDN, einfache Kupferleitungen zur digitalen Datenübertragung, arbeitet aber mit höheren Transferraten. Bei ADSL können durch die zwei Kupferdrähte eines Telefonanschlusses beim Upstream 640 KBit/s und beim Downstream sogar bis zu 6 MB/sec erreicht werden (ISDN: 64 KBit/s). Verschiedene europäische Telekommunikationsgesellschaften planen die Einführung der ADSL-Technik.

Breitbandkabel. Kabel mit hoher Übertragungskapazität für Rundfunk und Daten. Die Bandbreite wird in Hertz gemessen.

Browser. Softwareprogramm zum Durchstöbern (Surfen) und für die gezielte Informationssuche im Internet. Ein Browser stellt die WWW-Informationen grafisch anschaulich dar und ermöglicht das Anwählen von verschiedenen Diensten (HTTP, FTP, Gopher, Newsgroups etc.).

Callcenter. Computerbasierte Informationszentrale, die Auskunft zu speziellen Produkten und Dienstleistungen gibt und die über Telefon erreichbar ist.

FTP. **F**ile **T**ransfer **P**rotokol: Protokoll zur Übertragung von Dateien, das auf TCP/IP basiert. FTP bezeichnet sowohl Protokoll als auch Programm für den FTP-Dienst im Internet.

Gateway. Übergang von einem Datennetz in ein anderes. Gateways spielen im Internet, das ja aus vielen Einzelnetzen besteht, eine zentrale Rolle.

GSM. Das **G**lobal **S**ystem of **M**obile Communication ist ein technischer Standard für die digitale Funktelefonie. Mit Hilfe dieser Technik lassen sich auch Daten übertragen. Mittlerweile werden Mobiltelefone mit integriertem PC samt Internet- und Faxsoftware angeboten.

H263. H 263+ ist ein Standard für Audio- und Videokonferenzen.

HTTP. **H**ypertext **T**ransfer **P**rotocol ist das im World Wide Web genutzte Datenübertragungsprotokoll.

Hyperlinks. Auf einzelnen Web-Seiten findet der Benutzer gekennzeichnete Querverweise zu anderen Informationen im World Wide Web.

Internet. Weltweit größtes Computernetzwerk. Ursprünglich wurde das Internet vom Militär genutzt. Durch das World Wide Web wurde das Internet populär.

Internet Adresse. Weltweit eindeutige Kennung, die jeder Computer benötigt, der an das Internet angeschlossen ist.

ISDN. Integriertes System für digitale Netzwerkdienste zur Zusammenfassung der Dienste: Fernsprechen, Bildschirmtext, Teletex, Video- Daten- und Faxübertragung. Ein ISDN-Basisanschluß ermöglicht zwei Basiskanäle zu je 64 Kbit/s und einen Dienstkanal zu 16 Kbit/s. Die Basiskanäle übertragen Nutzdaten. Der Dienstkanal wickelt Protokollinformationen ab. Ein Primärmultiplexanschluß ermöglicht es, bis zu 30 Nutzkanäle anzuschließen und maximal 2 Mbit/s zu übertragen.

Java. (Sprich: „Tschawa"). Von der Firma Sun entwickelte, objektorientierte und rechnerunabhängige Programmiersprache die z.B. zur Gestaltung von Hypertext-Dokumenten verwendet wird. Dabei werden Quelltexte von Programmen durch einen Compiler in einen plattformunabhängigen Zwischencode übersetzt. Dieser kann auf beliebigen Rechnersystemen bzw. Plattformen abgearbeitet werden. In vielen WWW-Seiten sind sog. „Java-Applets" integriert, um Buttons und Grafiken zu animieren. Java-fähige Browser können diese Applets ausführen. Anders als beim Konkurrenzprodukt „ActiveX" von Microsoft laufen Java-Anwendungen auf jedem Betriebssystem.

JPEG. Steht für **J**oint **P**hotographic **E**xperts **G**roup Format. Standard-Format des WWW für fotorealistische Bilder. Das JPEG-Format komprimiert Bilddateien bis zu einer Farbtiefe von 24 Bit pro Pixel. Komprimierte Dateien entlasten die Netze und erlauben schnellere Übertragungzeiten. Das JPEG-Format eignet sich besonders zum Speichern von Bildern mit vielen Farbnuancen. Dabei werden visuell nicht wahrnehmbare Datenverluste bewußt in Kauf genommen, um hohe Kompressionsraten zu erzielen. Gescannte Fotos oder Bilder von digitalen Kameras werden häufig im JPEG-Format gespeichert.

LAN. Abkürzung für **L**ocal **A**rea **N**etwork. Bezeichnung für ein räumlich begrenztes Netzwerk von Computern wie z.B. das Netz innerhalb eines Unternehmens oder einer Behörde. Durch so verbundene Rechner können Ressourcen wie Drucker und Software geteilt werden und die Teamarbeit (Mail-Funktionen, gemeinsame Datenbestände) verbessert werden.

Modem. Abkürzung für **Mo**dulator/**Dem**odulator: Gerät, mit dem Computer über Telefonleitungen mit anderen Computern Informationen austauschen können.

MPEG. **M**otion **P**icture **E**xperts **G**roup. Standard zur Speicherung komprimierter Audio- und Videodaten. Solche Dateien haben die Dateiendung „.MPG" oder „.MPEG". Mit einem entsprechenden Plug-In ist ein Browser in der Lage, solche Dateien wiederzugeben.

Newsgroups. Ein Diskussionsforum im Internet, in dem Nachrichten ausgetauscht werden können. Die Foren sind nach Themen und Sachgebieten geordnet.

Protokoll. Kommunikationsvorschrift in Computer- und Telekommunikationsnetzen.

Service-Provider. Über einen Service-Provider erhält der Benutzer gegen Gebühren Zugang zum Internet.

TCP/IP. Abkürzung für **T**ransmission **C**ontrol **P**rotocol/**I**nternet **P**rotocol. Eigentlich zwei Protokolle, die meist aber gemeinsam verwendet werden, so auch im Internet und im LAN. Dadurch wird eine zuverlässige Rechner-Rechner-Kommunikation in einer Multinetzstruktur wie z.B. dem Internet ermöglicht.

Teledienste. Alle elektronischen Informations- und Kommunikationsdienste, die eine individuelle Übermittlung und Nutzung von kombinierbaren Daten wie Zeichen, Bildern oder Tönen ermöglichen.

Telekooperation. Zusammenarbeit von Personen, Arbeitsgruppen und von Unternehmen, auch über weite Distanzen hinweg, unter Nutzung multimedialer Technik.

Teleservice. Mit Hilfe von Multimedia können Ferndiagnosen über Datennetze zeitnah und weltweit an anspruchsvollen Maschinen und Anlagen durchgeführt werden.

Videokonferenz. Konferenzpartner sitzen an unterschiedlichen Orten. Bilder, Worte und ggf. Daten des jeweiligen Gesprächspartners werden übertragen und beim Gegenüber multimedial wiedergegeben.

Web Site. Der Platz, auf dem im Wold Wide Web Informationen zur Verfügung gestellt werden, in der Regel ein Server. Eine Web Site besteht aus mehreren Seiten (pages).

Web-Page. Informationsseite im World Wide Web.

World Wide Web (WWW). Teil des Internet auf Basis der Seitenbeschreibungssprache HTML. Der rasante Aufstieg des WWW als dominierende Internetanwendung begann 1993, als der erste leicht zu bedienende Browser entwickelt und frei zur Verfügung gestellt wurde. Der Reiz des WWW liegt darin, Informationen in einem weltweiten Netz benutzerfreundlich anzubieten.

WWW-Client. Computerprogramm (Browser), das HTML-Seiten und Bilder des World Wi e Web anzeigen kann.

WWW-Server. Computer, der durch ein Programm HTML-Seiten, Bilder, Video oder Audiodateien weltweit im Internet anbietet und an WWW-Clients mittels HTTP-Protokoll übermittelt.

Literatur

1 Arthur D. Little/VDI Nachrichten: Electronic Customer Care in der Investitionsgüterindustrie, VDI-Nachrichen, Düsseldorf (1998).

2 Fraunhofer Gesellschaft: Service-Support-System (S3-BaWü) für den Maschinenbau in Baden-Württemberg, Abschlußbericht, Stuttgart (1996).

7 Dezentrale Anlagen- und Prozeßverantwortung in der Praxis

7.1 Einleitung

Neue Produktionskonzepte, wie z.B. die Fraktale Fabrik, setzen einen ganzheitlichen Ansatz voraus, in dem alle Bereiche des Unternehmens auf die gemeinsamen Ziele ausgerichtet werden. Dies bedeutet eine stärkere Ausrichtung der indirekten Produktionsbereiche auf die Wertschöpfung, wie es z.B bei der Dezentralen Anlagen- und Prozeßverantwortung (DAPV) konsequent umgesetzt wird. DAPV ist ein Baustein der Fraktalen Fabrik, bei dem die Anlagenverantwortung an die Produktionsbereiche gegeben wird, zusammen mit dem dafür notwendigen Know-how.

Das FhG-IPA hat eine Vorgehensweise zur Dezentralisierung der Instandhaltung durch Integration von Instandhaltungsmitarbeitern in Produktionsbereiche für ein Großrohrwerk entwickelt. Dabei treten grundsätzlich zwei Problemstellungen auf: zum einen die unternehmensspezifische Ausgestaltung des DAPV-Konzepts, zum anderen die Umsetzung in die betriebliche Praxis.

7.2 Ziele der DAPV-Einführung

Durch neue Technologien und zunehmende Automatisierung sowie durch komplexere und kapitalaufwendigere Produktionsanlagen steigt der Instandhaltungsbedarf trotz moderner Diagnosetechnik weiter an. Mit steigendem Automatisierungsgrad wird die Instandhaltung ein zunehmend wichtiger Faktor für Produktivität und Qualität. Die Unternehmensführung fordert einen höheren Beitrag zum Betriebsergebnis, den die Instandhaltung nur auf zwei Arten erbringen kann: zum einen durch Senkung der Instandhaltungskosten, zum anderen durch eine höhere Anlagenverfügbarkeit. Letzteres ist jedoch in starren Strukturen nur durch eine Erhöhung des Instandhaltungsaufwands und damit der Instandhaltungskosten möglich. Das Ideal einer zustandsbasierten Instandhaltung (Condition-based maintenance, CBM), die das Kostenminimum zwischen hohen Instandhaltungskosten und hohen Maschinenausfallkosten darstellen würde, ist i.d.R. trotz Rechnereinsatz nur annäherbar. Dafür wäre eine ständige Kenntnis des Maschinenzustands erforderlich, d.h. betriebswichtige Parameter müssen häufig gemessen, ausgewertet und interpretiert werden. Die bisherigen Inspektionen durch die zentrale Instandhaltung liefern nicht die erforderlichen Informationen (zumindest nicht in ausreichendem Maße), und die notwendige Sensorik dafür ist noch in der Entwicklung oder sehr kostenintensiv.

7.2.1 Produktionsbetrieb für Großrohre

Der Betrieb, auf den sich das vorliegende Praxisbeispiel bezieht, stellt längsnahtgeschweißte Großrohre für den Bau von Pipelines her und beschäftigt ca. 650 Mitarbeiter. Dieser Betrieb gehört zu einem Unternehmen, das noch weitere Produktionsstätten im benachbarten Ausland betreibt, die ebenfalls Großrohre fertigen.

Das Werk wurde vor ca. 20 Jahren errichtet. Obwohl die wesentlichen Fertigungsanlagen aus dieser Zeit stammen, entspricht die Fertigung im weltweiten Vergleich mit den Mitbewerbern durch ständige Investitionen dem Stand der Technik.

Die Rohre der unterschiedlichen Aufträge unterscheiden sich in den Abmessungen (Länge von 12 m bis ca. 18 m, Durchmesser bis ca. 1600 mm, Wandstärke bis ca. 40 mm), im Werkstoff (verschiedene Stähle, teilweise mit hohen Festigkeiten kombiniert mit guten Zähigkeitseigenschaften und hoher Korrosionsbeständigkeit) und den Qualitätsanforderungen sowie der Oberflächenbehandlung.

Bei dem Fertigungsprozeß handelt es sich um einen auftragsbezogenen Fließprozeß, der sich durch eine enge Verkettung nichtredundanter Engpaßanlagen auszeichnet (ca. 75 Anlagen, automatischer Rohrtransport). Durch diese Verkettung kommt der technischen Verfügbarkeit aller Anlagen ein hoher Stellenwert zu.

Der Betrieb ist in klassischer Linienorganisation mit funktionaler Aufgabentrennung aufgebaut. Unterhalb der Werksleitung gliedern sich im wesentlichen die Bereiche Arbeitsvorbereitung, Produktion, Qualitätssicherung und Instandhaltung an.

Bestandteil des durchgeführten Projekts ist u.a. eine Neuausrichtung der Wertschöpfungskette nach Gesichtspunkten eines Fraktalen Unternehmens mit Einführung von Teamstrukturen. Parallel dazu soll die Instandhaltung neu gestaltet werden. Hier wird nur dieses Teilprojekt bezüglich der Instandhaltung betrachtet.

7.2.2 Ist-Situation

7.2.2.1 Organisation der Instandhaltung

Aufbauorganisation. Der Bereich Instandhaltung umfaßt 102 Mitarbeiter, davon 12 Ingenieure bzw. Techniker und 2 Meister, ansonsten Facharbeiter. Die Aufbauorganisation entspricht einer Linienorganisation. Dem Betriebschef der Instandhaltung sind die beiden Bereiche Mechanik und Elektrik unterstellt, die je von einem Betriebsleiter geführt werden. In jedem der beiden Bereiche sind neben dem Betriebsleiter ein weiterer Ingenieur sowie mehrere Techniker beschäftigt, da Anlagenkonstruktion und -modernisierung ebenfalls zu den Aufgaben der Instandhaltungsbereiche gehören (ca. 30 % des Instandhaltungsbudgets sind Investitionen). Auf der operativen

Ebene, die in beiden Fachbereichen von einem Meister geführt wird, arbeiten Vorarbeiter, Kolonnenführer und Facharbeiter. Durch diese vielen Hierarchiestufen ist ein durchgängiger Informationsfluß schwierig. Auf das Problem der Trennung zwischen E- und M-Bereich wird im folgenden noch eingegangen.

Qualifikation und Arbeitszeit. Im Gegensatz zur Produktion sind in der Instandhaltung auf der operativen Ebene für Werkstattarbeiten und für Instandhaltungstätigkeiten vor Ort ausschließlich Mitarbeiter mit einer Fachausbildung als Schlosser, Schweißer, Elektriker etc. beschäftigt. Diese Ausbildung ist auch als Grundlage für Erfahrungswissen zur Störungsbehebung (z.B. zur Diagnose) notwendig. Darüber hinaus werden die Mitarbeiter in mehreren Lehrgängen (Hydraulik, SPS, etc.) geschult.

Die Instandhalter arbeiten in zwei verschiedenen Schichtenplänen, zum einen in der Wechselschicht, zum anderen in der Tagschicht:

- Die Wechselschicht ist in beiden Fachbereichen in sechs Gruppen zu je drei Mitarbeitern eingeteilt. Zwei dieser sechs Gruppen arbeiten in der Frühschicht (6.00–14.00 Uhr), zwei Gruppen in der Spätschicht (14.00–22.00 Uhr) und eine Gruppe in der Nachtschicht (22.00–6.00 Uhr). Die sechste Gruppe hat zum Arbeitszeitausgleich arbeitsfrei. Der Samstag ist ein regulärer Arbeitstag, wobei die Spät- und die Nachtschicht jedoch arbeitsfrei haben. Die Einteilung der sechs Gruppen in Früh-, Spät-, Nacht- oder Freischicht wechselt wöchentlich.
  Da von Montag bis Freitag in der Früh- und Spätschicht produziert wird, sind die Mitarbeiter der Wechselschicht in dieser Zeit dafür zuständig, bei Störungen die Anlagen möglichst schnell wieder instandzusetzen, evtl. auch provisorisch. Die eigentliche Instandsetzung muß dann in produktionsfreier Zeit vorgenommen werden, also in der Nachtschicht, in Überstunden am Wochenende oder bei Rüstvorgängen.
- Die Mitarbeiter der Tagschicht arbeiten wie die Frühschicht von 6.00–14.00 Uhr. Diese Mitarbeiter setzen Reserve- und Tauschteile instand, und sie sind für die Vorbereitung und das Nacharbeiten von Instandsetzungen zuständig. Darüber hinaus arbeiten die Mitarbeiter der Tagschicht in den Gruppen der Wechselschicht mit, wenn diese Gruppen durch Fehlzeiten (Urlaub, Krankheit, Schulung) nicht von den Wechselschicht-Mitarbeitern alleine voll besetzt werden können.

Die Qualifikation der Tagschicht-Mitarbeiter ist trotz gleicher Basisqualifizierung bezüglich Anlagenkenntnis und Instandsetzungs-Know-how geringer als die der Wechselschicht-Mitarbeiter:

- Die Wechselschicht-Mitarbeiter haben durch ihre Vor-Ort-Arbeiten bei unterschiedlichen Störungen ein hohes Maß an Erfahrungswissen gesammelt.
- Das persönliche Engagement der Wechselschicht-Mitarbeiter bei der Arbeit ist meist höher als bei den Mitarbeitern der Tagschicht aufgrund der abwechslungsreicheren Tätigkeiten.
- Die Arbeiten der Tagschicht sind oft einfachere Routinearbeiten (z.B. Instandsetzen immer gleicher Ersatzteile), wodurch nicht benötigtes Wissen und Können leicht vergessen bzw. verlernt wird.

Diese Trennung bedingt eine Konzentration des Instandsetzungs-Know-how nur auf die Wechselschicht-Mitarbeiter und senkt dadurch die Personaleinsatzflexibilität. Ein weiteres Problem dieser Unterscheidung ist die mangelnde Förderung und dadurch die fehlende Motivation der Tagschicht-Mitarbeiter.

Trennung Mechanik/Elektrik. Jeder Fachbereich (M und E) unterhält zwei Werkstätten, wobei die Büros der Ingenieure und Techniker der jeweiligen Hauptwerkstatt angegliedert sind. Benachbart zur M-Hauptwerkstatt liegt die Kranwerkstatt, in der Schlosser- und Schweißarbeiten hauptsächlich für Krananlagen durchgeführt werden.

Der E-Bereich hat außer der Hauptwerkstatt noch eine Stützpunkt-Werkstatt für die Mitarbeiter der E-Wechselschicht.

Die räumliche Trennung zwischen dem M- und dem E-Bereich bedingt das Problem des „Abteilungsdenkens“ zwischen den Fachbereichen, welches die Zusammenarbeit über die Bereichsgrenzen hinaus behindert. Störungen an den Anlagen werden eingeteilt in M- und E-Störungen. Die Produktionsmitarbeiter verständigen im Störungsfall den jeweiligen Fachbereich. Wenn sie die Störung aufgrund ihrer geringen Anlagenkenntnis nicht einordnen können, was meist der Fall ist, werden Elektriker und Schlosser benachrichtigt. Vor Ort ist die unzureichende Zusammenarbeit zwischen den beiden Fachbereichen ein Problem: Sobald die Störung nach M oder E klassifiziert ist, wird die Anlage vom „zuständigen“ Instandhalter instandgesetzt; der Mitarbeiter des anderen Fachbereichs kehrt zu seiner Werkstatt zurück, ohne seinen Kollegen zu unterstützen.

Bei Baugruppen, die mechanische und elektrische Komponenten besitzen, ist die Grenze zwischen mechanischen und elektrischen Aufgaben scharf gezogen (z.B. Motoren mit Getriebe, elektrisch angesteuerte Hydraulikventile). Bei Arbeiten an solchen Baugruppen ist der Koordinationsaufwand zwischen den Fachbereichen hoch. Durch die Einteilung der Störungen nach E-Ursache oder M-Ursache kann die Störungsbehebung verzögert werden. Beispiel: Wenn ein defektes Hydraulikventil ausgetauscht wird, ist die Störung eine M-Störung. Wenn der Fachbereich die mechanische Ursache „Defektes Ventil“ nicht akzeptiert, wird weiter nach der Ursache gesucht, da das Ventil elektrische Unterbaugruppen enthält (Ansteuerung), deren Defekt die Störung zu einer E-Störung machen würden.

7.2.2.2 Trennung Instandhaltung/Produktion

In der Aufbauorganisation des Betriebes zieht sich die funktionale Trennung zwischen Produktion und Instandhaltung von der Werksleitung bis zur operativen Ebene durch alle Hierarchiestufen. Diese tayloristische Aufgaben- und Verantwortungstrennung fördert ein Bereichsdenken und bildet auf allen Ebenen horizontale Schnittstellen, die weitere Probleme nach sich ziehen.

Die Produktion trägt (zusammen mit der Qualitätssicherung) die Mengen- und Qualitätsverantwortung, die Instandhaltung ist verantwortlich für Störungen, also für

Anlagenzustand und -verfügbarkeit. Beide Bereiche arbeiten an den selben Anlagen mit unterschiedlichen Zielen. Diese Konkurrenz ist keineswegs produktiv, da jeder Bereich sein eigenes Optimum anstrebt. Durch fehlende ganzheitliche Prozeßverantwortung wird jedoch das Unternehmensoptimum nur schwerlich erreicht.

Ingenieurs-Ebene. Auf der Ebene der Ingenieure ist das Wissen geteilt in Anlagen-Know-how bei den Betriebsingenieuren der Instandhaltung und in Produktions-Know-how bei den Ingenieuren der Produktion. Eine synergetische Zusammenarbeit zur gemeinsamen Nutzung ihres Know-hows findet kaum statt, selbst die eigenständigen Bemühungen einzelner Mitarbeiter der Bereiche, Anlagen und Prozesse zu optimieren, sind, mangels Koordination mit dem jeweils anderen Bereich, wenig effektiv. Durch die räumliche Situation – die Büros der Produktionsingenieure und die der Ingenieure und Techniker der Instandhaltung sind in verschiedenen Gebäuden untergebracht – wird die Problematik der Kommunikation weiter verstärkt.

Sowohl auf der Produktionsseite als auch im Instandhaltungsbereich sind den Ingenieuren und den Technikern jeweils einzelne Abschnitte des Fließprozesses zugeordnet, die allerdings nicht deckungsgleich miteinander sind. Diese unterschiedliche Zuordnung führt dazu, daß ein Produktionsingenieur mehrere Ansprechpartner auf der Instandhaltungsseite hat: Je Anlagenbereich einen im Fachbereich Elektrik und einen Ansprechpartner im Fachbereich Mechanik.

Auswahl und Bestellung von kleinen Anlagen werden z.T. von der Produktion alleine vorgenommen, ohne das Fachwissen der Instandhaltung hinzuzuziehen

Für die Installation und die nachfolgende Betreuung der Anlagen ist die Instandhaltung zuständig. Durch mangelnde Koordination im Vorfeld der Anlagenbeschaffung entstehen verschiedene organisatorische und technische Probleme:

- Oftmals ist die Installation aufgrund fehlender Kompatibilität schwierig (z.B. Anschluß der Energieversorgung: 500 V Netzspannung sind vorhanden, die Maschine ist für 380 V vorgesehen).
- Teilweise unterscheiden sich neue Anlagen unnötigerweise in technologischen Details von bereits vorhandenen, wodurch sich die Instandhaltung erschweren kann, da dafür neues Know-how erforderlich ist oder neue Werkzeuge und Ersatzteile beschafft werden müssen.

Meister-Ebene. Meister bzw. Vorarbeiter der Produktion und der Instandhaltung kommunizieren nur sporadisch miteinander, da jeder seine Interessen (Anlagen bei der Instandhaltung, Prozeß bzw. Produktivität bei der Produktion) und das dafür erforderliche Know-how im jeweils anderen Bereich nur unzureichend vorfindet.

Wöchentlich werden von den Meistern und Vorarbeitern der Produktion die zu beseitigenden Schäden an den Anlagen aufgelistet; diese Liste erhält die Instandhaltung. Da keine Abstimmung zwischen der Instandhaltung und der Produktion bezüglich des Anlagenzustands und der vorbeugenden Instandsetzung erfolgt, setzt jeder Bereich diesbezüglich andere Prioritäten. Die einzelnen Positionen auf der Schadensliste der Produktion werden von der Instandhaltung nur zu einem geringen Teil abgearbeitet, da die Schäden als unwichtig bewertet werden (defekte Beleuchtungen, undichte Stellen an der Hydraulik usw.). Eine Rückmeldung hinsichtlich der behobenen Schäden erfolgt nicht.

Diese schlechte Kommunikation und das fehlende gegenseitige Verständnis gehören zusammen. Das gemeinsame Optimum kann nur erreicht werden, wenn zwischen Produktion und Instandhaltung die Ziele der Produktivität, der Qualität und des Anlagenzustands abgestimmt werden.

Werker-Ebene. Bedingt durch den gleichbleibenden Fließprozeß sind an den einzelnen Produktionsanlagen nur regelmäßig wiederkehrende einfache Tätigkeiten auszuführen; aus diesem Grund arbeiten meist nur angelernte Arbeiter mit geringer Qualifikation als Maschinenbediener. Lediglich zum Rüsten und zur Wartung gewisser Werkzeuge arbeiten vereinzelt Facharbeiter, meist Schlosser, in der Produktion.

Aufgrund fehlender Verantwortung für den Anlagenzustand oder für das Auftreten von Störungen identifizieren sich die Maschinenbediener nicht mit den Produktionsanlagen, sie beschränken sich auf reine Produktionsaufgaben. Lediglich 14-tägig werden die Anlagen in produktionsfreien Schichten gereinigt, oftmals nur oberflächlich, teilweise auch aus Unkenntnis falsch. So wird z.B. Staub und Schmutz mit Druckluft in Lager geblasen. Durch späteren Verschleiß verschlechtert sich somit der Anlagenzustand. Über die Reinigung hinausgehend, findet durch Mitarbeiter der Produktion keine vorbeugende Instandhaltung statt. Sich ankündigende Störungen während der Produktion werden von den Mitarbeitern oftmals ignoriert. Erst wenn die Anlage steht oder das Produktionsergebnis außerhalb der Qualitätsvorgaben liegt, wird der Instandhaltungsbereich verständigt.

Obwohl der Produktionsbereich räumlich stark ausgedehnt ist und eine Vielzahl von Anlagen instandzuhalten sind, arbeiten die Instandhaltungsmitarbeiter nicht anlagenbezogen, sondern werden im ganzen Bereich eingesetzt. Dadurch ist bei den Instandhaltern keine direkte Anlagenidentifikation vorhanden. Darüber hinaus besteht zu den einzelnen Mitarbeitern der Produktion nur ein geringer Kontakt: Neben dem Problem der räumlichen Ausdehnung des Produktionsbereiches arbeiten die Produktionsmitarbeiter nach einem anderen Schichtplan als die Instandhalter, was die Koordination erschwert.

Die Instandhaltung verwendet den größten Teil ihrer Kapazität auf die Störungsbehebung („Feuerwehr-Prinzip") statt auf präventive Instandhaltung, was einen schlechten Anlagenzustand bedingt. Im Störungsfall kommt es durch die eng verketteten Produktionsanlagen schnell zu einem Stillstand des Materialflusses, dadurch sind die Ausfallfolgekosten hoch (ca. 20 TDM/h). Durch eine technische Störung, die mit lokalen Stockungen des Materialflusses verbunden ist, kann es zeitversetzt (evtl. noch eine Schicht später) zu „Platz belegt" an vorgelagerten Anlagen oder zu „Keine Rohre" an nachgelagerten Anlagen führen.

Von den Instandhaltungswerkstätten legen die Instandhalter lange Wege zurück, bevor sie zur Diagnose an die gestörte Anlage kommen. Nachdem die Störungsursache gefunden ist, müssen die Instandhalter oftmals in ihre Werkstatt zurück, um die richtigen Ersatzteile oder Werkzeuge zu holen. Bei der Betrachtung der kostenintensiven Stör- bzw. Produktionsausfallzeiten dürfen die hohen Wegezeiten der Instandhalter nicht vernachlässigt werden.

Im Störungsfall helfen die Maschinenbediener bei den Instandsetzungsarbeiten den Instandhaltern nicht, sondern machen währenddessen Pause. Durch die Verkettung der Anlagen sind viele Mitarbeiter im Störungsfall unbeschäftigt.

Die mangelnde Identifikation resultiert bei den Produktionsmitarbeitern aus fehlender Verantwortung und fehlendem Anlagen-Know-how und bei den Instandhaltern aus einer Zuordnung zu einer Vielzahl von Anlagen. Dies führt zu einem schlechten Anlagenzustand und dadurch zu hohem störungsbedingten Instandhaltungsaufwand und zu einem schlechten Produktionsergebnis aufgrund vieler Stillstandsphasen.

7.2.3 Zielsetzung

Diese Vielzahl von Problemen kann nur durch grundlegende organisatorische Verbesserungen minimiert werden. Die Ziele dieser Neugestaltung sind daher:

- Optimierung der Zusammenarbeit zwischen Instandhaltung und Produktion auf allen Ebenen, vor allem im operativen Bereich.
- Erhöhung der Anlagenidentifikation und der Qualifikation der Maschinenbediener zur stärkeren Einbindung in Instandhaltungstätigkeiten, besonders zur Prävention von technischen Störungen.
- Erhöhung der Anlagenidentifikation bei den Instandhaltungs-Mitarbeitern zur Verbesserung des Anlagenzustands und zur Erhöhung der Anlagenverfügbarkeit.
- Minimierung der Wegezeiten der Instandhalter zur Störungsbehebung.
- Weiterqualifizierung der Schlosser und Elektriker zu multifunktionalen Instandhaltungs-Mitarbeitern, um den Koordinationsaufwand zwischen den Fachbereichen zu reduzieren.
- Weiterentwicklung der störungsbedingten Instandhaltung zu einer zustandsbasierten Instandhaltung.

Durch diese Maßnahmen soll zum einen die technische Verfügbarkeit der Anlagen um ca. 5% erhöht werden, zum anderen sollen die Personalkosten der Instandhaltung um 15% gesenkt werden (z.B. durch Senkung der Wochenend-Überschichten).

7.3 Unternehmensspezifische Ausgestaltung eines Konzeptes zur Dezentralen Anlagen- und Prozeßverantwortung DAPV

7.3.1 Konzept der Wertschöpfungskette

Um in der Wertschöpfung die bestehende Organisationsform der Meisterbereiche mit zahlreichen Hierarchieebenen durch fraktale Strukturen abzulösen, sollen Arbeits- und Lenkungsteams eingeführt werden.

7.3.1.1
Arbeitsteams

Die Hauptaufgabe der Arbeitsteams ist neben dem operativen Ausführen der Produktionsschritte auch die Feinsteuerung des Produktionsprozesses (Abb. 7.1). Das bedeutet, daß mehr Entscheidungen als bisher über den Produktionsablauf direkt am Prozeß getroffen werden. Hierfür müssen für die Arbeitsteams die benötigte Qualifikation und die Entscheidungskompetenz geschaffen werden.

Der disziplinarische Vorgesetzte des Arbeitsteams ist der Teamleiter. Das bisherige Vordenken und Vorgeben der Meister soll durch ein Motivieren und Lenken der Teamsprecher ersetzt werden. In wöchentlichen Teamsitzungen sollen Optimierungsideen besprochen werden, die zur Erreichung der Teamziele beitragen.

7.3.1.2
Lenkungsteams

Ein Lenkungsteam ist ein Fraktal, das mehreren Arbeitsteams übergeordnet ist. Die Hauptaufgaben der Lenkungsteams ist die Planung und die Optimierung des Wertschöpfungsprozesses. Eine weitere wichtige Funktion ist die Lenkung der Arbeitsteams, die im Lenkungsteam durch den Arbeitsteamleiter (rollierend mit anderen Mitarbeitern des Arbeitsteams) vertreten werden. Darüber hinaus arbeiten die Techniker und die Betriebsingenieure in den Lenkungsteams mit.

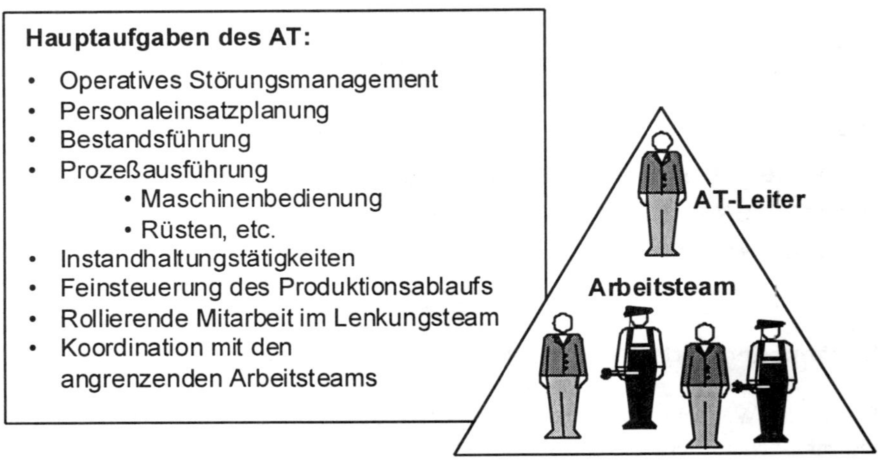

Abb. 7.1. Das Arbeitsteam (AT) uns seine Aufgaben.

7.3.2 DAPV-Konzept der Instandhaltung

Voraussetzung für die Selbstorganisation der Produktionsfraktale ist deren Befugnis dazu. D.h. mit der Einführung fraktaler Strukturen muß eine Änderung der bisherigen Führungskultur verbunden sein („Lenken statt Führen"). Über die Befugnis zur Selbstorganisation hinaus ist die Kompetenz zur Selbstorganisation und zur Selbstverantwortung eine weitere Voraussetzung.

Um diese notwendige Kompetenz in den Produktionsfraktalen (Arbeitsteams) zu erhalten, ist zum einen die Abgabe von Wissen und Informationen von oben nach unten in der klassischen Hierarchie (Linienorganisation) erforderlich. Zum anderen muß auch das Wissen aus den indirekten Produktionsbereichen in die Teams der Wertschöpfung übertragen werden, in erster Linie aus der Instandhaltung und aus der Qualitätssicherung. An diesen Gedanken knüpft die DAPV (Dezentrale Anlagen und Prozeßverantwortung) an, die ein Baustein der Fraktalen Fabrik bezüglich der indirekten Produktionsbereiche ist. Der Grundgedanke dieses Konzepts ist die Übertragung der Verantwortung für die Produktionsanlagen und den gesamten Prozeß an die Produktionsteams. Dafür wird in diesen Teams Instandhaltungs-Know-how benötigt, für dessen Transfer von der Instandhaltung in die Produktion mehrere Konzepte bestehen: beispielsweise Schulung der Produktionsmitarbeiter oder dezentrale Instandhaltungswerkstätten.

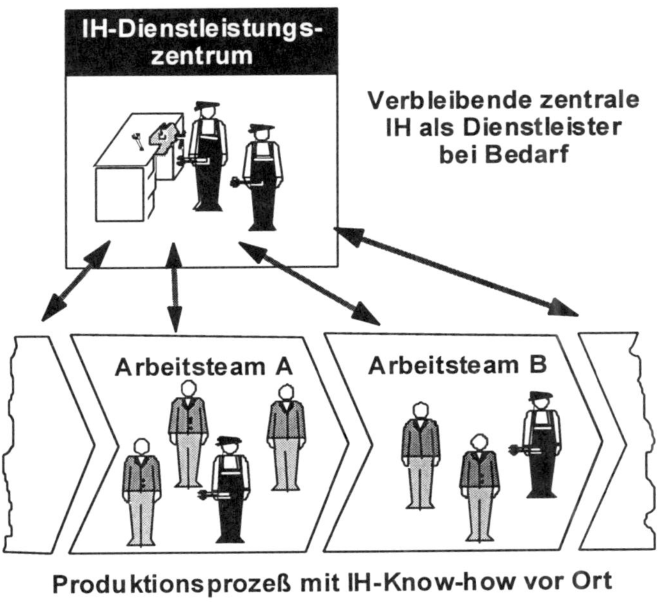

Abb. 7.2. Konzept der DAPV.

Ein weiteres Konzept zum Transfer von Instandhaltungs-Know-how ist die Integration von Instandhaltungsmitarbeitern in die Produktion, d.h. eine disziplinarische Unterstellung. Von den integrierten Instandhaltern, den sogenannten Betriebsinstandhaltern, werden die Anlagenbediener schrittweise in Instandhaltungstätigkeiten eingewiesen und zur eigenverantwortlichen Durchführung von Wartungen und Inspektionen angeleitet. Der Instandhaltungsbedarf (geplante Instandhaltung und Störungsbehebungen) wird weitestgehend von den Betriebsinstandhaltern und den Anlagenbedienern vor Ort abgedeckt. Zusätzlich übernehmen die integrierten Betriebsinstandhalter in geringem Umfang Produktionstätigkeiten wie z.B. Rüsten. Die verbleibende zentrale Instandhaltung wird nur bedarfsweise hinzugezogen als Dienstleister für die Produktion (evtl. als Cost-Center organisiert).

Mit diesem Konzept führt die DAPV zu einem festen organisatorischen Rahmen, da die Anlagen- und Prozeßverantwortungen eindeutig zugeordnet werden. Darüber hinaus bietet die DAPV bestehende Konzepte zur Realisierung und geht damit über die japanische Philosophie des „Total Productive Maintenance" (TPM) hinaus, bei der die Produktionsmitarbeiter ebenfalls verstärkt in Instandhaltungstätigkeiten eingebunden werden.

Neben der Integration von Betriebsinstandhaltern zur Instandhaltung sehen andere Instandhaltungs-Integrationskonzepte ebenfalls integrierte Instandhaltungsmitarbeiter in der Produktion vor. Sie arbeiten fast ausschließlich als Maschinenbediener, nur ein geringer Anteil ihrer Arbeitszeit wird für Instandhaltung verwendet. Dadurch werden geplante Maßnahmen vernachlässigt und der Anlagenzustand verschlechtert sich und darüber hinaus verlieren die integrierten Instandhalter langfristig ihr Instandhaltungs-Know-how (Wissenserosion).

Im Konzept der DAPV werden diese Nachteile vermieden. Für eine unternehmensspezifische Gestaltung der Instandhaltung gibt DAPV jedoch lediglich einen groben Rahmen vor. Für das oben beschriebene Großrohrwerk soll im folgenden ein spezifisches DAPV-Feinkonzept entwickelt werden. Dabei wird davon ausgegangen, daß in der Produktion bereits fraktale Teamstrukturen bestehen, da sie in dem betrachteten Betrieb in einem anderen Teil des Projekts parallel eingeführt werden. Dieses DAPV-Konzept kann jedoch nicht direkt auf andere Betriebe übertragen werden. Die prinzipielle Vorgehensweise zur Erarbeitung eines solchen Feinkonzepts und zur Realisierung ist in Kapitel 7.4 dargestellt.

7.3.2.1
Instandhaltungs-Dienstleistungszentrum

Neben den in dezentrale Produktionsstrukturen integrierten Betriebsinstandhaltern bleibt weiterhin eine zentrale Instandhaltung bestehen, da nicht für alle Funktionen der Instandhaltung dezentral Personal, Know-how und Betriebsmittel in wirtschaftlich sinnvollem Umfang vorgehalten werden können. Darüber hinaus sind Bedarfsspitzen in den Produktionsfraktalen bereichsübergreifend bereitzustellen.

Um die beschriebenen Probleme der Ist-Situation zu minimieren und um die bestmögliche Zusammenarbeit mit den Arbeits- und Lenkungsteams der Produktion zu

erhalten, soll die verbliebene zentrale Instandhaltung in ein Dienstleistungszentrum umgewandelt werden. Zwischen diesem Dienstleistungszentrum, das innerhalb des Unternehmens ein eigenes Fraktal bildet, und der Produktion soll eine Kunden/Lieferanten-Beziehung eingeführt werden. Dies bedeutet, daß spezielle Instandhaltungsleistungen nachfrageorientiert in horizontalen Regelkreisen zwischen dem Dienstleistungszentrum und der Produktion gehandelt werden. Die Kosten dafür liegen in der Verantwortung des Dienstleistungszentrums.
Das Instandhaltungs-Dienstleistungszentrum erfüllt folgende Aufgaben:

- Anlagentechnisches Engineering
  Anlagen-Know-how muß weiterhin vorgehalten werden für Schwachstellen-Analysen und Anlagenoptimierung. In Instandhaltungs-Zirkeln sollen mit geeigneten Methoden technische Schwachstellen beseitigt werden, z.B. mit der Schadensmöglichkeits- und -einflußanalyse (SMEA, siehe Abb. 7.3). Dabei werden Mitarbeiter unterschiedlicher Bereiche und unterschiedlicher Qualifikation eingebunden (Ingenieure, Techniker, Facharbeiter des Dienstleistungszentrum und Betriebsinstandhalter). Durch die Beteiligung von Vertretern der Produktion können auch Prozeß-Know-how bzw. Anforderungen des Prozesses verstärkt einfließen. Durch das Aktivieren latenter Mitarbeiter-Potentiale (Arbeitserfahrung, Kreativität) können dabei praktikable Lösungen erarbeitet werden.

Schadensmöglichkeits- und -einflußanalyse

Anlage/Baugruppe Datum:

Schaden	Mögliche Folge des Schadens	Mögliche Schadensursache	Derzeitiger Zustand: Inspektion	Auftreten	Schwere	Entdeckung	Risiko-Prioritäts-Zahl	Empfohlene Abstellmaßnahmen (Inspektion, Konstruktionsänderung)	Verantwortlich	Verbesserter Zustand: Getroffene Maßnahmen	Auftreten	Bedeutung	Entdeckung	Risiko-Prioritäts-Zahl

Wahrscheinlichkeit des Auftretens
Vorkommen des Schadens:

unwahrscheinlich	1
sehr gering	2-3
gering	4-6
mäßig	7-8
hoch	9-10

Schwere
Auswirkung auf die Produktion

kaum wahrnehmbar	1
unbedeutend	2-3
mäßig schwer	4-6
schwer	7-8
äußerst schwer	9-10

Wahrscheinlichkeit der vorzeitigen Entdeckung
(vor Eintreten des Schadens)

hoch	1
mäßig	2-5
gering	6-8
sehr gering	9
unwahrscheinlich	10

Priorität (RPZ)

hoch	1000
mittel	125
keine	1

Abb. 7.3. SMEA-Formblatt.

- Instandhaltungsplanung und Strategieentwicklung, Kosten-Controlling, Investitionen, usw.
  Zum Kosten-Controlling wird eine automatisch lesbares Erfassungsformular (Abb. 7.4) eingeführt, das alle Instandhalter (auch Betriebsinstandhalter) für jede Tätigkeit, die länger als 2 Stunden dauert, ausfüllen. Der Name des Mitarbeiters ist bereits vorgedruckt, weitere Angaben werden durch einfaches Markieren vorgedruckter Felder gemacht. Die Daten können DV-technisch eingelesen, gespeichert und spezifisch ausgewertet werden, was die Transparenz bezüglich der durchgeführten Instandhaltungstätigkeiten erheblich steigert.

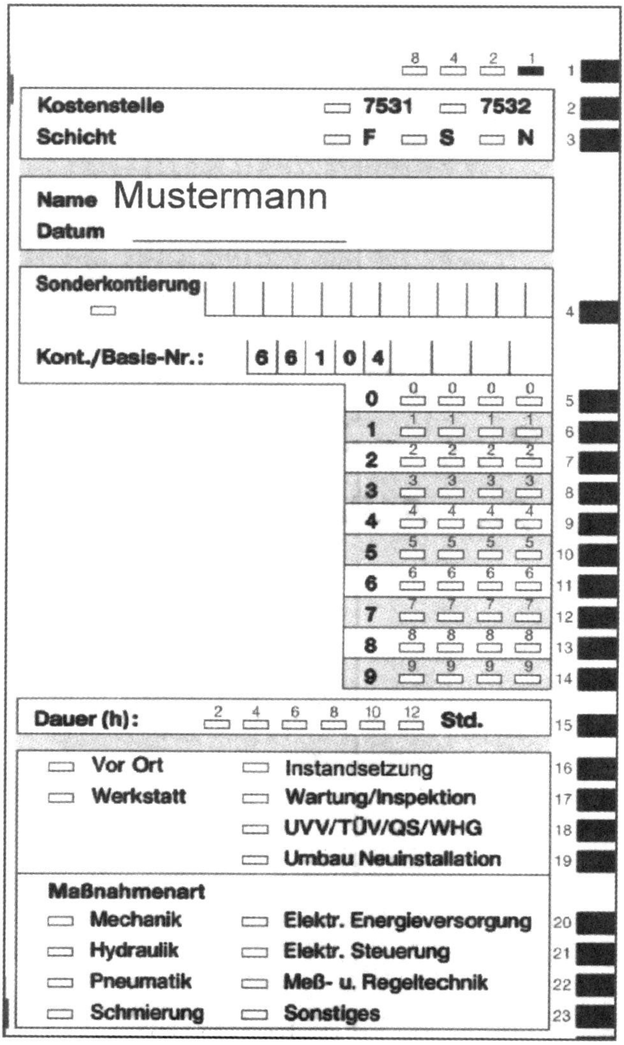

8 4 2 1

Kostenstelle ▭ 7531 ▭ 7532

Schicht ▭ F ▭ S ▭ N

Name Mustermann

Datum ____________

Sonderkontierung ▭

Kont./Basis-Nr.: 6 6 1 0 4

0 1 2 3 4 5 6 7 8 9

Dauer (h): 2 4 6 8 10 12 Std.

▭ Vor Ort ▭ Instandsetzung

▭ Werkstatt ▭ Wartung/Inspektion

▭ UVV/TÜV/QS/WHG

▭ Umbau Neuinstallation

Maßnahmenart

▭ Mechanik ▭ Elektr. Energieversorgung

▭ Hydraulik ▭ Elektr. Steuerung

▭ Pneumatik ▭ Meß- u. Regeltechnik

▭ Schmierung ▭ Sonstiges

Abb. 7.4. Erfassungsformular (Originalgröße).

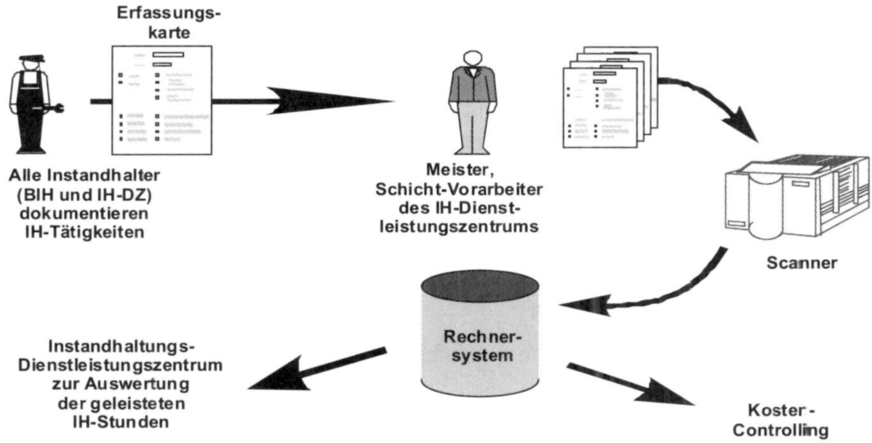

Abb. 7.5. Wirtschaftliches Controlling.

- Ausgleich von Instandhaltungs-Bedarfsspitzen
  Das Dienstleistungszentrum unterstützt bei Bedarf die Produktionsfraktale mit Know-how, Personal (z.B. bei großen oder komplexen Störungen) und mit speziellen Betriebsmitteln, die aus Kostengründen nur zentral vorgehalten werden können.
- Materialwirtschaft der Instandhaltung
  Der Bedarf der Betriebsinstandhalter an Ersatzteilen und Hilfs- und Betriebsstoffen wird über das Dienstleistungszentrum gedeckt.
- Bereichsübergeordnete Instandhaltung
  Instandhaltung von Kranen, Werkzeugbau, Gebäudetechnik, Ver- und Entsorgung etc.
- Betreuung von Fremdleistern
- Fachliche Betreuung der Betriebsinstandhalter
  Die fachliche Weisungsbefugnis bezüglich der Betriebsinstandhalter liegt beim Dienstleistungszentrum, da die disziplinarischen Vorgesetzten (Teamleiter der Produktionsfraktale) nicht über das notwendige Know-how verfügen (Schulungen, UVV, etc.). Bezüglich der Weiterbildung der Betriebsinstandhalter in Schulungen erfolgt eine Abstimmung zwischen dem Dienstleistungszentrum und dem Produktionsfraktal.

7.3.3.2 Integration

Integrationsbereiche in der Produktion. In der Organisationsstruktur der Fertigung bilden die Arbeitsteams der operativen Ebene die Basiseinheiten und damit die „kleinsten“ Fraktale, auf denen übergeordnete Fraktale aufbauen. Wenn die Betriebsinstandhalter im Sinne der Fraktalen Fabrik und der DAPV direkt in die einzelnen Arbeitsteams integriert werden, können folgende Vorteile erreicht werden:

- Die Mitarbeiter bilden ein Team mit einheitlichem Verantwortungsbereich.
- Eine maximale Identifikation der verantwortlichen Mitarbeiter mit den Anlagen.
- Kleine, schnelle Regelkreise zwischen Betriebsinstandhalter und Teamkollegen (Maschinenbediener).
- Minimale Wegezeiten in überschaubaren Bereichen.

Durch diese direkte Zuordnung der Betriebsinstandhalter in die Arbeitsteams der Produktion entsteht jedoch auch eine Reihe von Nachteilen:

- Ein Ausgleich bezüglich Instandhaltungs-Kapazität zwischen den Arbeitsteams ist schwierig.
- Erhöhter Kommunikations- und Koordinationsaufwand für das Instandhaltungs-Dienstleistungszentrum mit Betriebsinstandhaltern in einer Vielzahl von Arbeitsteams.
- Im einzelnen Arbeitsteam ist die Flexibilität der Betriebsinstandhalter untereinander stärker eingeschränkt bezüglich Arbeitszeitmodell und Absentismus (durch Urlaub oder Krankheit).

Die erarbeitete Lösung im beschriebenen Projekt ist ein Kompromiß, bei dem die aufgeführten Nachteile weitestgehend vermieden werden.

Die Betriebsinstandhalter werden in arbeitsteamübergreifende Bereiche integriert. Die Bereichseinteilung hält sich streng an die Zuständigkeitsbereiche der Lenkungsteams, d.h. der den Arbeitsteams übergeordneten Organisationseinheiten. Um die Koordination zwischen der Gruppe der Betriebsinstandhalter und den Arbeitsteams einfach zu gestalten, werden sogenannte „Patenschaften“ der einzelnen Betriebsinstandhalter für die Arbeitsteams festgelegt. Der Betriebsinstandhalter setzt sich bevorzugt für die Belange seines Arbeitsteams ein, z.B. nimmt er an dessen Teamsitzungen teil. Darüber hinaus ist er jedoch für den gesamten Bereich des Lenkungsteams verantwortlich, d.h. die Betriebsinstandhalter arbeiten arbeitsteamübergreifend im gesamten Bereich des Lenkungsteams.

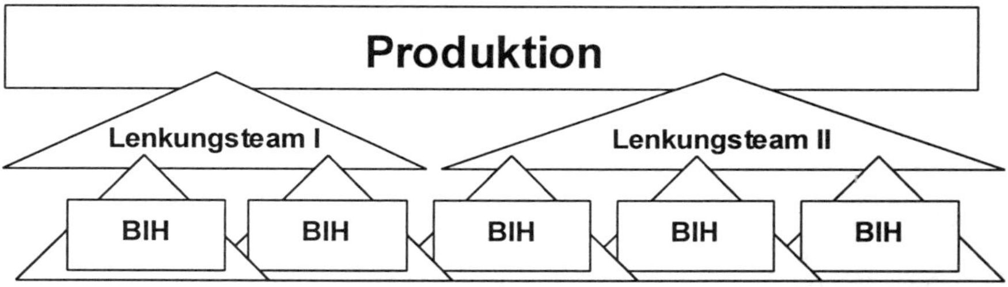

Abb. 7.6. Vollständige Integration der Betreiebsinstandhalter (BIH) in die einzelnen Arbeitsteams.

In einem weiterführenden Schritt der Integration werden die Betriebsinstandhalter fest den Arbeitsteams zugeordnet (Abb. 7.7). Voraussetzung hierfür ist jedoch, daß die Produktionsmitarbeiter bereits Instandhaltungstätigkeiten von den Betriebsinstandhaltern übernehmen können.

Anzahl der Betriebsinstandhalter. Die in die Produktionsteams zu integrierenden Betriebsinstandhalter waren bislang in der zentralen Instandhaltung beschäftigt und sind aus diesem Grund vom Fachbereich Instandhaltung für die Integration auszuwählen. Dabei sind verschiedene Kriterien zu beachten, die im folgenden beschrieben werden. Vor der Auswahl der Betriebsinstandhalter muß jedoch die Festlegung ihrer Anzahl pro Bereich erfolgen, wobei verschiedene Faktoren berücksichtigt werden müssen:

a) Instandhaltungsbedarf im Integrationsbereich
Bei der quantitativen Abschätzung des Instandhaltungsbedarfs eines Produktionsbereiches dienen dokumentierte Vor-Ort-Arbeiten der Instandhalter als Information. Weitere Anhaltspunkte bezüglich der störungsbedingten Instandhaltung können aus dem bisherigen Störungsaufkommen gewonnen werden (MTTR, MTBF). Darüber hinaus muß der Aufwand für Wartungen und Inspektionen abgeschätzt werden. Wenn die verfügbare Datengrundlage ungenügend ist, können die geleisteten Instandhaltungsarbeiten im jeweiligen Bereich für einen gewissen Zeitraum erfaßt und in einer Tätigkeitsanalyse ausgewertet werden.

Bei der qualitativen Betrachtung des Instandhaltungsbedarfs ist die Anlagentechnologie zu untersuchen. Verschiedenartige Technologien innerhalb eines Bereiches erfordern zur Instandhaltung verschiedenartiges Spezialistenwissen, was zu einer Erhöhung der Anzahl der benötigten Betriebsinstandhalter führen kann.

Wenn eine bestimmte Technologie im ganzen Betrieb nur in einem Bereich vorhanden ist, so sollte die Anzahl der Betriebsinstandhalter so gewählt werden, daß dieser Bereich möglichst autonom instandhalten kann, da evtl. das IH-Dienstleistungszentrum hierfür nicht ständig einen Spezialisten zur Unterstützung dieses Bereiches bereitstellen kann.

Allgemein sollten bei der Bewertung des Instandhaltungsbedarfs eines Bereiches auch Änderungen der vorhandenen Anlagen in der nahen Zukunft bedacht werden (z.B. Neuinvestitionen).

b) Anzahl der Mitarbeiter im Instandhaltungs-Dienstleistungszentrum
Eines der Potentiale des DAPV-Konzepts ist Personalkosteneinsparung. Dies kann jedoch nicht kurzfristig mit der Integration der Betriebsinstandhalter erschlossen werden. Erst nach erfolgreicher Umsetzung des Konzepts, wenn die Maschinenbediener selbst verstärkt instandhalten und dadurch die Betriebsinstandhalter entlasten, können diese Produktionsaufgaben übernehmen. Aus diesem Grund sollte die Anzahl der Instandhaltungsmitarbeiter (Betriebsinstandhalter und IH-Mitarbeiter des Dienstleistungszentrums zusammen) während der Umsetzungsphase konstant bleiben. Bei der Bestimmung der Anzahl der zu integrierenden Betriebsinstandhalter muß auch die Anzahl der verbleibenden IH-Mitarbeiter im Dienstleistungszentrum

berücksichtigt werden. Dabei ist auf die verschiedenen erforderlichen Schichtenbelegungen zu achten, d.h. wenn Spät- oder Nachtschichten vorgesehen sind, so müssen diese jeweils mit einer Mindestanzahl von Mitarbeitern belegt werden können. Eine Lösung bei diesbezüglichen Kapazitätsproblemen kann die Umschichtung von Mitarbeitern der Tagschicht in die Wechselschicht sein.

c) Verteilung der Aufgaben zwischen Betriebsinstandhalter und Dienstleistungszentrum
Im allgemeinen DAPV-Konzept ist die prinzipielle Aufgaben- und Verantwortungsabgrenzung zwischen Betriebsinstandhaltern und dem IH-Dienstleistungszentrum vorgegeben. Bei der betriebsspezifischen Feinkonzeption hingegen ist diese Abgrenzung im Detail erst zu definieren. So wird es Aufgaben geben, die sowohl den Betriebsinstandhaltern als auch dem Dienstleistungszentrum zugeordnet werden können. Beispiele hierfür sind

- Beschaffung von vor Ort benötigten Hilfs- und Betriebsstoffen
- Aufarbeitung von Reserveteilen, die nur in einem Bereich benötigt werden

Bei der Festlegung der Anzahl der zu integrierenden Betriebsinstandhalter muß auch diese Aufgabenverteilung berücksichtigt werden.

d) Erforderliche Flexibilität der Betriebsinstandhalter
Wenn die Anzahl der Betriebsinstandhalter für einen Bereich nur nach dem Gesichtspunkt des anfallenden Instandhaltungsbedarf festgelegt wird, könnte bei kleinen Bereichen die Anzahl der tatsächlich anwesenden Betriebsinstandhalter pro Schicht nicht ausreichend sein. Je nach Art der auszuführenden Tätigkeit muß die Mindestanzahl Betriebsinstandhalter pro Schicht festgelegt werden, was für die Gesamtanzahl der Betriebsinstandhalter in einem relativ kleinen Bereich entscheidend sein kann. Eine Erhöhung der Flexibilität der Betriebsinstandhalter kann auch erreicht werden durch

- verstärkte Unterstützung durch das Dienstleistungszentrum
- Zusammenfassung eines kleinen Integrationsbereiches mit einem benachbarten zu einem Integrationsbereich

Unter Berücksichtigung dieser Einflußfaktoren wurden im Bereich I insgesamt 4 Schlosser und 4 Elektriker zur Integration vorgesehen, in Bereich II 6 Schlosser und 6 Elektriker.

Qualifikation der Betriebsinstandhalter. Bei der Realisierung einer DAPV werden für die Instandhaltungs-Mitarbeiter die Aufgabeninhalte und die Verantwortungsbereiche erweitert (job enrichment, job enlargement). Die dafür erforderliche Qualifikation wird sich in der Regel nicht mit der vorhandenen Ausgangsqualifikation decken.

Bei der Integration ergibt sich für den Fachbereich die Fragestellung, welche der Instandhaltungs-Mitarbeiter als Betriebsinstandhalter den Produktionsfraktalen zugeordnet werden und welche künftig im Instandhaltungs-Dienstleistungszentrum arbeiten. Bei der Beantwortung muß neben der rein fachlichen Qualifikation eine Reihe weiterer Faktoren berücksichtigt werden, die im folgenden beschrieben werden.

a) Fachliche Qualifikation
Durch erhöhte Qualifikationsanforderungen an die Instandhalter entsteht bei einer Vielzahl der Mitarbeiter Schulungsbedarf. Um Ausfallzeiten und Kosten für Schulungen weitgehend zu vermeiden, sind Qualifizierungsmaßnahmen wie training on the job, cross training oder coaching zu bevorzugen. Dafür werden sowohl unter den Betriebsinstandhaltern als auch unter den Instandhaltern des Dienstleistungszentrums höherqualifizierte Mitarbeiter benötigt, die ihre Kollegen im jeweiligen Bereich coachen. Unter den zu integrierenden Betriebsinstandhaltern können sich also weniger qualifizierte bzw. noch wenig erfahrene Mitarbeiter und höher qualifizierte Mitarbeiter befinden.

Ein weiteres Merkmal der Qualifikation bei der Auswahl der Betriebsinstandhalter ist die Unterscheidung zwischen Generalisten und Spezialisten. Dabei ist zu beachten, daß beide Ausprägungen Idealqualifikationen sind, die in der Praxis in der reinen Form nur selten auftreten. Spezialisten, deren Fachwissen in nur einem der Integrationsbereiche benötigt wird, sind als Betriebsinstandhalter für diesen Bereich besonders geeignet.

Spezialisten mit Fachwissen, das in der Mehrzahl der Integrationsbereiche benötigt wird, sind geeignete Mitarbeiter im Instandhaltungs-Dienstleistungszentrum, die dann dieses Fachwissen nach und nach an die Betriebsinstandhalter in den jeweiligen Bereichen weitergeben sollen. Generalisten sind bezüglich der Qualifikation sowohl für die Integration als auch für die Beschäftigung im Dienstleistungszentrum geeignet.

b) Soziale Kompetenz
Die Produktionsfraktale sind geprägt von einer interdisziplinären Zusammenstellung der Mitarbeiter, die untereinander und zu anderen Fraktalen, auch zu den indirekten Bereichen, einen hohen Kommunikationsbedarf haben.

Die Arbeit der Betriebsinstandhalter innerhalb der Produktionsfraktale stellt Anforderungen an ihre kommunikative und soziale Fähigkeiten. In den Teamsitzungen der Produktionsfraktale sollen die Betriebsinstandhalter ihre Position vertreten können; sie sollen ihre Teamkollegen coachen und sie zu Instandhaltungstätigkeiten motivieren. In der täglichen Zusammenarbeit untereinander und mit den Kollegen der Produktion müssen die Betriebsinstandhalter ihre Teamfähigkeit und ihren Willen zur Kooperation beweisen. Diese Gesichtspunkte sind bei der Auswahl der Betriebsinstandhalter zu berücksichtigen, um die Teambildung zwischen Produktionsmitarbeitern und Betriebsinstandhaltern zu gewährleisten.

Auch künftig wird es Mitarbeiter geben, die bevorzugt alleine („für sich") arbeiten. Diese Mitarbeiter werden jedoch leichter im Instandhaltungs-Dienstleistungszentrum einzugliedern sein als in ein Arbeitsteam der Produktion.

c) Selbstorganisation und Verantwortung
Die Betriebsinstandhalter werden eine Vielzahl von verschiedenen Arbeiten durchführen (Störungsbeseitigung, Wartung, Inspektion, vorbeugende Instandsetzung etc.). Diese Aufgaben fallen nicht sequentiell an, vielmehr müssen verschiedene, gleichzeitig anstehende Arbeiten nach Dringlichkeit gewichtet und nacheinander ausge-

führt werden. Dies setzt beim Betriebsinstandhalter die Fähigkeit zur Selbstorganisation voraus, die die Bereitschaft zur Übernahme von Verantwortung mit einschließt.

Treten in seinem Bereich mehrere Störungen gleichzeitig auf, entscheidet der Betriebsinstandhalter in Abstimmung mit dem Teamleiter, welche Störung zuerst behoben wird und wann das Instandhaltungs-Dienstleistungszentrum zur Unterstützung angefordert werden muß. Daneben muß er vorbeugende Instandhaltung koordinieren, die nur mittelfristigen Einfluß auf die Störhäufigkeit hat, für die er verantwortlich ist. Eher als die Mitarbeiter des Dienstleistungszentrums muß der Betriebsinstandhalter eigenverantwortlich und unternehmerisch (auch kostenbewußt) denken und handeln.

Einbindung der Betriebsinstandhalter im Arbeitsteam. Obwohl in jedem Integrationsbereich mehrere Arbeitsteams zusammengefaßt sind, werden die Betriebsinstandhalter einzelnen Arbeitsteams zugeordnet, um mit den Kollegen der Produktion wirklich ein Team bilden zu können. Deshalb übernimmt jeder der Betriebsinstandhalter eine „Patenschaft" für eines der Arbeitsteams. Für jedes Arbeitsteam sind dadurch zwei Betriebsschlosser und zwei Betriebselektriker bevorzugte Ansprechpartner, die auch an den Teamsitzungen dieses Arbeitsteams teilnehmen.

Damit zwischen den Betriebsinstandhaltern und den Produktionsmitarbeitern eine teamorientierte Zusammenarbeit entsteht, arbeiten die Betriebsinstandhalter im Schichtenplan der Produktionsmitarbeiter, also zweischichtig (abwechselnd Früh- und Spätschicht).

Dadurch stehen die Betriebsinstandhalter nicht mehr für Nachtschichtarbeiten der zentralen Instandhaltung zur Verfügung. Die Freischichten zum Arbeitszeitausgleich werden in die Spätschicht gelegt, da der Instandhaltungsbedarf in der Frühschicht höher ist, besonders montags (nach dem Wochenendstillstand der Produktion entste-

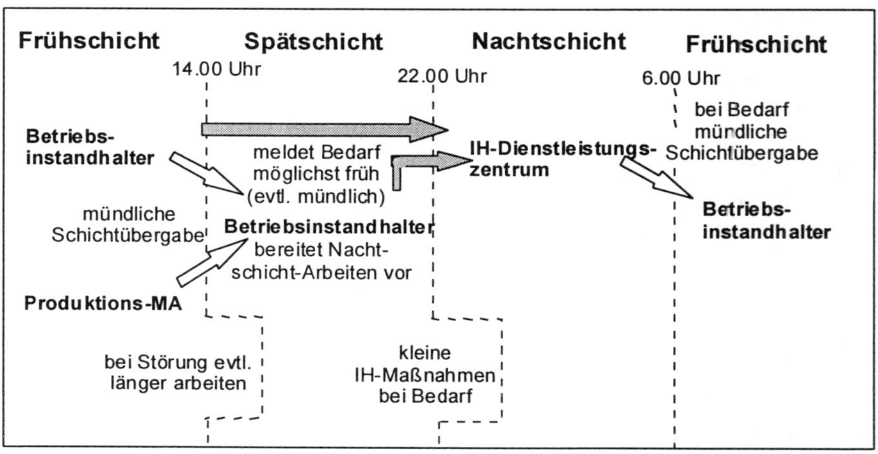

Abb. 7.7. Schichtübergabe der Betriebsinstandhalter.

hen verstärkt Anlaufprobleme) und samstags (in der produktionsfreien Schicht stehen die Anlagen der Instandhaltung zur Verfügung).

a) Disziplinarische Weisungsbefugnis gegenüber den Betriebsinstandhaltern
Die disziplinarische Weisungsbefugnis der Betriebinstandhalter liegt bei dem jeweiligen Vorgesetzten des Produktionsbereiches, d.h. beim Teamleiter des Arbeitsteams, der in der Regel ein Meister ist. Ziel ist es jedoch, eine neue Führungskultur zu schaffen, in der die Betriebsinstandhalter weitgehend eigenverantwortlich, autonom und selbstorganisiert arbeiten.

b) Schichtübergreifende Zusammenarbeit der Betriebsinstandhalter
Die schichtübergreifende Zusammenarbeit der Betriebsinstandhalter (siehe Abb. 7.7) erfolgt durch Schichtübergabegespräche. Bei unproblematischen Punkten kann dies auch durch die Teamkollegen der Produktion erfolgen. Komplexere Punkte (z.B. Instandsetzungen, Störungsbeobachtungen) sollten zwischen den Betriebsinstandhaltern durchgesprochen werden. Tritt gegen Schichtende eine technische Störung auf, so ist diese von dem Betriebsinstandhalter auf jeden Fall zu beheben bzw. soweit zu bearbeiten, bis der Betriebsinstandhalter der Folgeschicht vor Ort bei der Störungsbehebung mitarbeitet. Bei personellen Kapazitätsengpässen, wenn besondere Betriebsmittel erforderlich sind oder bei nicht ausreichendem Erfahrungswissen ist auf das Instandhaltungs-Dienstleistungszentrum zurückzugreifen.

c) Erreichbarkeit der Betriebsinstandhalter
Die Betriebsinstandhalter müssen von ihren Teamkollegen im Störungsfall sofort erreichbar sein (Abb. 7.8). Da die Betriebsinstandhalter in unübersichtlichen Bereichen arbeiten, die räumlich weit ausgedehnt sind (mit Hydraulik- und elektrischen Schaltkellern), müssen technische Kommunikationsmittel eingesetzt werden (i.a. Funkgeräte).

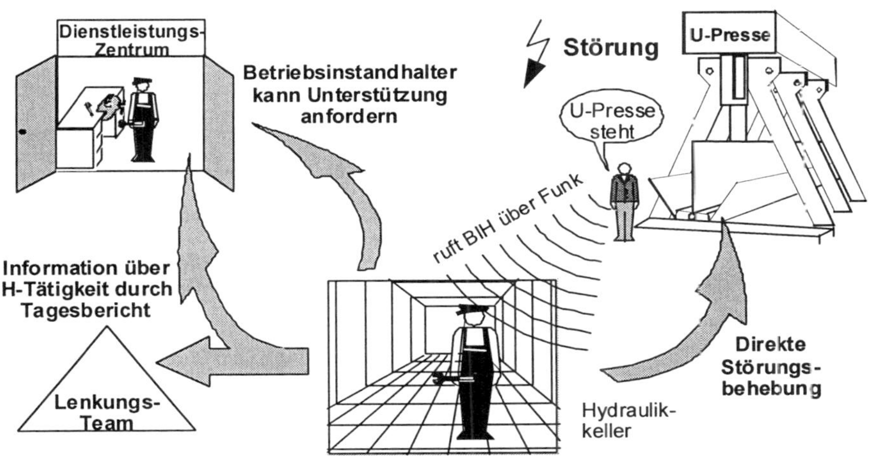

Abb. 7.8. Erreichbarkeit der Betriebsinstandhalter.

d) Aufgabenverteilung im Arbeitsteam

Die Aufgaben der Betriebsinstandhalter sind:

- Beheben von Störungen.
  Ziel ist es, 80% der Störungen ohne Unterstützung durch das Dienstleistungszentrum zu beheben (Abb. 7.9).

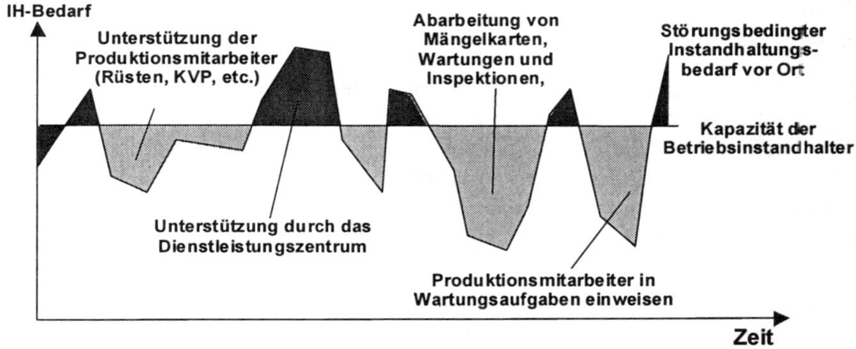

Abb. 7.9. Instandhaltungsbedarf und -kapazität.

- Vorbeugende Instandsetzungen und Abarbeiten von Mängelkarten.
  Durch die enge Zusammenarbeit mit den Maschinenbedienern und durch das anlagenbezogene Arbeiten sollen künftig verstärkt schlechter Anlagenzustand und sich ankündigende Störungen bemerkt und im Vorfeld instandgesetzt werden (Zustandsorientierte Instandhaltung). Hierzu werden von den Mitarbeitern der Produktion Maschinenzustandsbeobachtungen, die keine sofortigen Instandhaltungsmaßnahmen erfordern, auf sogenannten Mängelkarten (Abb. 7.10) dokumentiert, zusammen mit Anlagenbezeichnung, Name des Ausstellers sowie Datum und Uhrzeit. Diese Mängelkarten werden bis Schichtende zu den Betriebsinstandhaltern weitergeleitet, die die Karten nach Priorität bewerten und abarbeiten. Dadurch können Störungen bereits im Vorfeld vermieden werden.
- Regelmäßige Wartungen und Inspektionen.
  Die Wartungen (z.B. Öl- und Filterwechsel, Einstellarbeiten) und Inspektionen (z.B. Sichtkontrollen) sollen anhand von sogenannten „WI-Listen" durchgeführt werden, die an den einzelnen Anlagen angebracht sind. Durch vermehrt präventive Maßnahmen soll mittelfristig der störungsbedingte Instandhaltungsbedarf gesenkt werden. Eine zusätzliche Übersichtsliste dieser Arbeiten wird von den Betriebsinstandhaltern in ihrer Vor-Ort-Werkstatt geführt.
- Vorbereitende Arbeiten für die Nachtschicht und Übergabe an die Nachtschicht.
  Bestimmte Arbeiten müssen in die produktionsfreie Nachtschicht verschoben werden, z.B. aufwendigere Instandsetzungen, die an stehender Maschine gemacht werden müssen. In der Nachtschicht werden die Arbeiten dann von den Instandhaltern des Dienstleistungszentrums erledigt. Um jedoch die Instandhaltungs-Ka-

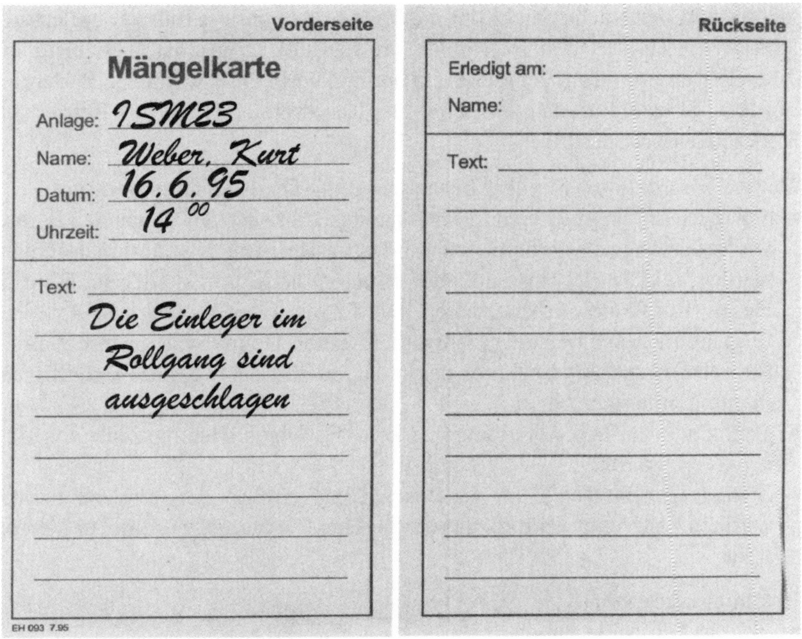

Abb. 7.10. Mängelkarte (verkleinert auf 80%, im Original orangefarbig).

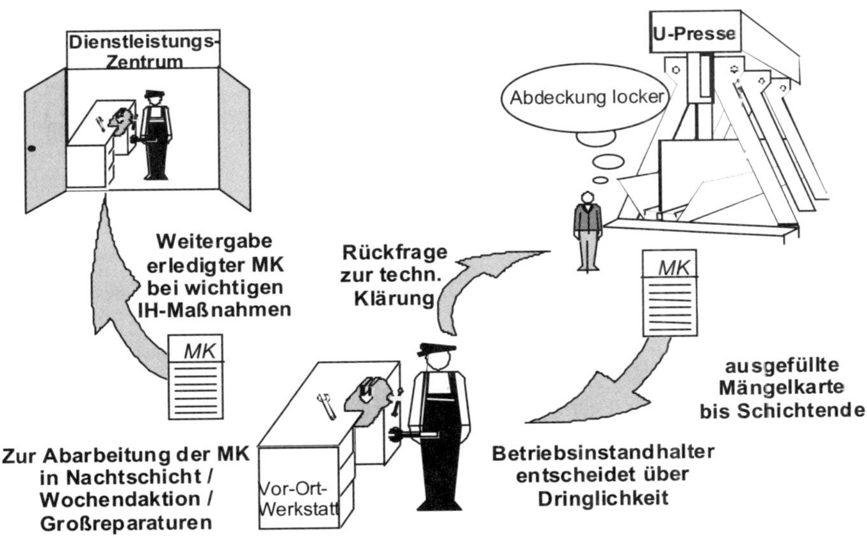

Abb. 7.11. Kommunikationswege der Mängelkarte.

pazitäten in der Nachtschicht optimal nutzen zu können, müssen die erforderlichen Arbeiten von den Betriebsinstandhaltern möglichst frühzeitig in das Dienstleistungszentrum gemeldet und optimal vorbereitet werden, z.B. durch Vormontage, Skizze, Bereitstellen benötigter Reserveteile, Hilfs- und Betriebsstoffe, Werkzeuge und Unterlagen.

- Weitere Koordination mit dem Instandhaltungs-Dienstleistungszentrum:
  - bezüglich umfangreicheren Instandhaltungstätigkeiten am Wochenende, die vom Dienstleistungszentrum in Überstunden vorläufig auch weiterhin durchgeführt werden. Die Betriebsinstandhalter erhalten die Möglichkeit, auch künftig bei diesen Tätigkeiten mitzuarbeiten. Die Planung der Wochenend-Arbeiten erfolgt beim Dienstleistungszentrum in einer Donnerstagsbesprechung. Die Betriebsinstandhalter nehmen daran teil, um die Belange der Produktion in die Planung miteinzubringen.
  - Teilnahme bei Instandhaltungs-Zirkeln des Dienstleistungszentrums zur Anlagenverbesserung.
  - Ersatzteilbeschaffung. Für die Beschaffung großer oder schwerer Ersatzteile wird ein Fahrzeug benötigt, das nur im Dienstleistungszentrum zur Verfügung steht.
- Dokumentation von
  - technischen Änderungen
  - Störungen
  - Instandhaltungstätigkeiten zum technischen und kaufmännischen Controlling. Störungen, technische Änderungen sowie darüber hinausgehende Instandhaltungstätigkeiten zum technischen Controlling werden in Tagesberichten do-

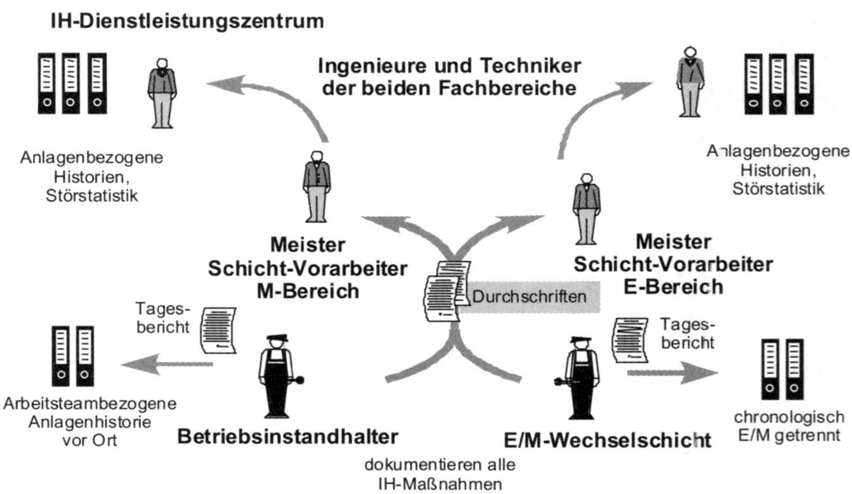

Abb. 7.12. Technisches Controlling.

kumentiert, die von den Betriebsschlossern und -elektrikern gemeinsam geführt und deren Durchschläge täglich zum Dienstleistungszentrum geleitet werden.

- Mithilfe bei Aufgaben der Produktion, z.B. beim Rüsten
- Anleiten der Teamkollegen der Produktion zu Instandhaltungstätigkeiten

Die Instandhaltungs-Aufgaben der Produktionsmitarbeiter sind

- Richtiges Reinigen der Anlagen.
  Schmutz an den Anlagen wirkt verschleißfördernd (z.B. Laufrollen, die in Schweißschlacke drehen), Schmutz kann das Prozeßergebnis qualitativ beeinträchtigen und im Störungsfall die Diagnose und die Instandsetzung erschweren und verzögern.
- Durchführen von regelmäßigen Wartungen und Inspektionen nach den anlagenspezifischen WI-Listen (Abb. 7.13). Die Betriebsinstandhalter weisen die Maschinenbediener dabei ein.

Anlage: ISM Zeitraum von:______ bis:______

Tätigkeit	Wer	Intervall	erledigt: Datum, Name
Schienen prüfen	F	Schicht	
Hydraulikanlage auf Undichtigkeiten überprüfen	F	1 Woche	
Schweißholmverst. reinigen und Leichtgängigkeit prüfen	F	2 Wochen	
Pulverband in Holm auf Verschleiß prüfen	F	2 Wochen	
Trafos reinigen *Elektriker schaltet ab/an*	F	2 Monate	
Schweissdaten	E	2 Wochen	
Hydraulikpumpenkupplung überprüfen	M	1 Monat	
Warnleuchten	E	2 Monate	letzte Wartung:

Abb. 7.13. Anlagenspezifischer WI-Plan.

- Möglichst frühes Erkennen von (sich ankündigenden) Störungen.
  Durch die tägliche Arbeit ist der Maschinenbediener mit der Anlage vertraut und bemerkt als erster Unregelmäßigkeiten im Prozeß, im einfachsten Fall direkt über seine Sinnesorgane (optisch, akustisch, haptisch oder olfaktorisch).
- Eigenständige Durchführung kleiner Instandsetzungen
  Dabei müssen (wie bei Inspektionen und Wartungen auch) Sicherheitsvorschriften und formale Qualifikationserfordernisse beachtet werden.
- Unterstützung der Betriebsinstandhalter bei Instandsetzungen

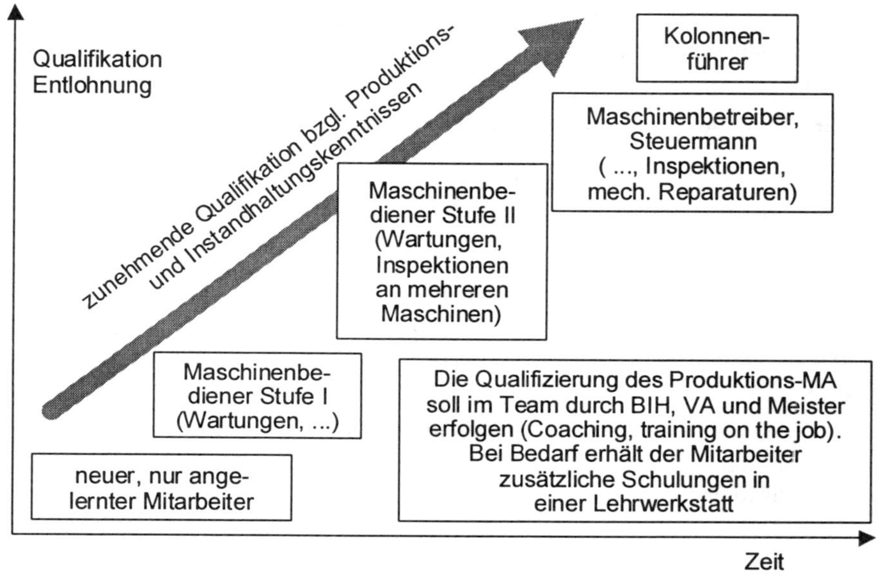

Abb. 7.14. Qualifikationsstufen der Produktionsmitarbeiter

e) Vor-Ort-Werkstätten
Um den Betriebsinstandhaltern ein von den Hauptwerkstätten des Dienstleistungszentrums weitgehend unabhängiges Arbeiten zu ermöglichen, wird in jedem Integrationsbereich eine Vor-Ort-Werkstatt (Abb. 7.15) aufgebaut.

Die Vor-Ort-Werkstatt soll von Betriebsschlossern und Betriebselektrikern gemeinsam benutzt werden und ist mit Werkbänken ausgestattet, die auch von Teamkollegen der Produktion genutzt werden sollen. In diesen Vor-Ort-Werkstätten werden im jeweiligen Bereich häufig benötigte Hilfs- und Betriebsstoffe sowie Reserveteile gelagert (soweit wirtschaftlich sinnvoll), um im Störungsfall unnötig hohe Zeiten für Wege und Beschaffung zu vermeiden. Darüber hinaus liegen in gewissem Umfang technische Dokumente vor Ort wie z.B. Hydraulikpläne, Dokumentationen der Anlagenhersteller etc. Elektrische Schaltpläne werden bereits in den jeweiligen Schaltkellern gelagert.

Die gesamte Vor-Ort-Werkstatt wird in einem Werkstatt-Container untergebracht, um den Arbeits- und Lagerplatz vor Schmutz und Lärm aus der Produktion zu schützen. Um visuellen Kontakt mit der Produktion zu gewährleisten und um in der Werkstatt eine günstige Beleuchtung zu erhalten, ist der Werkstatt-Container rundum mit Fenstern ausgestattet.

Um der Forderung nach kurzen Wegen nachzukommen, soll die Vor-Ort-Werkstatt möglichst zentral im jeweiligen Integrationsbereich liegen. Alle Anlagen des jeweiligen Bereiches sollen gut zu erreichen sein. Dabei ist zu berücksichtigen, daß die Betriebsinstandhalter ihre Werkzeuge auch mit Fahrrad oder Handkarre transportieren müssen. Wünschenswert wäre zusätzlich die Zugänglichkeit mit Kran oder Elektrofahrzeug.

Neben diesen Anforderungen müssen die Bedingungen des Produktionsbetriebs bedacht werden, allen voran die Verfügbarkeit des vorgesehenen Ortes. Wenn der mögliche Standort von der Produktion bereits als Lager- oder Wegefläche genutzt wird, müssen dafür Ausweichmöglichkeiten in Erwägung gezogen werden.

Für die beiden Integrationsbereiche des Großrohrwerks konnten günstige Standorte für die Vor-Ort-Werkstätten gefunden werden, wo zentral ein freier Platz zur Verfügung steht. Im Integrationsbereich 2 ist aufgrund der größeren Anzahl der Betriebsinstandhalter eine größere Vor-Ort-Werkstatt erforderlich.

7.4 Umsetzung des DAPV-Konzepts in die betriebliche Praxis

7.4.1 Ablauf eines DAPV-Projekts

Das Gesamtprojekt der Reorganisation der Instandhaltung und Einführung einer Dezentralen Anlagen- und Prozeßverantwortung kann inhaltlich in acht Phasen unterteilt werden:

- Zustandsanalyse
- Zielfindung
- DAPV-Grobkonzeption
- Auswahl eines Pilotbereichs
- Feinkonzeption für den Pilotbereich
- Realisierung des Konzepts im Pilotbereich
- Übertragung auf weitere Bereiche
- Interne Projektweiterführung

Diese Phasen werden sich in der Praxis zeitlich teilweise überschneiden. Da zum einen die Instandhaltung in dezentralen Produktionsstrukturen integriert werden soll, zum anderen diese Strukturen in einem parallel ablaufenden Teilprojekt Wertschöpfung erst geschaffen werden, ist von Anfang an eine enge Zusammenarbeit zwischen der Projektgruppe Wertschöpfung und der Projektgruppe Instandhaltung erforderlich.

7.4.1.1 Zustandsanalyse

Die Analyse dient der ersten Aufnahme der betrieblichen Ist-Situation. Dabei ist hier bereits das Augenmerk auf die Ziele der Optimierung der Organisation zwischen Instandhaltung und Produktion zu richten. Aus diesem Grund werden am Anfang der Untersuchungen eine Aufnahme des Produktionsspektrums, des Produktionsablaufs, der vorhandenen bzw. der dafür erforderlichen Betriebsmittel sowie der räumlichen Situation stehen. Weitere Themen der Analyse sind Ablauforganisation sowie horizontale und vertikale Aufbauorganisation sowohl der Produktion als auch der Instandhaltung, wobei hier die Aufgabenverteilung, die Informationsflüsse und die Anzahl und Qualifikation der Mitarbeiter hervorzuheben sind. Diese Analyse bildet die Basis für neue Organisationskonzepte, deren Erstellung über die Analyse hinaus noch eines Zielsystems bedürfen.

7.4.1.2 Zielsystem

Mit der Reorganisation können generell mehrere Ziele verfolgt werden. Das Zielsystem dient dazu, die Ziele nebeneinander darzustellen und zu gewichten. Zuerst werden die unterschiedlichen strategischen Ziele des Unternehmens dargestellt (Beispiele hierfür sind Kostenführerschaft, Zeitführerschaft, 100 prozentige Produkt- und Servicequalität, 100% prozentige Erfüllung der ökologischen Auflagen usw.).

Im zweiten Schritt sollen diese Ziele gewichtet und dadurch nach Prioritäten geordnet werden. Anschließend wird jedes strategische Unternehmensziel auf taktische Ziele heruntergebrochen.

Beispiel:

Strategisches Ziel: – 100 prozentige Produkt- und Servicequalität

Taktische Ziele:
- Fehler früher erkennen
- Qualitätsbewußtsein bei den Mitarbeitern steigern
- Ausschuß verringern
- usw.

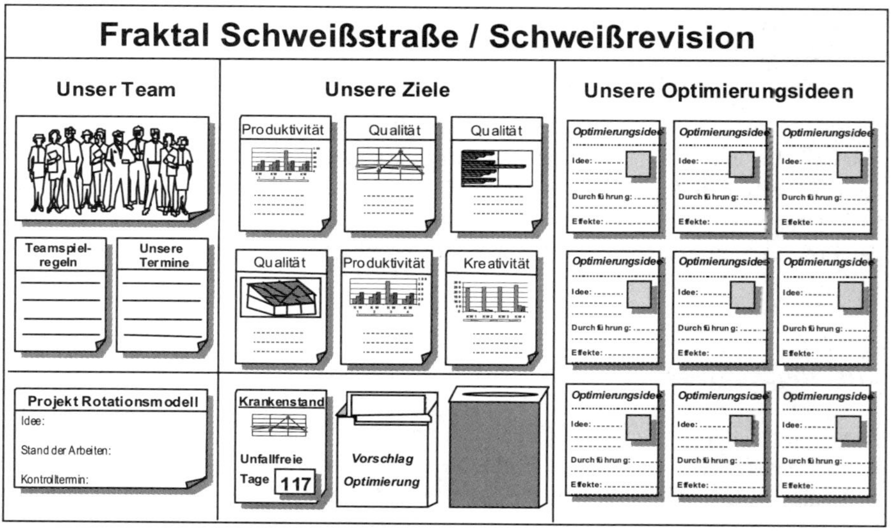

Abb. 7.15. Teamtafel.

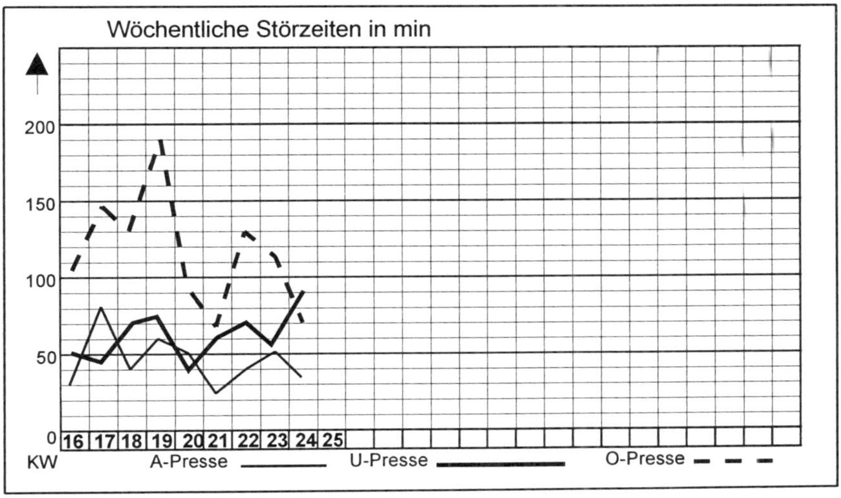

Abb. 7.16. Zielgrößen-Visualisierung.

Grundsätzlich stellt die Zielfindung eine ständige Aufgabe des Managements dar. Deshalb sollen die Mitarbeiter des Managements in die Erstellung des Zielsystems eingebunden werden. Darüber hinaus können weitere Mitarbeiter beteiligt werden. Im Teilprojekt Wertschöpfung werden diese taktischen Ziele für die einzelnen Arbeitsteams operationalisiert. Die Zielerreichung wird anhand erfaßter Kennzahlen verfolgt, die für die Mitarbeiter des jeweiligen Arbeitsteams an einer Schautafel („Teamtafel", Abb. 7.15 und 7.16) visualisiert werden („Betriebliche Navigation").

Das System der strategischen und taktischen Ziele des Betriebs bzw. des Unternehmens muß gleichzeitig das Zielsystem des Reorganisationsprojektes darstellen.

7.4.1.3 Betriebsspezifische DAPV-Grobkonzeption

Das betriebsspezifische DAPV-Grobkonzept, das auf der Zustandsanalyse und dem Zielsystem aufbaut, ist eine Anpassung des allgemeinen DAPV-Konzeptes an betriebliche Rahmenbedingungen in enger Abstimmung mit dem Teilprojekt der Reorganisation der Wertschöpfung.

In der Phase der Grobkonzeption sind die verantwortlichen Betriebschefs bzw. Betriebsleiter in das Projekt eingebunden; eine Partizipation der Mitarbeiter auf breiter Basis erfolgt in dieser Projektphase jedoch noch nicht.

Am Zielsystem orientiert werden nun spezifische Instandhaltungs-Ziele definiert, die mit der Bildung neuer Strukturen verfolgt werden sollen. Diese Ziele lassen sich durch Adaption der grundsätzlichen DAPV-Ziele gewinnen.

Anhand dieser Ziele können nun künftige Strukturen der Produktion und der Instandhaltung entworfen werden. Aufgabe des Grobkonzepts ist es auch, die erforderlichen

Realisierungsschritte bzw. das Realisierungsvorgehen darzustellen, auf eventuell bestehende Hindernisse aufmerksam zu machen und Lösungsansätze aufzuzeigen. Das erstellte Grobkonzept bildet die Basis für die Entscheidung der Unternehmensführung zur Realisierung des Konzepts.

7.4.1.4 Auswahl eines Pilotbereichs

Die Feinkonzeption und Realisierung des DAPV-Konzepts erfolgt zuerst in einem Pilotbereich, um betriebsspezifische Erfahrungen für die Realisierung weiterer Bereiche zu sammeln und das Risiko für die Geschäftsführung zu minimieren. Die Auswahl dieses Pilotbereichs erfolgt im Rahmen der DAPV-Grobkonzeption. Auf die besonderen Aspekte, die bei der Auswahl des Pilotbereichs zu berücksichtigen sind, soll im folgenden kurz eingegangen werden:

a) Abhängigkeit von anderen Bereichen
Wünschenswert wäre es, wenn die Reorganisation im Pilotbereich rasch eine nachweisbare Produktivitätssteigerung nach sich zöge durch weniger Stillstandszeiten. Wenn jedoch der Pilotbereich bezüglich des Materialflusses eng an vor- oder nachgelagerte Bereiche gekoppelt ist, kann die Produktivität in diesem Bereich nicht isoliert betrachtet werden. Dies wäre durch Einrichtung von Puffern möglich, wodurch jedoch die Bestände und die Durchlaufzeit erhöht würden.

b) Vergleichbarkeit des Pilotbereichs
Um die Ergebnisse und Erfahrungen des Pilotbereichs optimal auf weitere Bereiche übertragen zu können, sollte die Problemstruktur des Pilotbereichs hinsichtlich des Produktionsprozesses, der Anlagentechnologie und der Motivation der Mitarbeiter mit anderen Produktionsbereichen des Unternehmens vergleichbar sein. Mißerfolge in einem überdurchschnittlich schwierigem Pilotbereich gefährden die Akzeptanz des Projekts bei den Mitarbeitern bereichsübergreifend. In diesem Fall würde auch ein zweiter Versuch nur in den seltensten Fällen zum Erfolg führen. Auch die Auswahl eines zu einfachen Pilotbereichs ist als kritisch zu betrachten, da die Übertragung der Erfahrungen auf weitere Bereiche nur erschwert möglich ist.

Im betrachteten Betrieb wird die Schweißstraße/Schweißrevision als Pilotbereich in Abstimmung mit dem Teilprojekt der Wertschöpfungs-Neustrukturierung ausgewählt. Ein wichtiges Argument für die Auswahl dieses Bereiches ist dabei die Beeinflußbarkeit des Prozesses (Unter-Pulver-Mehrdraht-Schweißen) bzw. des Prozeßergebnisses durch Qualifikation und Motivation der Mitarbeiter. Darüber hinaus wird die Schweißstraße mit der Schweißrevision organisatorisch zusammengelegt. Die Schweißstraße bildet im Projekt der Wertschöpfung das erste gebildete Arbeitsteam, das sogenannte „Pilotfraktal“. Um jedoch für die Einführung einer DAPV einen Bereich sinnvoller Größe zu erhalten (vgl. 7.3.3.2.), wird eine Gruppe von Betriebsinstandhaltern in die Schweißstraße zusammen mit der Formstraße integriert („Pilotbereich“). Die Formstraße ist dann das zweite Fraktal, in dem Teamstrukturen eingeführt werden.

7.4.1.5 DAPV-Feinkonzeption

Der Übergang vom Grob- zum Feinkonzept stellt den Zeitpunkt dar, ab dem Mitarbeiter des Pilotbereichs aus allen Hierarchieebenen partizipativ in das Projekt eingebunden werden sollten. Zum einen wird so ihr betriebsspezifisches Erfahrungswissen genutzt, zum anderen wird dadurch die Akzeptanz des Projekts bei den beteiligten Mitarbeitern wesentlich erhöht. Ebenso sollte auch der Betriebsrat in die Umsetzung der DAPV möglichst kooperativ einbezogen werden, um die Akzeptanz des Projekts zu fördern.

Da das Feinkonzept (als Vorschlag für die Entscheidungsträger) für den Pilotbereich in mehreren Diskussionsrunden und Workshops erarbeitet werden muß, wird als organisatorischer Rahmen dafür ein „Realisierungsteam DAPV Integration" gegründet. Die Konzeption der verbleibenden zentralen Instandhaltung als IH-Dienstleistungszentrum erfolgt in einem weiteren Realisierungsteam parallel. Im Teilprojekt der Neugestaltung der Wertschöpfung wird ein Realisierungsteam „Schweißstraße/Schweißrevision" installiert.

Dem Realisierungsteam „Integration" gehören Vertreter der Produktion (Ingenieur oder Meister), Vertreter der Instandhaltung (Ingenieur oder Techniker, Meister oder Vorarbeiter) und Betriebsschlosser und -elektriker aus den IH-Bereichen, die in den Pilotbereich integriert werden sollen, an. Die Moderation wird von externen Beratern übernommen. Um die Feinkonzeption voranzutreiben, trifft sich das Realisierungsteam regelmäßig, im vorliegenden Fall wöchentlich.

Die erarbeiteten Konzepte der Realisierungsteams bedürfen von Zeit zu Zeit einer Reflexion und Verabschiedung durch das sogenannte „Kernteam", das von Mitarbeitern des Managements gebildet wird.

Im ersten Schritt im Realisierungsteam „Integration" werden alle beteiligten Mitarbeiter über das Projekt informiert. Bevor mit der eigentlichen Erarbeitung des Feinkonzeptes begonnen werden kann, sollte die Mehrzahl der Mitarbeiter im Realisierungsteam von der Notwendigkeit zur Verbesserung der Ist-Situation im Betrieb überzeugt sein. Bedenken der Mitarbeiter gegen das neue Konzept sollten gesammelt und diskutiert werden. Anhand dieser Vorgehensweise kann den Mitarbeitern gezeigt werden, daß Lösungsmöglichkeiten im Team gefunden werden können. Diese Vorgehensweise zeigt den Mitarbeitern den Weg vom Problem zur Lösung; der Teamgedanke wird hierbei deutlich und die Mitarbeiter fühlen sich mit ihrer Meinung und ihren Bedenken ernst genommen. Die Freisetzung vorhandener Kreativität zur Problemlösung und die Gestaltung von Neuem erzeugt Erfolgserlebnisse. Dieser Prozeß funktioniert jedoch nicht mit allen Mitarbeitern und nicht in der ersten Sitzung, da bewußt nicht nur opportune Mitarbeiter partizipieren sollen, sondern auch Kritiker des Projekts und „opinion leader" aus der Belegschaft beteiligt werden. Folgende Themen werden im Realisierungsteam „Integration" diskutiert:

- Anzahl der Betriebsinstandhalter im Pilotbereich
- Aufgabenverteilung und Informationsfluß zwischen Betriebsinstandhaltern und dem IH-Dienstleistungszentrum

- Aufgabenverteilung und Informationsfluß innerhalb des Arbeitsteams
- Einführung von Wartungs- und Inspektionsmaßnahmen (WI)
- Ort, Gestaltung und Ausstattung der Vor-Ort-Werkstatt
- Arbeitszeitmodell der Betriebsinstandhalter
- Weiterbildung der Betriebsinstandhalter
- erforderliche Kommunikationsmittel/Rufsystem
- fachliche und disziplinarische Unterstellung der Betriebsinstandhalter
- allgemeine Bedenken der beteiligten Mitarbeiter bezüglich des Projekts

Eine Aufgabe der Mitarbeiter, die an den Realisierungsteams beteiligt sind, ist es, ihre Kollegen auf breiter Basis über den Verlauf des Projekts zu informieren. Hierzu ist es nützlich, wenn Hand-outs oder Protokolle für die Teamsitzungen erstellt werden. Die Praxis zeigt jedoch, daß dieser Informationsfluß nicht ausreichend ist. Um Gerüchten vorzubeugen, die durch fehlende Informationen entstehen, und um die Meinungen aller Mitarbeiter zu berücksichtigen, sollten durch die Projektleitung Informationsveranstaltungen für alle Mitarbeiter der Instandhaltung stattfinden. Die Information der Produktionsmitarbeiter erfolgt über das Realisierungsteam Wertschöpfung.

Nach der Verabschiedung des Feinkonzepts durch die Verantwortlichen kann das Konzept realisiert werden. Dieser Prozeß der Verabschiedung und Realisierung muß sukzessiv erfolgen, da bereits vor Beendigung der Feinkonzeption vorbereitende Maßnahmen angestoßen werden müssen. Beispielsweise muß über die Anzahl der Betriebsinstandhalter entschieden worden sein, bevor diese Mitarbeiter ausgewählt werden können.

7.4.1.6 Realisierung des Feinkonzepts im Pilotbereich

Bei bekanntem Feinkonzept sind die Realisierungsschritte leicht ableitbar. Aufgabe der Projektleitung ist es, die Realisierung zu operationalisieren, d.h. für die erforderlichen Maßnahmen Verantwortliche und Termine zu nennen und auf eine termingerechte Durchführung zu achten, um den Erfolg des Projektes zu sichern.
Diese Schritte sind im einzelnen:

- Zusammenstellen der erforderlichen Wartungs- und Inspektionsmaßnahmen durch die jeweiligen Fachbereiche, Erstellen und Aushängen der anlagenbezogenen Listen (Abb. 7.15).
- Führen von Personalgesprächen mit den zur Integration vorgesehenen Instandhaltern. Dabei ist auf die bestehende Mitbestimmungspflicht des Betriebsrates zu achten. Weitere Schritte vor der eigentlichen Personalumsetzung sind das Schaffen der Stellen im Stellenplan durch das Personalbüro und das Erstellen eines Schichtenplans.
- Zusammenstellen und Beschaffen der benötigten Hilfs- und Betriebsstoffe, Werkzeuge und Ersatzteile vor Ort, Beschaffen und Einrichten der Vor-Ort-Werkstatt, Installieren von Strom- und Druckluftanschluß, Telefon etc.

– Beschaffen und Installieren eines mobilen Sprechfunksystems für die Betriebsinstandhalter.

7.4.1.7 Betreuung der Mitarbeiter

Nach der Personalumsetzung der Betriebsinstandhalter in die Produktion und dem „offiziellen" Start des Konzeptes ist eine Betreuung der Betriebsinstandhalter und ihrer betrieblichen Vorgesetzten erforderlich, die ihrer neuen Rolle oftmals nicht auf Anhieb gerecht werden. Nicht alle Mitarbeiter waren ständig in der Konzeptphase beteiligt, deshalb besteht bei vielen Mitarbeitern auch nach erfolgter Realisierung noch Informationsbedarf.

Die Betriebsinstandhalter lernen nur langsam, mit ihrem erweiterten Entscheidungsfreiraum selbstverantwortlich umzugehen. Bei den Mitarbeitern des Arbeitsteams bedarf es einer Übergangszeit, um wirklich ein Team zu werden und zu einem neuen Umgang miteinander (Arbeitsteam-Leiter, Betriebsinstandhalter, Maschinenbediener) zu finden.
Zusätzliche Anlaufschwierigkeiten können bedingt sein durch verzögerte Realisierungsschritte wie z.B.:

- Wartungs- und Inspektionspläne sind noch nicht vollständig erstellt.
- Vor-Ort-Werkstatt ist noch nicht vollständig eingerichtet.
- Kommunikationssystem ist noch nicht installiert.
- Noch nicht alle Mitarbeiter des Instandhaltungs-Dienstleistungszentrums sehen sich als Dienstleister.
- Kommunikationswege zu anderen Bereichen sind noch nicht vollständig definiert.
- usw.

Aufgabe der Projektleitung ist es, die beteiligten Mitarbeiter in ihre neue Rolle zu führen. Neue Arbeitsinhalte und Formalismen sollten nur schrittweise eingeführt werden (z.B. Wartungs- und Inspektionsmaßnahmen, Mängelkarten, Zielgrößenerfassung zur Navigation, wirtschaftliches Controlling, s. Kapitel 7.3).

7.4.1.8 Übertragung auf weitere Produktionsbereiche

Nach der erfolgreichen Realisierung der DAPV im Pilotbereich ist es die Entscheidung der Geschäftsführung, das Konzept nach einer Validierung auf weitere Produktionsbereiche auszuweiten.

Zur Validierung ist ein Tätigkeitsanalyse bezüglich der Instandhaltungstätigkeiten der Betriebinstandhalter und des IH-Dienstleistungszentrums geeignet. Dabei wird die Auslastung der Betriebsinstandhalter und die erforderliche Unterstützung durch das Dienstleistungszentrum transparent.

Für die Übertragung wird es in den meisten Fällen ausreichend sein, das bewährte Feinkonzept des Pilotbereichs im Detail an andere Randbedingungen weiterer Bereiche anzupassen, so daß dafür auf die Institutionalisierung eines Realisierungsteams verzichtet werden kann.

Um so mehr muß die Information der Betriebsinstandhalter und der Mitarbeiter dieser Bereiche im Vordergrund stehen, die bei der Konzeptentwicklung für den Pilotbereich nicht beteiligt waren.

Auch die eigentliche Realisierung vereinfacht sich gegenüber der Pilotphase, da die Realisierungsschritte bei den Mitarbeitern des Managements bereits weitgehend bekannt sind und dadurch von der Projektleitung stärker delegiert werden können. Im allgemeinen verläuft die Realisierung jedoch analog zu der des Pilotbereichs.

7.4.1.9 Projektweiterführung

Nach erfolgter Realisierung muß das Konzept unternehmensintern weitergeführt werden, um zu gewährleisten, daß die angestoßenen Aktivitäten zum „Tagesgeschäft" der Mitarbeiter werden. Prinzipiell darf bei extern angestoßenen Organisationsänderungen die Gefahr der Restauration nicht unterschätzt werden. Deshalb ist es ratsam, daß ein verantwortlicher interner Mitarbeiter des Managements das Projekt weiterführt.

Bei mitarbeiterorientierten Organisationsentwicklungen müssen auch psychosoziale Komponenten berücksichtigt werden. Ein Umdenken der Mitarbeiter hin zu einer teamorientierten Zusammenarbeit, zum Denken in Kunden-Lieferanten-Beziehungen usw. ist ein Prozeß, der mehr Zeit erfordert als eine DAPV-Konzeptentwicklung, die in einigen Monaten abgeschlossen ist.

7.4.2 Schwierigkeiten bei der Realisierung

7.4.2.1 Führungskultur

Wenn bei der Organisationsentwicklung die Kommunikation der Mitarbeiter und die Koordination von früher strikt getrennten Tätigkeiten im Vordergrund stehen, so muß hierzu die Denk- und Handlungsweise der operativen Mitarbeiter geändert werden. Dazu müssen die Handlungs- und Verantwortungsbereiche der Mitarbeiter erweitert werden; sie benötigen mehr Informationen, um richtige Entscheidungen treffen zu können und um betriebliche Zusammenhänge verstehen zu können, die über ihre operative Tätigkeit hinaus gehen. Diese neue Rolle der Mitarbeiter erfordert auch eine neue Führungskultur. Traditionelles Führungsverhalten ist geprägt von Top-down-Planungen und -Vorgaben, das Mitdenken der operativen Mitarbeiter wurde nicht gefördert.

Die Reorganisation veralteter Unternehmensstrukturen wird in der Regel von der Unternehmensführung initiiert, die die Notwendigkeit neuer Paradigmen und Organisationsformen durch veränderte Rahmenbedingungen erkennt (z.B. die Notwendigkeit zur stärkeren Kundenorientierung durch neue Anforderungen auf den Absatzmärkten) und die zum Umdenken bereit ist.

Größere Schwierigkeiten beim Akzeptieren neuer Paradigmen sind jedoch auf der Ebene des mittleren Managements und der betrieblichen Vorgesetzten (der Meister) anzutreffen. Hier sind Schulungs- und Weiterbildungsmaßnahmen erforderlich. Einige Mitarbeiter sind jedoch aufgrund ihrer z.T. jahrzehntelangen Praxis nicht mehr in der Lage, ihre Einstellung zu ändern und ihr Statusdenken abzulegen. Die Entscheidungskompetenz an die ausführende Stelle zu delegieren, scheint für sie gleichbedeutend mit persönlichem Imageverlust zu sein. In diesem Fall müssen Wege gefunden werden, sie dennoch in den betrieblichen Ablauf zu integrieren.

Vielen Mitarbeitern im Management fällt eine stärkere Zusammenarbeit mit Kollegen in gegenseitigem Vertrauen zur Effizienzsteigerung der eigenen Arbeit und zur Erfüllung ihrer Vorbildfunktion für andere Teams schwer; sie fürchten in ihren Kollegen oftmals einen Wettbewerber. Dies führt zum Zurückhalten von Informationen, wodurch Projekt- bzw. Teamarbeit erschwert wird. Die Teambildung bei den operativen Mitarbeitern ist nur möglich, wenn zum einen die strategischen Ziele transparent und akzeptiert sind und zum anderen, wenn die Vorgesetzten kooperativ führen und ihrer Vorbildfunktion gerecht werden.

7.4.2.2
Motivation der Betriebsinstandhalter

Nach der ersten Vorstellung des DAPV-Projekts im Betrieb breiten sich unter den Instandhaltungsmitarbeitern schnell Schlagworte und Gerüchte aus (z.B. „Integration in die Produktion“). Durch fehlende und z.T. falsche Informationen über das Konzept entstehen bei den Mitarbeitern verschiedene Ängste. Dadurch entstehende Ablehnung und Demotivierung gefährden den Projekterfolg.

- Fehlende Informationen und dadurch eine ungewiß erscheinende Zukunft für die Instandhaltungsmitarbeiter führen zu einer allgemeinen Angst vor Veränderung.
- Bedingt durch bisherige Schnittstellen zwischen Instandhaltung und Produktion bestehen bei den Instandhaltungsmitarbeitern Spannungen und Vorurteile gegenüber der Produktion, sie fürchten einen Statusverlust. Darüber hinaus befürchten die Instandhalter, in der Produktion als Maschinenbediener eingesetzt zu werden. Auch besteht durch den „Wechsel in das andere Lager“ bei einer Vielzahl der Betriebsinstandhalter die Angst, von ihren ehemaligen Kollegen alleine („im Stich“) gelassen zu werden.
- Durch veränderte Arbeitszeiten und durch befürchtete Einkommensverluste wären Änderungen oder Einschränkungen im privaten Bereich bedingt. Die Zeiteinteilung der Mitarbeiter ist nach dem bisherigen Schichtenplan ausgerichtet (z.B. Freizeitaktivitäten wie Sportverein, Fahrgemeinschaften, Aktivitäten mit der Familie und im Freundeskreis).
- Viele Instandhaltungsmitarbeiter trauen sich die Übernahme von mehr Verantwortung oder Selbstorganisation nicht zu.

Diese Ängste und Befürchtungen können bei der Mehrzahl der Instandhaltungsmitarbeiter weitestgehend vermieden werden durch frühzeitige und umfassende Informationen über das DAPV-Konzept. Durch die Mitarbeiter-Partizipation bei der Feinkonzipierung haben die Instandhalter die Möglichkeit, das Konzept mitzugestalten. Eine Beeinflussung der Betriebsinstandhalter durch Zwang, Überreden oder durch eine Umsetzungsprämie wird nicht gelingen. Die Betriebsinstandhalter werden sich selbst nur dann motivieren, wenn sie vom Konzept der DAPV überzeugt sind. Dafür ist es hilfreich, ihnen die Chancen zur eigenen Arbeitsgestaltung bzw. zur Selbstorganisation als Vorteil der Selbstentfaltung begreiflich zu machen.

7.4.2.3
Veränderte Instandhaltungsstrategie

Die Bewältigung der verschiedenen Aufgaben der Betriebsinstandhalter wie Störungsbeseitigung und vorbeugende Instandsetzung sowie die Einplanung dieser Arbeiten in den Produktionsplan können eine kontinuierliche Abarbeitung der erstellten WI-Pläne behindern. Darüber hinaus werden solche schriftlichen Arbeitsbeschreibungen so abgearbeitet, daß nur das ausgeführt wird, was explizit beschrieben ist. Dadurch wird ein situationsbedingtes Handeln teilweise unterdrückt.

Die Wertigkeit bzw. der Status von Wartungs- und Inspektionsarbeiten ist bei den Instandhaltern gegenüber den interessanteren, anspruchsvolleren Instandsetzungen oftmals unterlegen. Dieser Status der Tätigkeit überträgt sich (im Denken der Instandhaltungsmitarbeiter) auf das „Image" des Ausführenden, weshalb Wartungen und Inspektionen ungern abgearbeitet werden.

Durch die zu leistende Bestätigung der Abarbeitung auf den WI-Listen fühlen sich die Betriebsinstandhalter z.T. überwacht. Dies kann zu falschen Bestätigungen der WI-Arbeiten führen.

Ein Effekt durch die vorgenommenen Wartungen und Inspektionen auf den Anlagenzustand ist jedoch nur dann gegeben, wenn diese Arbeiten regelmäßig und gewissenhaft durchgeführt werden. Um dies zu gewährleisten, muß den Betriebsinstandhaltern die Wichtigkeit dieser Aufgaben für den Anlagenzustand und damit für die Verfügbarkeit der Anlagen verdeutlicht werden, an der die Betriebsinstandhalter gemessen werden.

Zur erfolgreichen eigenen Arbeitsorganisation der Betriebsinstandhalter ist es erforderlich, die WI-Termine in gewissen Grenzen flexibel handhaben zu können. Bei starrer Vorgabe der Termine wird die Abarbeitung oftmals verhindert durch Aufgaben höherer Priorität (Instandsetzungen) oder anderen Randbedingungen (Maschinenbelegung durch Produktion). Grundsätzlich sollten Wartungen und Inspektionen gerade in dezentralen Strukturen soweit wie möglich von den Maschinenbedienern durchgeführt werden. Diese Tätigkeiten steigern die Anlagenidentifikation und das Anlagenverständnis des Produktionsmitarbeiters. Darüber hinaus entfallen die Koordination mit der Produktion und Wegezeiten durch direkte Anwesenheit.

7.5 Nutzen der DAPV-Realisierung

Der Nutzen der DAPV-Realisierung ist nur langfristig zu quantifizieren, da die Potentiale nur erschlossen werden können, wenn die Betriebsinstandhalter wirklich im Arbeitsteam integriert sind und dort ihre neue Rolle ausfüllen. Dafür ist es auch erforderlich, daß die Teamkollegen der Produktion von den Betriebsinstandhalter Instandhaltungstätigkeiten übernehmen. Darüber hinaus dauert es ein bis zwei Jahre, bis die Störungen durch verstärkte vorbeugende Instandhaltung zurückgehen. Trotzdem soll hier versucht werden, das Konzept direkt nach der Integration zu validieren. Dabei soll davon ausgegangen werden, daß das Störungsaufkommen zunächst unverändert bleibt.

Eine Tätigkeitsanalyse im Pilotbereich (Abb. 7.17) zeigt ein hohes Engagement der Betriebsinstandhalter: Die überwiegende Anzahl der Instandhaltungstätigkeiten im Pilotbereich wurde von den Betriebsinstandhaltern dokumentiert, darunter auch die Mehrzahl der behobenen Störungen.

Über diese Tätigkeiten hinaus arbeiten die Betriebsinstandhalter Mängelkarten ab und unterstützen ihre Teamkollegen bei der Entwicklung und Umsetzung von Optimierungsideen. Die Arbeitsteam-Leiter der Produktion bestätigen das hohe En-

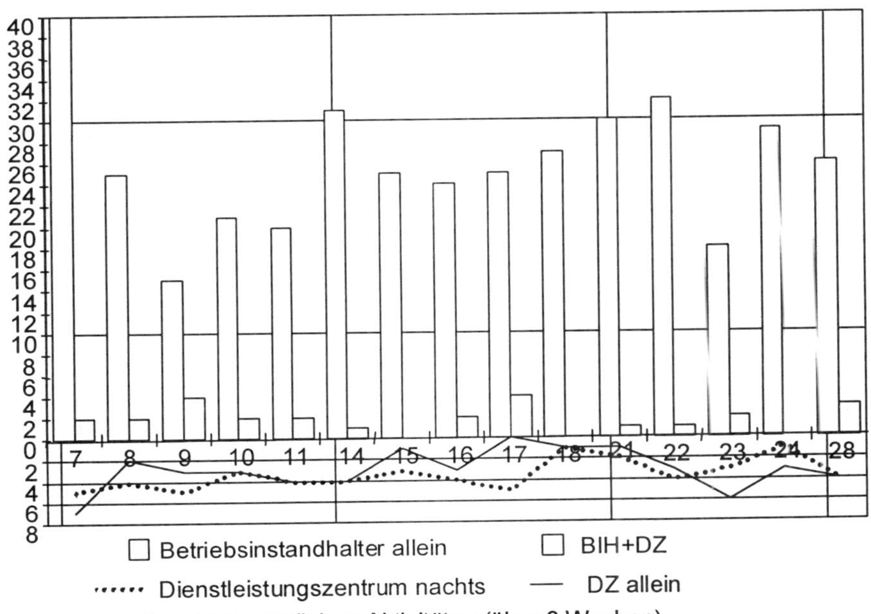

Abb. 7.17. Tätigkeitsanalyse nach der Integration.

gagement und begrüßen die enge Zusammenarbeit mit den Betriebsinstandhaltern. Die Betriebsinstandhalter sind stark ausgelastet, da die Aufbauarbeiten bezüglich der Vor-Ort-Werkstatt und eine erhöhte Anzahl von Mängelkarten in der Anfangsphase einen höheren Arbeitsanfall bedeuten. Darum können die geplanten WI-Maßnahmen vorerst nur zu einem kleinen Teil abgearbeitet werden. Trotzdem führt die Arbeit der Betriebsinstandhalter insgesamt zu einer starken Entlastung des Instandhaltungs-Dienstleistungszentrums.

Abschließend wird das erarbeitete Konzept auch im Hinblick auf die Anzahl der Betriebsinstandhalter für richtig erachtet. Eine Erschließung der in Kapitel 7.2 erwarteten Potentiale scheint innerhalb der nächsten Monate realisierbar zu sein.

7.6 Ergebnisse und Ausblick

Im Rahmen dieses Kapitels wurden am Beispiel eines Großrohrwerks die Probleme der klassischen Instandhaltungsorganisation aufgezeigt, die unter erhöhtem Kostendruck durch verstärkten Wettbewerb mehr und mehr zutage treten.

Bedingt durch die funktionale, organisatorische und räumliche Trennung zwischen Instandhaltung und Produktion auf allen Hierarchieebenen wird eine synergetische Zusammenarbeit zwischen diesen beiden Bereichen behindert. Die fehlende Anlagenverantwortung der Produktion verhindert eine Identifikation der Produktionsmitarbeiter mit den Anlagen.

Eine weitere Schnittstelle ist die zwischen Instandhaltung und den Bereichen Mechanik und Elektrik. Die Trennung erschwert die bereichsübergreifende Zusammenarbeit zur schnellen Störungsbehebung und führt zu Koordinationsverlusten. Durch vernachlässigte Inspektionen und Wartungen überwiegt die störungsbedingte Instandsetzung („Feuerwehr-Prinzip").

Bei der Dezentralen Anlagen- und Prozeßverantwortung (DAPV), die auf dem Konzept der Fraktalen Fabrik aufbaut, wird die Anlagenverantwortung an die dezentralen Produktionsbereiche abgegeben. Das dafür erforderliche Know-how wird z.B. durch die Integration von Instandhaltern in die Produktion übertragen.

Die verbleibende zentrale Instandhaltung wird zu einem Dienstleistungszentrum für die Produktion umgewandelt. Dieses sehr allgemeine Konzept muß im Einzelfall für jedes Unternehmen spezifiziert werden, in dem die DAPV eingeführt wird. Dies geschah hier für das beschriebene Großrohrwerk: Aufbauend auf fraktalen Strukturen in der Wertschöpfung (Arbeits- und Lenkungsteams) wurde das Konzept zur Integration von Betriebsinstandhalter in die Arbeitsteams entworfen. Dabei wurden Detailfragen geklärt wie fachliche und disziplinarische Weisungsbefugnis, Aufgabenverteilung zwischen Betriebsinstandhalter und Dienstleistungszentrum, Kommunikationswege etc.

Zusammenfassend kann gesagt werden, daß es gelungen ist, für ein Großrohrwerk ein Instandhaltungs-Organisationskonzept zu entwerfen (basierend auf dem Konzept der DAPV), das die Probleme minimiert und sich nach erfolgreicher Umsetzung in der Praxis bewährt.

Die beschriebene Vorgehensweise zur Entwicklung und Realisierung dieses DAPV-Konzepts hat sich ebenfalls als erfolgreich erwiesen. Durch die Partizipation der Mitarbeiter war es möglich, deren Bedenken und Anregungen konstruktiv zu berücksichtigen und das entwickelte Konzept erfolgreich zu realisieren.

Die DAPV ist der Schritt in die richtige Richtung, indem die Fachkompetenz der Instandhaltungs-Mitarbeiter näher an die Anlagen verlagert wird. Dabei übernimmt der Anlagenbediener zunehmend Instandhaltungsaufgaben und entwickelt sich langfristig vom operativen Produktionsmitarbeiter (im Extremfall vom angelernten Akkordarbeiter) stetig zum Anlagenbetreiber bzw. -überwacher. Der für die Zukunft zu erwartende Qualifikationsbedarf entspricht einem Bedarf an Facharbeitern auch in der Produktion.

Das Ziel der DAPV, den Maschinenbediener weiterzuqualifizieren, ist auf unterschiedlichen Wegen zu erreichen. Das hier beschriebene Konzept war für das betrachtete Großrohrwerk richtig, kann jedoch nicht in identischer Weise auf andere Unternehmen übertragen werden. Unternehmensspezifische Anpassungen sind notwendig.

Das Berufsbild des Instandhalters muß sich vom Fachspezialisten zum Anlagenspezialisten wandeln, der die Fähigkeit besitzt, in fachübergreifenden Zusammenhängen zu denken. Die Instandhaltung komplexer Anlagen, in denen mechanische, hydraulische, elektrische und elektronische Baugruppen einander beeinflussen, erfordert eine multifunktionale Ausbildung.

Die realisierte DAPV wird sich weiterentwickeln:

Die Betriebsinstandhalter werden weiterhin multifunktional und anlagenspezifisch geschult; sie „coachen“ ihre Teamkollegen der Produktion bezüglich Wartung und Inspektionen und können darüber hinaus zu einem kleinen Teil auch Produktionsaufgaben übernehmen.

Nach und nach könnten aus dem Dienstleistungszentrum weitere Instandhalter in die Produktionsteams integriert werden, es steht jedoch den Produktionsteams mit Instandhaltungs-Spezialisten weiterhin als Dienstleister zur Verfügung. Die qualifizierten Anlagenbetreiber der Produktion beheben 80-90% der Störungen selbst. Die künftige Entwicklung des Instandhaltungs-Dienstleistungszentrums bezüglich Personal und Aufgaben konnte im Rahmen der bisherigen Arbeit nicht vollständig abgeschätzt werden und bleibt noch zu untersuchen.

Eine weitere Frage ist die Notwendigkeit von Informationssystemen für die Instandhaltung in dezentralen Strukturen: Einerseits wird durch die Integration der Betriebsinstandhalter eine direkte Kommunikation innerhalb der Arbeitsteams durch engste Regelkreise gewährt, andererseits werden die Informationsflüsse vielfältiger, wenn die Instandhaltung nicht mehr zentral untergebracht ist. Darüber hinaus steigt der Informationsbedarf der Betriebsinstandhalter durch zunehmend verkettete, nichtredundante Anlagen mit einer immer komplexeren Technologie, durch eine differenziertere Instandhaltungsstrategie und durch das verstärkte Miteinbeziehen der Produktions-Mitarbeiter.

Dieser Informationsbedarf kann nicht mit einem klassischen Instandhaltungs-Planungs- und Steuerungssystem alleine gedeckt werden. Beispielsweise könnten künftig Diagnosesysteme hilfreich sein, Erfahrungswissen dezentral vorzuhalten. Weiterhin werden eventuell verstärkt Systeme zum Einsatz kommen, die eine zustandsorientierte Instandhaltung mit dynamischen Inspektions- und Wartungsintervallen und automatischer Auftragsgenerierung unterstützen oder die direkt in die Anlage integriert sind.

Sachverzeichnis

Ablauforganisation 49, 52
Ablaufvorschriften 113
Abteilungen, funktionsorientierte 56
Abteilungen, prozessorientierte 56
ActiveX 126
ADSL 125
Age of Mind 65
Anlageneffektivität 37
Anlagenhistorie 89
Anlagenverfügbarkeit 98
Arbeitsteams 149
Arbeitsvorbereitung 48, 50
Auftragsprozeß 47
Auftragsregelkreis 81
Auftragsrückmeldung 82
Auftragswesen 87
Ausfallvermeidung, präventiv 123
Ausfallwahrscheinlichkeit 98

Badewannenkurve 44, 67
Bestellung, Ersatzteil 137
Bestellwesen 48
Betreibermodelle 77
Betriebliche Navigation 169
bottom-up 23
BPR 15
Breitbandverkabelung 126
Budgetierung 50
Budgetplanung 89
Business-Process-Reengineering 15

CBM 143
Chief Knowledge Officer (CKO) 65
Cost-Center 152

DAPV 30, 49, 72, 143, 151
DAPV-Konzept 22
Datenkompressionsalgorithmen 128
Datenredundanz 46
Datentransfer 90
Dezentralisierung 30
Diagnose 123, 132
DIN 33
Downsizing 12
Durchführung, Ablauforganisation 50

Ersatzteile 90
Ersatzteilidentifikation 133, 137

Fallstudie, Teleservice 133
Fließprozeß 144
Fraktale 19, 56
Fraktale Fabrik 143
Fraktales Unternehmen 16
Führungskultur 174

Geschäftsführung 31
Globalisierung 2
Gruppenarbeit 13
Gruppendynamik 75

Human-Networking 25
Humankapital 72

Information 66
Information, gerichtete 53
Informationssystem 20
Informationssysteme 45
Innovationskraft 18
Innovationskultur 13
Instandhaltung, zustandsbasiert 143
Instandhaltungs-Zirkel 153
Instandhaltungsauftrag 81, 82
Instandhaltungsbedarf 143
Instandhaltungskosten 67
Instandhaltungskosten, indirekte 95
Instandhaltungsleiter 30
Instandhaltungsstrukturen, zentralistische 29
Internet 1
Intervallplanung 102

Investitionsgüterindustrie 122
IPS-Systeme 47, 84
ISDN-Standard 125
IT-Integration 45

Java 125
job enlargement 158
job enrichment 158
JPEG-Algorithmus 128

Kamera 134
Kapazitätsplanung 82, 90
Kernteam 171
Knowledge assets 65
Kommunikationsnetzwerk 131
Komplexitätsreduzierung 25
Komponentenstruktur 105
Kontrolle, Ablauforganisation 50
Kooperation 21
Kostenrechnung 48
Kostenreduzierung 30
KUE 27
Kulturwandel 14
Kundenbindung 76
Kundennähe 138
Kundenorientierung 13, 76

LAN 126
Leistungserstellungsprozeß 1
Lenkungsteams 149
Lieferzeit 4
life-cycle-costs 97
Lohnstundensätze 86

Maschinendiagnose 129
Maschinenverfügbarkeit 123
Materialwirtschaft 48
Methodenmix 60
Mitarbeitermotivation 24, 69
Modellierung 104
Motivation 21
MPEG-Algorithmus 128
MTBF 157
MTTR 157

Navigationsoberfläche 134
Nutzenpotential 31

Objektstruktur 105
Online-Dokumentation 136
Organisationsformen, zukünftige 11

Pilotbereich 170
Pilotfraktal 170
Planung, Ablauforganisation 50
Planwerte 89
PPS-System 133
Präsenz, globale 138
Problemlösungsfähigkeit 65
Production on Demand 2
Produktionsfraktal 155
Produktionsfraktale 56
Produktoptimierung 121
Prozeßdarstellung 66
Prozeßoptimierung 121
Prozeßorientierung 13
Prozeßstruktur 105
Prozeßüberwachung 128
Prozeßverfügbarkeit 95

Qualifizierungsmaßnahmen 159
Qualitätsbewußtsein 21
Qualitätsverbesserung 37
Quartiäre Wirtschaft 65

RCM 43
Reaktionsfähigkeit 138
Reengineering 11, 131
Regelkreis 49, 52
Reorganisation 31
Ringspeichertechnik 132

Selbstähnlichkeit 20
Selbstentfaltung 178
Selbstorganisation 160
Sensor 128
Sensorik 144
Sensoriksystem 128
Serviceeffizienz 133
Servicenetzwerke 121
SMEA 153
Steuerung, Ablauforganisation 50
Störmodell 106
Störungsmeldung 130
Strategiemodell 105

Struktur, fraktale 24
Strukturierungsansatz, kybernetisch 25
Strukturierungsansatz, prozeßorientiert 25
Strukturveränderung 14
Stückkosten 121
Synergieeffekte 26
Systeme, redundante 43

TCP/IP 124
Teamfähigkeit 159
Teamtafel 169
Teleservice 121
top-down 23
TPM 37, 38, 72, 152
TQM 11

Umstrukturierungsprozeß 30
Unternehmenskultur 14, 24, 73
Unterstützung, multimedial 130

Verantwortungsdelegation 17
Verantwortungsteilung 26
Verfügbarkeit 33
Videokommunikation 129
Videoübertragung 134
Visualisierung 31

Wachstumsbranchen 4
Weibull-Verteilung 107
Weiterbildung 75, 155
Wertewandel 5
Wertschöpfungskette 149
Wertschöpfungsprozeß 30
Wissen 65
Wissensbewertung 71
Wissensdarstellung 71
Wissensdatenbanken 76
Wissensentwicklung 70
Wissenserwerb 70
Wissensgesellschaft 65
Wissensverteilung 71
World Wide Web 131

Zeichen 66
Zielerreichungsgrade 31
Zielorientierung 17
Zielpyramide 19

Springer und Umwelt

Als internationaler wissenschaftlicher Verlag sind wir uns unserer besonderen Verpflichtung der Umwelt gegenüber bewußt und beziehen umweltorientierte Grundsätze in Unternehmensentscheidungen mit ein. Von unseren Geschäftspartnern (Druckereien, Papierfabriken, Verpackungsherstellern usw.) verlangen wir, daß sie sowohl beim Herstellungsprozess selbst als auch beim Einsatz der zur Verwendung kommenden Materialien ökologische Gesichtspunkte berücksichtigen.
Das für dieses Buch verwendete Papier ist aus chlorfrei bzw. chlorarm hergestelltem Zellstoff gefertigt und im pH-Wert neutral.

Springer

Druck: Mercedesdruck, Berlin
Verarbeitung: Buchbinderei Lüderitz & Bauer, Berlin